Eva-Maria Sidlo
Ursula Puhm
Cornelia Steinmair
Christina Camilo
Wolfgang Drs
Susanne Pollack-Drs
Georg Wymlatil

Mathematik mit technischen Anwendungen, Band 4

Lösungen

bearbeitet von
Petrus Dullnig und Birgit Schiefer

Verlag Hölder-Pichler-Tempsky GmbH
www.hpt.at

Dieses Lösungsheft enthält die Lösungen zu den Aufgaben in folgendem Schulbuch:

Schulbuch Nr. 170003 „Mathematik mit technischen Anwendungen, Band 4"

Die Autorinnen und Autoren sowie der Verlag bitten, alle Anregungen und Vorschläge, die dieses Lösungsheft betreffen, an folgende Adresse zu senden:

Verlag Hölder-Pichler-Tempsky GmbH, Lektorat
1090 Wien, Frankgasse 4
E-mail: service@hpt.at

1. Auflage, Nachdruck 2016 (1,01)

Technische Zeichnungen: Herbert Löffler
Satz: Barbara Fischer, 1230 Wien
Druck und Bindung: Brüder Glöckler GmbH, 2752 Wöllersdorf

ISBN 978-3-230-03895-1

Modellbildung und Polynominterpolation

1.1 1 → C 2 → D 3 → A 4 → B 5 → B

1.4 A → 2 B → 1 C → 3

1.5 ***1)***

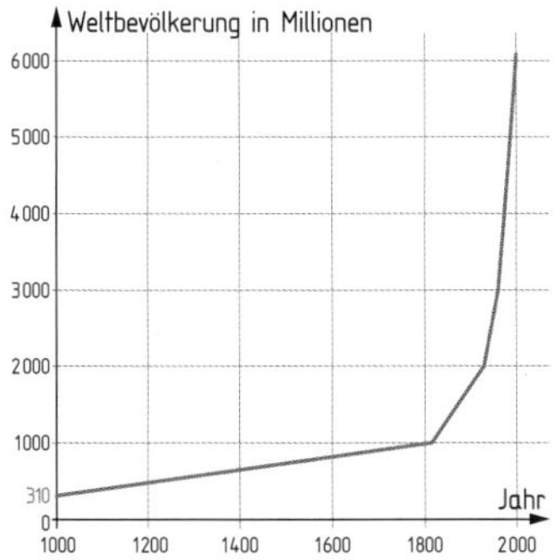

Im Mittelalter entwickelt sich die Weltbevölkerung annähernd linear, in der Neuzeit annähernd exponentiell.

2) $y(t) = 0{,}8625 \cdot 10^6 \cdot t - 552{,}5 \cdot 10^6$ für $1\,000 \leqslant x \leqslant 1\,600$
Stützwerte: $(1\,000|310 \cdot 10^6)$, $(1\,800|1\,000 \cdot 10^6)$

3) $y(t) = 1{,}237... \cdot 10^{-5} \cdot 1{,}016...^t + 821{,}336... \cdot 10^6$ für $x \geqslant 1\,600$
Stützwerte: $(1\,600|827{,}5 \cdot 10^6)$, $(1\,800|1\,000 \cdot 10^6)$, $(2\,000|6\,000 \cdot 10^6)$

4) Prognose mittels der in ***3)*** ermittelten Exponentialfunktion für das Jahr 2050: 12,837... Milliarden Menschen. Mittlere Prognosen sagen eine Weltbevölkerung von 9,2 Milliarden Menschen voraus.

1.6 ***1) A)***

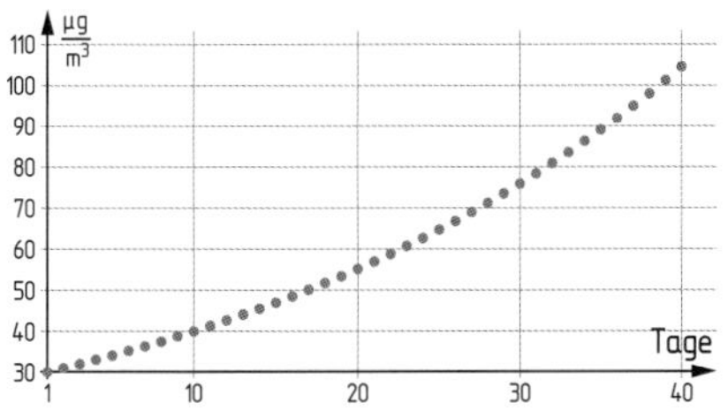

A → „starker" Anstieg

B)

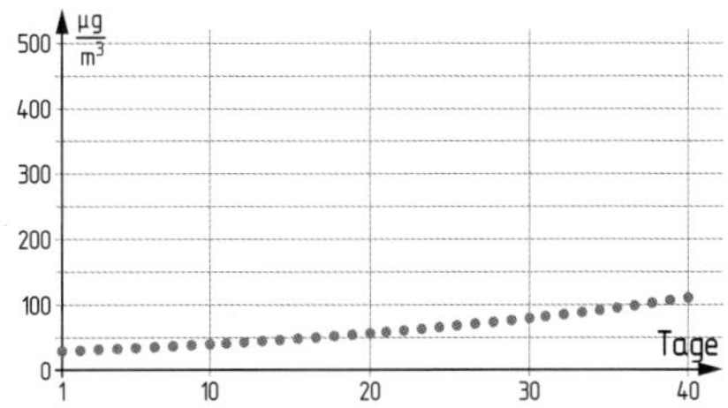

B → „schwacher" Anstieg

Ohne Berücksichtigung der Achsenskalierung erscheint der Anstieg in Grafik ***A)*** stärker als jener in Grafik ***B)***.

2) In Modell ***A)*** beginnt die Darstellung der y-Werte bei $30\,\frac{\mu g}{m^3}$ und endet bei $110\,\frac{\mu g}{m^3}$.
In Modell ***B)*** beginnt die Darstellung der y-Werte bei $0\,\frac{\mu g}{m^3}$ und endet bei $500\,\frac{\mu g}{m^3}$.
Beide Grafiken sind gleich hoch, der Maßstab in y-Richtung ist daher verschieden.

3) $y(t) = 30\,\frac{\mu g}{m^3} \cdot 1{,}029...^t$

1.7 2,2 °C

1.9 ***1)*** $13{,}5\dot{3}$ °C ***2)*** $8{,}\dot{6}$ °C
3) Methode ***2)*** ist weniger aufwändig, da bei Methode ***1)*** die Funktionsgleichung mithilfe eines linearen Gleichungssystems ermittelt wird.

1.10 $2{,}52\,\frac{kg}{m^2}$ bzw. $14{,}28\,\frac{kg}{m^2}$

1.11 0,1304 %

1.12 ***1)*** $1\,919{,}58\dot{3}\ \frac{N}{mm^2}$ ***2)*** $2\,080\ \frac{N}{mm^2}$

3) Unterschied zu ***1)***: $265{,}41\dot{6}\ \frac{N}{mm^2}$, Unterschied zu ***2)***: $105\ \frac{N}{mm^2}$

Die Unsicherheit der Vorhersage wächst mit der Entfernung von den erfassten Messdaten.

1.13 ***1)*** Die Sinuswerte steigen im angegebenen Bereich linear.

$\sin(\alpha) = 0{,}0003 \cdot \alpha$ für $10' \leqslant \alpha \leqslant 50'$

2) 0,0036

3) $\Delta\sin(\alpha) = 1{,}093... \cdot 10^{-4}$, $\frac{\Delta\sin(\alpha)}{\sin(\alpha)} = 3{,}132...\ \%$

4)

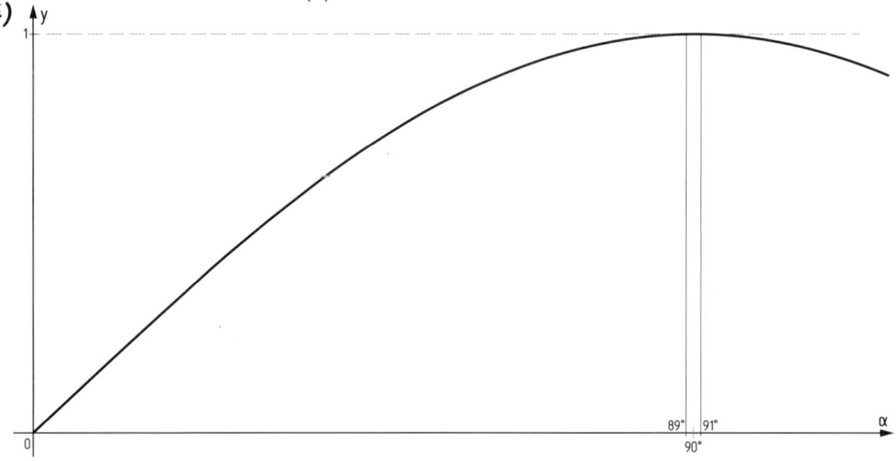

Die lineare Funktion zwischen den beiden Stützwerten ist waagrecht, alle dazwischen zu interpolierenden Werte hätten denselben y-Wert.

1.14 ***1)*** f_1 ist der Graph einer quadratischen Funktion, f_2 ist der Graph einer stückweise linearen Funktion.

2) $f_1(3) = 2{,}2$, $f_2(3) = 3{,}25$, $f_1(6) = 1{,}1$, $f_2(6) = 1{,}2$, $f_1(9) = 4{,}6$, $f_2(9) = 2{,}1$

Für x_1 weichen die y-Werte deutlich voneinander ab.

Für x_2 erhält man bei beiden Funktionsverläufen annähernd denselben Wert.

Für den Wert x_3, der nicht zwischen den drei Messpunkten liegt, ist die Differenz der y-Werte am größten.

1.16 ***1)*** 11-ten Grad

2) Eine Funktionsgleichung ist nicht davon abhängig, mit welchem Verfahren sie ermittelt wird.

1.17 ***1) 2)*** $a = 1$, $b = -2$, $c = 6$

3) Wird für das Interpolationsverfahren nach Newton das Rechenschema der „dividierten Differenzen" verwendet, ist der Rechenaufwand bei beiden Verfahren ungefähr gleich groß.

1.18 ***1)*** $f(x) = -0{,}38\dot{6}x^3 + 4{,}22x^2 - 12{,}31\dot{3}x + 9{,}48$

2) $f_{12}(x) = 0{,}08x^2 - 0{,}16x + 1{,}08$, $f_{23}(x) = 5{,}2x^2 - 36x + 63{,}8$, $f_{34}(x) = -2{,}55x^2 + 26x - 60{,}2$

1.19 5 580,77 € (5 580,774...)

1.20 $f(0) = 1$ ist für den oberen Funktionsterm richtig, $f(2) = 3$ ist für beide Funktionsterme richtig, $f'(2)$ ist für beide Funktionsterme gleich 0,25, $f(6) = 1$ ist für den unteren Funktionsterm richtig. Die gegebene Funktion stellt daher eine Spline-Funktion für die angegebenen Stützstellen dar.

1.21 ***1)*** $p(x) = -\frac{131}{396}x^3 + \frac{673}{36}x^2 - \frac{7\,231}{66}x + \frac{2\,688}{11}$ ***2)*** $2\,884{,}\dot{4}\dot{6}\ \frac{t}{Tag}$

1.22 ***1)*** $f_1(v) = 2{,}96v - 10{,}\dot{1}$ für $8{,}\dot{8}\,\frac{m}{s} < v < 13{,}\dot{8}\,\frac{m}{s}$, $f_2(v) = 3{,}9v - 23{,}1\dot{6}$ für $13{,}\dot{8}\,\frac{m}{s} < v < 22{,}\dot{2}\,\frac{m}{s}$, v in $\frac{m}{s}$

2) $f(v) = 0{,}0705v^2 + 1{,}3541\dot{6}v - 1{,}\dot{4}0\dot{7}$, v in $\frac{m}{s}$

3)

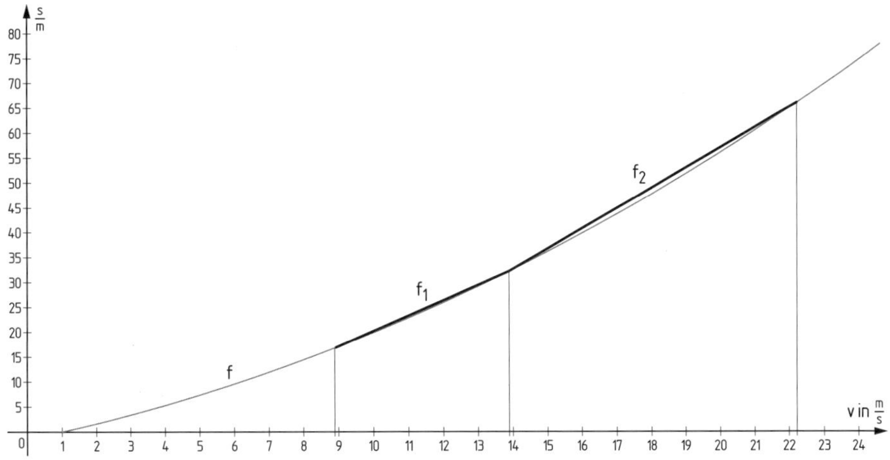

4) Für $32\,\frac{km}{h}$, $50\,\frac{km}{h}$ und $80\,\frac{km}{h}$ sind die beiden Modelle gleichwertig.
Die Funktionswerte der beiden Interpolationsfunktionen stimmen mit den gemessenen Anhaltewegen überein.
Je stärker die Geschwindigkeit von den drei gemessenen Geschwindigkeiten abweicht, desto größer ist der Unterschied der Funktionswerte der beiden Interpolationsfunktionen.

1.23 ***1)*** $f_1(-2) = 3$, $f_1'(-2) = 0$, $f_1(0) = 1$, $f_2(0) = 1$, $f_1'(0) = f_2'(0)$, $f_1''(0) = f_2''(0)$, $f_2(3) = 2{,}5$, $f_2'(3) = 0$

2) f_1 und f_2 erfüllen die in ***1)*** angegebenen Bedingungen.

1.24 $p(x) = -\frac{34}{63}x^4 + \frac{1\,823}{126}x^3 - \frac{7\,201}{63}x^2 + \frac{11\,645}{42}x + 250$

1.25

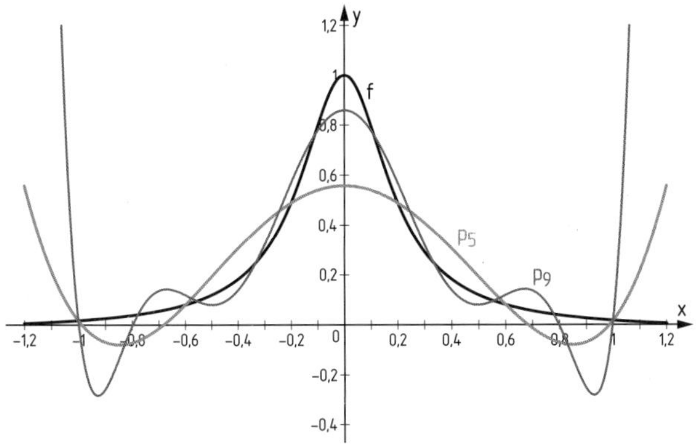

1.26 $62{,}349\,\frac{lb}{ft^3}$

1.27 $ 792,86 (792,857...)

2 Unendliche Reihen

2.1 ***1)***

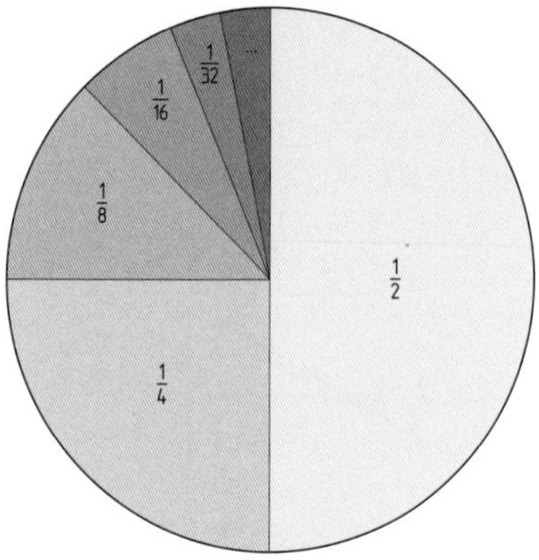

Summe: 1

2) $\sum_{n=1}^{\infty} \frac{1}{1+2^n}$

3) Wegen $\frac{1}{3} < \frac{1}{2}, \frac{1}{5} < \frac{1}{4}, \frac{1}{9} < \frac{1}{8}, \ldots$ ist jedes Glied der Reihe aus ***2)*** kleiner als das entsprechende Glied der Reihe aus ***1)***. Daraus folgt, dass die Summe der Reihe aus ***2)*** kleiner als die Summe der Reihe aus ***1)*** sein muss.
ZB [0; 1]

2.2 ***1)*** $\sum_{n=1}^{\infty} n$; divergent, da es eine arithmetische Reihe ist.

2) $\sum_{n=0}^{\infty} 10^{-n}$; konvergent, da es eine geometrische Reihe mit $|q| = 10^{-1} < 1$ ist.

3) $\sum_{n=0}^{\infty} (-3)^{-n}$; konvergent, da es eine geometrische Reihe mit $|q| = \left|-\frac{1}{3}\right| < 1$ ist.

2.3 ***1)*** Die Summanden werden als Obersummen der Funktion $y = \frac{1}{x}$ mit $\Delta x = 1$ dargestellt.

2) Fläche der ersten 4 Rechtecke: $\frac{25}{12}\,E^2$, $\int_1^5 \frac{1}{x}\,dx = \ln(5)\,E^2$. Die Fläche der ersten 4 Rechtecke ist um 0,473... E^2 größer als das Integral im Intervall [1; 5].

3) $\lim_{b\to\infty}\left(\int_1^b \frac{1}{x}\,dx\right) = \lim_{b\to\infty}[\ln(x)]_1^b = \lim_{b\to\infty}[\ln(b) - \ln(1)] = \lim_{b\to\infty}\ln(b) = \infty$. Der letzte Schritt ergibt sich, da $f(x) = \ln(x)$ nicht beschränkt ist.

Ist die Fläche unter der Kurve $y = \frac{1}{x}$ im Intervall [1; ∞[unendlich groß, dann ist wegen ***2)*** auch die Summe der Untersummen im Intervall [1; ∞[unendlich groß. Daher ist die harmonische Reihe divergent.

2.4 ***1)*** $a_1 = 1$, $a_{10} = 2{,}755\ldots \cdot 10^{-7}$, $a_{50} = 3{,}287\ldots \cdot 10^{-65}$, $a_{100} = 1{,}071\ldots \cdot 10^{-158}$
Die Reihenglieder nähern sich dem Wert null.
$s_{10} = 1{,}718281801146\ldots$, $s_{50} = 1{,}718281828459\ldots$, $s_{100} = 1{,}718281828459\ldots$
Die Teilsummen nähern sich dem Wert (e – 1).

2) Die Glieder nähern sich dem Wert 1.
$s_2 = 2{,}11$, $s_3 = 3{,}111$, $s_4 = 4{,}1111$
Jedes Reihenglied ist größer als 1. Die Teilsumme s_{n+1} ist daher mindestens um 1 größer als die Teilsumme s_n. Die Reihe kann daher nicht konvergent sein.

2.5 ***1)*** Nullfolge, Konvergenz der Reihe möglich
2) Nullfolge, Konvergenz der Reihe möglich
3) keine Nullfolge, die Reihe ist divergent
4) keine Nullfolge, die Reihe ist divergent
5) Nullfolge, Konvergenz der Reihe möglich

2.8 ***a)*** $s_{10} = 5{,}020...$, $s_{100} = 18{,}589...$
Die Reihe ist vermutlich divergent, da die Partialsumme der ersten 100 Reihenglieder deutlich größer ist als die Partialsumme der ersten 10 Reihenglieder.
Überprüfung mit der harmonischen Reihe ergibt Divergenz.
b) $s_{10} = 6{,}964...$, $s_{100} = 41{,}508...$
Die Reihe ist vermutlich divergent, da die Partialsumme der ersten 100 Reihenglieder deutlich größer ist als die Partialsumme der ersten 10 Reihenglieder.
Überprüfung mit der harmonischen Reihe ergibt Divergenz.

2.9 ***a)*** $s_{10} = 0{,}\overline{90}$, $s_{100} = 0{,}\overline{9900}$
Die Reihe ist vermutlich konvergent, da die Partialsumme der ersten 100 Reihenglieder nur wenig größer ist als die Partialsumme der ersten 10 Reihenglieder.
Überprüfung mit der Reihe $\sum_{n=1}^{\infty} \frac{1}{n^2}$ ergibt Konvergenz.
b) $s_{10} = 1{,}8796...$, $s_{100} = 1{,}8798...$
Die Reihe ist vermutlich konvergent, da die Partialsumme der ersten 100 Reihenglieder nur wenig größer ist als die Partialsumme der ersten 10 Reihenglieder.
Überprüfung mit der Reihe $\sum_{n=1}^{\infty} \frac{1}{n^2}$ ab $n > 5$ ergibt Konvergenz.

2.10 ***a)*** konvergent ***b)*** konvergent ***c)*** divergent

2.11 ***a)*** konvergent ***b)*** konvergent ***c)*** konvergent ***d)*** konvergent

2.12 ***a)*** konvergent ***b)*** divergent ***c)*** konvergent ***d)*** divergent

2.13 ***a)*** Minorantenkriterium verglichen mit harmonischer Reihe, divergent
b) Quotientenkriterium, divergent
c) Minorantenkriterium verglichen mit $\sum(2 + 1 + 1 + 1 ...)$, divergent

2.14 ***a)*** Leibniz-Kriterium, konvergent
b) Quotientenkriterium, konvergent
c) Majorantenkriterium mit $\sum_{n=1}^{\infty} \frac{1}{n^2}$ ab $n > 3$, konvergent
d) Minorantenkriterium verglichen mit harmonischer Reihe, divergent

2.15 $\left(\frac{1}{\sqrt{2}-1} - \frac{1}{\sqrt{2}+1}\right) + \left(\frac{1}{\sqrt{3}-1} - \frac{1}{\sqrt{3}+1}\right) + ... = \sum_{n=2}^{\infty}\left(\frac{1}{\sqrt{n}-1} - \frac{1}{\sqrt{n}+1}\right) = \sum_{n=2}^{\infty} \frac{2}{n-1}$, da $\frac{2}{n-1} > \frac{1}{n}$ gilt, kann das Minorantenkriterium angewendet werden $\Rightarrow$ divergent.

2.16 ***1)*** bzw. ***2)***

x	sin(x) Taschenrechner	$x - \frac{x^3}{6}$	x – sin(x)	$x - \frac{x^3}{6} - \sin(x)$
0,05	0,04997916...	$0{,}0499791\dot{6}$	$2{,}083... \cdot 10^{-5}$	$-2{,}604... \cdot 10^{-9}$
0,1	0,09983341...	$0{,}0998\dot{3}$	$1{,}665... \cdot 10^{-4}$	$-8{,}331... \cdot 10^{-8}$
0,5	0,47942553...	$0{,}4791\dot{6}$	$2{,}057... \cdot 10^{-2}$	$-2{,}588... \cdot 10^{-4}$

Mit der Näherungsformel aus **2)** ist die Abweichung zum genauen Wert von sin(x) geringer.

2.18 – 2.27

2.18 ***a)*** $r = 1$, Konvergenzbereich: $]-1, 1[$

b) $r = \infty$, konvergent für alle $x \in \mathbb{R}$

c) $r = 0$, konvergent für $x = 0$

d) $r = 2$, Konvergenzbereich: $]-2, 2[$

2.19 ***a)*** $r = 1$, Konvergenzbereich: $]-1, 1[$

b) $r = 10$, Konvergenzbereich: $]-10, 10[$

c) $r = 5$, Konvergenzbereich: $[-5, 5[$

d) $r = \infty$, konvergent für alle $x \in \mathbb{R}$

2.20 ***1)***

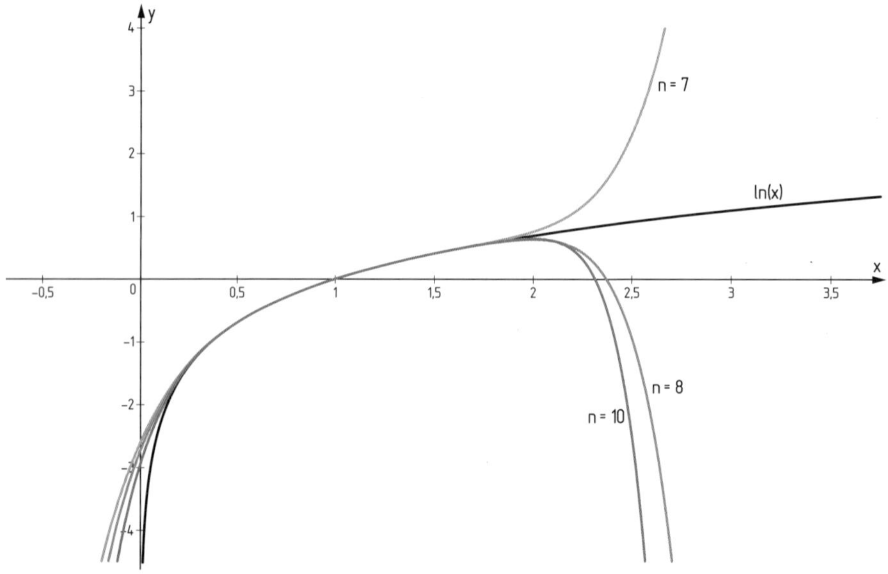

2) ca. [0,3; 1,8]

2.21 $y^{(5)} = 5 \cdot 4 \cdot 3 \cdot 2 \cdot 1 \cdot x^0 = 5!$

2.24 ***a)*** $P_4(x) = x + \frac{x^3}{3}$; 0,946... bzw. $-\frac{4}{3}$

b) $P_4(x) = x - \frac{x^3}{3!}$; $\frac{470}{3}$ bzw. 0,714...

c) $P_4(x) = 1 + \ln(2) \cdot x + \frac{(\ln(2))^2 \cdot x^2}{2!} + \frac{(\ln(2))^3 \cdot x^3}{3!} + \frac{(\ln(2))^4 \cdot x^4}{4!}$; 1,319... bzw. 0,270...

d) $P_4(x) = 1 + \frac{x^2}{2!} + \frac{x^4}{4!}$; $\frac{71}{8}$ bzw. 1,127...

2.25

x	Taylor-Polynom	TR	Unterschied
1	$2{,}71\dot{6}$	2,718281828...	0,001615161...
2,7	14,03557975	14,87973172...	0,844151974...

Für x = 1 liefert das Taylor-Polynom einen genaueren Wert als für x = 2,7.

2.26 ***a)*** $\sin(x) = \sum\limits_{n=0}^{\infty} \frac{x^{2n+1} \cdot (-1)^n}{(2n+1)!}$

b) $\ln(x) = \sum\limits_{n=1}^{\infty} \frac{(x-1)^n \cdot (-1)^{n+1}}{n}$

2.27 ***a)*** $e^{-x} = 1 - x + \frac{x^2}{2!} - \frac{x^3}{3!} + \ldots$

b) $e^{\frac{x}{2}} = 1 + \frac{x}{2} + \frac{x^2}{2^2 \cdot 2!} + \frac{x^3}{2^3 \cdot 3!} + \ldots$

c) $e^{i \cdot x} = 1 + i \cdot x - \frac{x^2}{2!} - i \cdot \frac{x^3}{3!} + \frac{x^4}{4!} + i \cdot \frac{x^5}{5!} - \ldots$

2.28 ***a)*** $x_0 = 0$ ist eine möglicher Entwicklungsstelle, da f(x) an der Stelle x = 0 definiert ist.

$f(x) = \frac{1}{1-x} = (1-x)^{-1}$ $\qquad f(0) = 1$

$f'(x) = (-1)\cdot(1-x)^{-2}\cdot(-1)$ $\qquad f'(0) = 1$

$f''(x) = (-2)\cdot(1-x)^{-3}\cdot(-1)$ $\qquad f''(0) = 2$

$f'''(x) = (-6)\cdot(1-x)^{-4}\cdot(-1)$ $\qquad f'''(0) = 6$

... ...

Einsetzen in die Taylor-Formel ergibt
$f(x) = 1 + 1\cdot x + \frac{2}{2!}\cdot x^2 + \frac{6}{3!}\cdot x^3 + \dots$

Durch Kürzen erhält man die in der Tabelle angegebene Reihe mit $\frac{1}{1-x} = 1 + x + x^2 + x^3 + \dots$

b) $x_0 = 1$ ist eine möglicher Entwicklungsstelle, da f(x) an der Stelle x = 1 definiert ist.

$f(x) = \ln(x)$ $\qquad f(1) = 0$

$f'(x) = \frac{1}{x} = x^{-1}$ $\qquad f'(1) = 1$

$f''(x) = (-1)\cdot x^{-2}$ $\qquad f''(1) = -1$

$f'''(x) = 2\cdot x^{-3}$ $\qquad f'''(1) = 2$

$f^{(4)}(x) = -6\cdot x^{-4}$ $\qquad f^{(4)}(1) = -6$

... ...

Einsetzen in die Taylor-Formel ergibt
$f(x) = 0 + 1\cdot(x-1) - \frac{1}{2}\cdot(x-1)^2 + \frac{2}{3!}\cdot(x-1)^3 - \frac{6}{4!}\cdot(x-1)^4 + \dots$

Durch Kürzen erhält man die in der Tabelle angegebene Reihe mit
$\ln(x) = (x-1) - \frac{1}{2}\cdot(x-1)^2 + \frac{1}{3}\cdot(x-1)^3 - \frac{1}{4}\cdot(x-1)^4 + \dots$

2.29 $P_3(x) = (x-1) - \frac{1}{2}\cdot(x-1)^2 + \frac{1}{3}\cdot(x-1)^3$ mit Entwicklungspunkt $x_0 = 1$. Die zu berechnende Stelle ist $|0{,}75 - 1| = 0{,}25$ vom Entwicklungspunkt entfernt, die Näherung ergibt $P_3(0{,}75) = -0{,}286458\dot{3}$.

$Q_3\left(\frac{1+x}{1-x}\right) = 2\cdot\left(x + \frac{x^3}{3}\right)$ mit Entwicklungspunkt $x_0 = 0$. Um mit diesem Taylorpolynom ln(0,75) näherungsweise zu berechnen, muss x aus der Gleichung $0{,}75 = \frac{1+x}{1-x}$ ermittelt werden und es gilt $x = -0{,}142\dots$. Die zu berechnende Stelle ist $|-0{,}142\dots - 0| = 0{,}142\dots$ vom Entwicklungspunkt entfernt. $Q_3(-0{,}142\dots) = -0{,}2876579\dots$

Laut Taschenrechner gilt $\ln(0{,}75) = -0{,}2876820\dots$. Den genaueren Wert erhält man daher mit $Q_3(-0{,}142\dots)$, da der zu berechnende Wert näher am Entwicklungspunkt liegt.

2.30 ***1)*** $\sin(x) = x - \frac{x^3}{3!} + \frac{x^5}{5!} - \frac{x^7}{7!} \dots$

2) und ***3)***
$P_3(x)$ ist für den Bereich $-1{,}2 < x < 1{,}2$ als Näherungswert geeignet und $P_7(x)$ für den Bereich $-2{,}8 < x < 2{,}8$.
$P_3(150°) = -0{,}372\dots$, $P_7(x) = 0{,}485\dots$

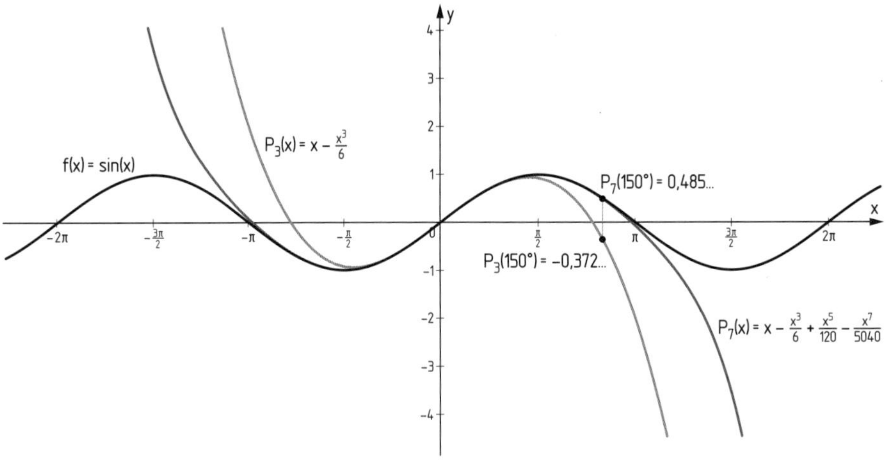

Mit Hilfe des Entwicklungspolynoms 7. Grads erhält man ein wesentlich genaueres Ergebnis als mit dem Entwicklungspolynom 3. Grads. Dieses liefert ein unbrauchbares Ergebnis.

2.31 $f(x) = \frac{1}{2} \cdot \left(1 + \ln\left(\frac{1}{2}\right) \cdot (x-1) + \frac{1}{2!} \cdot \left(\ln\left(\frac{1}{2}\right)\right)^2 \cdot (x-1)^2 + \frac{1}{3!} \cdot \left(\ln\left(\frac{1}{2}\right)\right)^3 \cdot (x-1)^3 + ...\right)$

2.32 $f(x) = 9 + 7 \cdot (x-2) + 3 \cdot (x-2)^2$

Die entstehende Taylor-Reihe ist eine endliche Reihe, da ab der 3. Ableitung alle Ableitungen der Funktion f null sind.

2.33 ***1)*** Berechnung der Tangente der Funktion f an der Stelle $x = 1$:
$f(x) = x^3$, $f'(x) = 3x^2$, $k = f'(1) = 3$ und $y = f(1) = 1$
Einsetzen in die allgemeine Geradengleichung $y = kx + d$ ergibt die Gleichung $1 = 3 \cdot 1 + d$, daraus folgt $d = -2$ und die Tangentengleichung lautet t: $y = 3x - 2 = 1 + 3x - 3 = 1 + 3 \cdot (x-1)$.
Der Term stimmt mit dem Taylor-Polynom $P_1(x)$ überein.

2) Berechnung des linearen Taylor-Polynoms der Funktion f um den Entwicklungspunkt $x = x_0$:
$P_1(x) = f(x_0) + f'(x_0) \cdot (x - x_0)$.
Berechnung der Tangente t der Funktion f an der Stelle $x = x_0$:
$k = f'(x_0)$ und $y = f(x_0)$ einsetzen in die allgemeine Geradengleichung $y = kx + d$ ergibt $f(x_0) = f'(x_0) \cdot x + d$, daraus folgt $d = f(x_0) - f'(x_0) \cdot x_0$ und die Tangentengleichung lautet t: $y = f'(x_0) \cdot x + f(x_0) - f'(x_0) \cdot x_0$.
Herausheben von $f'(x_0)$ ergibt t: $y = f(x_0) + f'(x_0) \cdot (x - x_0)$.
Die beiden Funktionen t und $P_1(x)$ stimmen überein.

2.34

x_0	Taylorpolynom	
0	$f(x) = x - \frac{x^3}{3!} + \frac{x^5}{5!} - \frac{x^7}{7!} + ...$	$P_3(0{,}7) = 0{,}6428\dot{3}$
$\frac{\pi}{4}$	$f(x) = \frac{1}{\sqrt{2}} \cdot \left(1 + \left(x - \frac{\pi}{4}\right) - \frac{1}{2!} \cdot \left(x - \frac{\pi}{4}\right)^2 - \frac{1}{3!} \cdot \left(x - \frac{\pi}{4}\right)^3 + \frac{1}{4!} \cdot \left(x - \frac{\pi}{4}\right)^4 + \frac{1}{5!} \cdot \left(x - \frac{\pi}{4}\right)^5 - ...\right)$	$P_4(0{,}7) = 0{,}644217714...$
$\frac{\pi}{2}$	$f(x) = 1 - \frac{1}{2!} \cdot \left(x - \frac{\pi}{2}\right)^2 + \frac{1}{4!} \cdot \left(x - \frac{\pi}{2}\right)^4 - \frac{1}{6!} \cdot \left(x - \frac{\pi}{2}\right)^6 + ...$	$P_4(0{,}7) = 0{,}644815129...$

Verglichen mit dem exakten Ergebnis mit $\sin(0{,}7) = 0{,}644217687...$ wird die genaueste Näherung mit dem Taylor-Polynom 4. Grads um den Entwicklungspunkt $x_0 = \frac{\pi}{4}$ erzielt. Die zu berechnende Stelle $x = 0{,}7$ liegt dem Entwicklungspunkt $x_0 = \frac{\pi}{4} = 0{,}785...$ am nächsten.

2.35 $e^{jx} = 1 + jx + \frac{(jx)^2}{2!} + \frac{(jx)^3}{3!} + \frac{(jx)^4}{4!} + \frac{(jx)^5}{5!} + \frac{(jx)^6}{6!} + \ldots = 1 + jx - \frac{x^2}{2!} - j \cdot \frac{x^3}{3!} + \frac{x^4}{4!} + j \cdot \frac{x^5}{5!} - \frac{x^6}{6!} - j \cdot \frac{x^7}{7!} + \ldots =$
$= \left(1 - \frac{x^2}{2!} + \frac{x^4}{4!} - \frac{x^6}{6!} + \ldots\right) + j \cdot \left(x - \frac{x^3}{3!} + \frac{x^5}{5!} - \frac{x^7}{7!} + \ldots\right) = \cos(x) + j \cdot \sin(x)$

2.36 ***a)*** 0,2402 ***b)*** 1,8519 ***c)*** 0,7468 ***d)*** 0,6495

2.37 ***1)*** $\ln(x) = (x-1) - \frac{(x-1)^2}{2} + \frac{(x-1)^3}{3} - \ldots$, $\ln(x+1) = x - \frac{x^2}{2} + \frac{x^3}{3} - \ldots$

2) $\ln(1{,}5) \approx = 0{,}407291\ldots$ in beiden Fällen
Bei der Taylorreihe zu $f_1(x)$ ist die gesuchte Stelle 1,5 um 0,5 vom Entwicklungspunkt $x_0 = 1$ entfernt, bei der Taylorreihe zu $f_2(x)$ ist die gesuchte Stelle ebenfalls um 0,5 vom Entwicklungspunkt $x_0 = 0$ entfernt. Daher ergeben beide Polynome einen Näherungswert mit derselben Genauigkeit.

3) Die Funktion ln(x) kann nicht um den Punkt $x_0 = 0$ entwickelt werden, da die Funktion an der Stelle 0 nicht definiert ist.

2.38 $x < 0{,}077\ldots$ rad

2.39 Die Polynomdivision $1 : (1 + x)$ ergibt $f(x) = 1 - x + x^2 - x^3 + \ldots$

2.40 $$\frac{n_2}{n_1} = \frac{\sin(\delta_1)}{\sin(\delta_2)} = \frac{\delta_1 - \frac{\delta_1^{\,3}}{3!} + \frac{\delta_1^{\,5}}{5!} - \frac{\delta_1^{\,7}}{7!} + \ldots}{\delta_2 - \frac{\delta_2^{\,3}}{3!} + \frac{\delta_2^{\,5}}{5!} - \frac{\delta_2^{\,7}}{7!} + \ldots} = \frac{\delta_1}{\delta_2} \cdot \frac{1 - \frac{\delta_1^{\,2}}{3!} + \frac{\delta_1^{\,4}}{5!} - \frac{\delta_1^{\,6}}{7!} + \ldots}{1 - \frac{\delta_2^{\,2}}{3!} + \frac{\delta_2^{\,4}}{5!} - \frac{\delta_2^{\,6}}{7!} + \ldots} \approx \frac{\delta_1}{\delta_2} \cdot 1 = \frac{\delta_1}{\delta_2}$$

2.41 ***1)*** $u(t) = \frac{2 \cdot \hat{u}}{T} \cdot t$ ***2)*** $y(x) = c - \frac{c}{T} \cdot x$

2.42 ***a)*** ***1)***

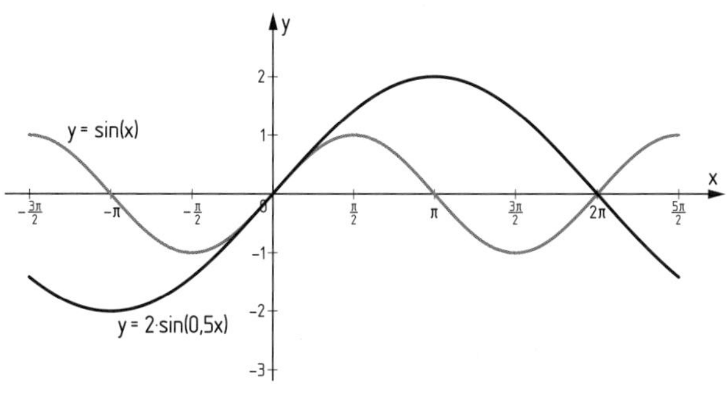

2) Verglichen mit y = sin(x) werden Amplitude und Periode verdoppelt.

b) ***1)***

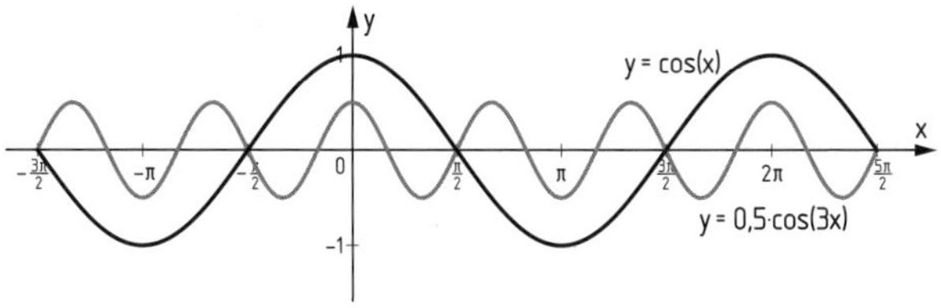

2) Verglichen mit y = cos(x) wird die Amplitude halbiert und die Periode gedrittelt.

2.43 ***a)*** $T = 2\pi$, $f(x) = \begin{cases} \frac{2}{\pi} \cdot x + 2 & \text{für } -\pi \leq x < 0 \\ -\frac{2}{\pi} \cdot x + 2 & \text{für } 0 \leq x < \pi \end{cases}$

b) $T = 2\pi$, $f(x) = \begin{cases} -\frac{4}{\pi} \cdot x - 2 & \text{für } -\pi \leq x < -\frac{\pi}{2} \\ 0 & \text{für } -\frac{\pi}{2} \leq x < \frac{\pi}{2} \\ \frac{4}{\pi} \cdot x - 2 & \text{für } \frac{\pi}{2} \leq x < \pi \end{cases}$

c) $T = 2$, $f(x) = x + 1$ für $f(x) = -1 \leq x < 1$

2.44 **a)** $T = 6\ s,\ u(t) = \begin{cases} 25\ V & \text{für } 0\ s \leq t < 3\ s \\ 0\ V & \text{für } 3\ s \leq t < 6\ s \end{cases}$

b) $T = 3\ s,\ u(t) = \begin{cases} 2\ V & \text{für } 0\ s \leq t < 2\ s \\ 6\ V - 2\ \frac{V}{s} \cdot t & \text{für } 2\ s \leq t < 3\ s \end{cases}$

c) $T = 10\ s,\ u(t) = \begin{cases} 10\ V \cdot \sin\left(\frac{\pi}{5\ s} \cdot t\right) & \text{für } 0\ s \leq t < 5\ s \\ 0\ V & \text{für } 5\ s \leq t < 10\ s \end{cases}$

2.45 **a)** dreifache Amplitude
b) Verschiebung um +2 in y-Richtung
c) vierfache Frequenz
d) fünffache Frequenz und Verschiebung um +2 in x-Richtung

2.46 **a)** ***1)*** ungerade ***2)*** 0 **b)** ***1)*** gerade ***2)*** 0 **c)** ***1)*** ungerade ***2)*** 0

2.47 ***1)***

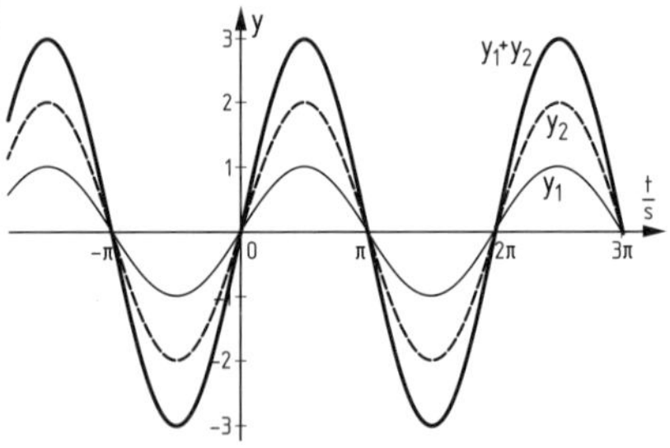

Die beiden Funktionen y_1 und y_2 unterscheiden sich nur durch die Amplitude. Die Summe $y_1 + y_2$ ist daher eine Sinusschwingung mit gleicher Frequenz und Amplitude $A = A_1 + A_2$.

2)

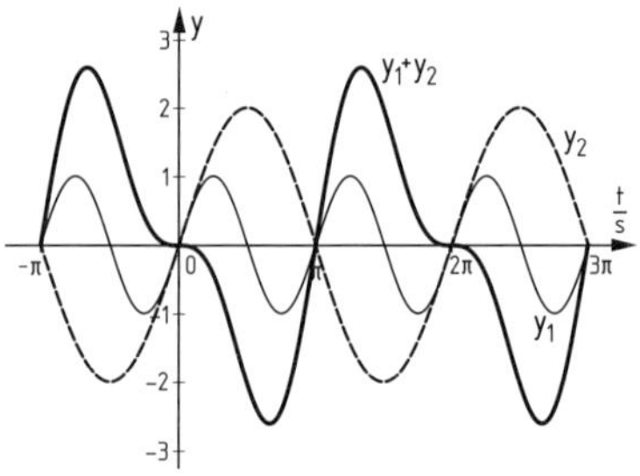

Die beiden Funktionen y_1 und y_2 unterscheiden sich durch Amplitude und Frequenz. Das Ergebnis von $y_1 + y_2$ ist eine periodische Funktion, aber keine Sinusschwingung.

2.49 **a)** gerade, $b_n = 0$ **b)** ungerade, $a_n = 0$ **c)** ungerade, $a_n = 0$

Aufgaben 2.50 bis 2.55: Auf die grafische Darstellung wird verzichtet.

2.50 **a)** Die Funktion ist gerade, daher sind die Koeffizienten der Sinusanteile b_n null.

$a_0 = 0,\ a_1 = \frac{8}{\pi},\ a_2 = 0,\ a_3 = -\frac{8}{3\pi},\ a_4 = 0,\ b_1 = b_2 = b_3 = b_4 = 0$

$f(x) = \frac{8}{\pi} \cdot \left(\cos(x) - \frac{1}{3} \cdot \cos(3x) + \frac{1}{5} \cdot \cos(5x) - \frac{1}{7} \cdot \cos(7x) + ...\right)$

$a_0 = 0,\ a_n = \frac{2}{n \cdot \pi} \cdot \left(3 \cdot \sin\left(n \cdot \frac{\pi}{2}\right) - \sin\left(n \cdot \frac{3\pi}{2}\right)\right),\ b_n = 0$

b) Die Funktion ist ungerade, daher sind a_0 und die Koeffizienten der Cosinusanteile a_n null.

$a_0 = a_1 = a_2 = a_3 = a_4 = 0,\ b_1 = -\frac{4}{\pi},\ b_2 = 0,\ b_3 = -\frac{4}{3\pi},\ b_4 = 0$

$f(x) = -\frac{4}{\pi} \cdot \left(\sin(x) + \frac{1}{3} \cdot \sin(3x) + \frac{1}{5} \cdot \sin(5x) + \frac{1}{7} \cdot \sin(7x) + ...\right)$

$a_0 = a_n = 0,\ b_n = \frac{2}{n \cdot \pi} \cdot (\cos(n \cdot \pi) - 1)$

c) Die Funktion ist um +2 in y-Richtung verschoben. Die nicht verschobene Funktion ist ungerade. Daher ist $a_0 \neq 0$ und die Koeffizienten der Cosinusanteile a_n sind null.

$a_0 = 4,\ a_1 = a_2 = a_3 = a_4 = 0,\ b_1 = \frac{8}{\pi},\ b_2 = 0,\ b_3 = \frac{8}{3\pi},\ b_4 = 0$

$f(x) = 2 + \frac{8}{\pi} \cdot \left(\sin(x) + \frac{1}{3} \cdot \sin(3x) + \frac{1}{5} \cdot \sin(5x) + \frac{1}{7} \cdot \sin(7x) + ...\right)$

$a_0 = 4,\ a_n = 0,\ b_n = \frac{4}{n \cdot \pi} \cdot (1 - \cos(n \cdot \pi))$

2.51 ***a)*** Die Funktion ist ungerade, daher sind a_0 und die Koeffizienten der Cosinusanteile a_n null.

$a_0 = a_1 = a_2 = a_3 = a_4 = 0,\ b_1 = 2,\ b_2 = -1,\ b_3 = \frac{2}{3},\ b_4 = -\frac{1}{2}$

$f(x) = 2 \cdot \sin(x) - \sin(2x) + \frac{2}{3} \cdot \sin(3x) - \frac{1}{2} \cdot \sin(4x) + \ldots$

$a_0 = a_n = 0,\ b_n = \frac{2}{n^2 \cdot \pi} \cdot (\sin(n \cdot \pi) - n \cdot \pi \cdot \cos(n \cdot \pi))$

b) Die Funktion ist um +1 in y-Richtung verschoben. Die nicht verschobene Funktion ist ungerade. Daher ist $a_0 \neq 0$ und die Koeffizienten der Cosinusanteile a_n sind null.

$a_0 = 2,\ a_1 = a_2 = a_3 = a_4 = 0,\ b_1 = \frac{2}{\pi},\ b_2 = \frac{1}{\pi},\ b_3 = \frac{2}{3\pi},\ b_4 = \frac{1}{2\pi}$

$f(x) = 1 + \frac{1}{\pi} \cdot \left(2 \cdot \sin(x) + \sin(2x) + \frac{2}{3} \cdot \sin(3x) + \frac{1}{2} \cdot \sin(4x) + \ldots\right)$

$a_0 = 2,\ a_n = \frac{2}{n^2 \cdot \pi^2} \cdot (\sin(n \cdot \pi))^2,\ b_n = \frac{2}{n \cdot \pi} - \frac{1}{n^2 \cdot \pi^2} \cdot \sin(2n \cdot \pi)$

c) Die Funktion ist um $+\frac{\pi}{2}$ in y-Richtung verschoben. Die nicht verschobene Funktion ist ungerade. Daher ist $a_0 \neq 0$ und die Koeffizienten der Cosinusanteile a_n sind null.

$a_0 = \pi,\ a_1 = a_2 = a_3 = a_4 = 0,\ b_1 = -1,\ b_2 = -\frac{1}{2},\ b_3 = -\frac{1}{3},\ b_4 = -\frac{1}{4}$

$f(x) = \frac{\pi}{2} - \sin(x) - \frac{1}{2} \cdot \sin(2x) - \frac{1}{3} \cdot \sin(3x) - \ldots$

$a_0 = \pi,\ a_n = 0,\ b_n = -\frac{1}{n}$

2.52 ***a)*** Die Funktion ist gerade, daher sind die Koeffizienten der Sinusanteile b_n null.

$a_0 = 2,\ a_1 = \frac{8}{\pi^2},\ a_2 = 0,\ a_3 = \frac{8}{9\pi^2},\ a_4 = 0,\ b_1 = b_2 = b_3 = b_4 = 0$

$f(x) = 1 + \frac{8}{\pi^2} \cdot \left(\cos(x) + \frac{1}{9} \cdot \cos(3x) + \frac{1}{25} \cdot \cos(5x) + \frac{1}{49} \cdot \cos(7x) + \ldots\right)$

b) Die Funktion ist nicht symmetrisch. Falls Fourier-Koeffizienten null sind, ergeben sich diese aus der Berechnung.

$a_0 = \frac{\pi}{2},\ a_1 = \frac{2}{\pi},\ a_2 = 0,\ a_3 = \frac{2}{9\pi},\ a_4 = 0,\ b_1 = 1,\ b_2 = \frac{1}{2},\ b_3 = \frac{1}{3},\ b_4 = \frac{1}{4}$

$f(x) = \frac{\pi}{4} + \frac{2}{\pi} \cdot \cos(x) + \sin(x) + \frac{1}{2} \cdot \sin(2x) + \ldots$

c) Die Funktion ist nicht symmetrisch. Falls Fourier-Koeffizienten null sind, ergeben sich diese aus der Berechnung.

$a_0 = 3,\ a_1 = -\frac{4}{\pi^2},\ a_2 = 0,\ a_3 = -\frac{4}{9\pi^2},\ a_4 = 0,\ b_1 = \frac{2}{\pi},\ b_2 = \frac{1}{\pi},\ b_3 = \frac{2}{3\pi},\ b_4 = \frac{1}{2\pi}$

$f(x) = \frac{3}{2} - \frac{4}{\pi^2} \cdot \cos(x) + \frac{2}{\pi} \cdot \sin(x) + \frac{1}{\pi} \cdot \sin(2x) - \ldots$

2.53 ***a)*** Die Funktion ist nicht symmetrisch. Falls Koeffizienten null sind, ergeben sich diese aus der Berechnung.

$a_0 = \frac{10}{\pi},\ a_1 = 0,\ a_2 = -\frac{10}{3\pi},\ a_3 = 0,\ a_4 = -\frac{2}{3\pi},\ b_1 = \frac{5}{2},\ b_2 = b_3 = b_4 = 0$

$f(x) = \frac{5}{\pi} + \frac{5}{2} \cdot \sin(x) - \frac{10}{3\pi} \cdot \cos(2x) - \frac{2}{3\pi} \cdot \cos(4x) - \ldots$

b) Die Funktion ist gerade und die Koeffizienten b_n sind daher null. Falls weitere Koeffizienten null sind, ergeben sich diese aus der Berechnung.

$a_0 = \frac{2}{\pi},\ a_1 = \frac{1}{2},\ a_2 = \frac{2}{3\pi},\ a_3 = 0,\ a_4 = -\frac{2}{15\pi},\ b_1 = b_2 = b_3 = b_4 = 0$

$f(x) = \frac{1}{\pi} + \frac{1}{2} \cdot \cos(x) + \frac{2}{3\pi} \cdot \cos(2x) - \frac{2}{15\pi} \cdot \cos(4x) + \ldots$

c) Die Funktion ist gerade und die Koeffizienten b_n sind daher null. Falls weitere Koeffizienten null sind, ergeben sich diese aus der Berechnung.

$a_0 = \frac{4}{\pi},\ a_1 = 0,\ a_2 = -\frac{4}{3\pi},\ a_3 = 0,\ a_4 = -\frac{4}{15\pi},\ b_1 = b_2 = b_3 = b_4 = 0$

$f(x) = \frac{2}{\pi} - \frac{4}{\pi} \cdot \left(\frac{1}{3} \cdot \cos(2x) + \frac{1}{15} \cdot \cos(4x) + \frac{1}{35} \cdot \cos(6x) + \frac{1}{315} \cdot \cos(8x) + \ldots\right)$

2.54 ***a)*** Die Funktion ist ungerade und die Koeffizienten a_0 und a_n sind daher null. Falls weitere Koeffizienten null sind, ergeben sich diese aus der Berechnung.

$a_0 = a_1 = a_2 = a_3 = a_4 = 0,\ b_1 = \frac{4}{\pi},\ b_2 = 0,\ b_3 = \frac{4}{3\pi},\ b_4 = 0$

$f(t) = \frac{4}{\pi} \cdot \left(\sin\left(\frac{\pi}{2} \cdot t\right) + \frac{1}{3} \cdot \sin\left(\frac{3\pi}{2} \cdot t\right) + \frac{1}{5} \cdot \sin\left(\frac{5\pi}{2} \cdot t\right) + \frac{1}{7} \cdot \sin\left(\frac{7\pi}{2} \cdot t\right) + \ldots\right)$

b) Die Funktion ist ungerade und die Koeffizienten a_0 und a_n sind daher null. Falls weitere Koeffizienten null sind, ergeben sich diese aus der Berechnung.

$a_0 = a_1 = a_2 = a_3 = a_4 = 0,\ b_1 = -\frac{4}{\pi},\ b_2 = \frac{2}{\pi},\ b_3 = -\frac{4}{3\pi},\ b_4 = \frac{1}{\pi}$

$f(t) = \frac{1}{\pi} \cdot \left(-4 \cdot \sin\left(\frac{\pi}{2} \cdot t\right) + 2 \cdot \sin(\pi \cdot t) - \frac{4}{3} \cdot \sin\left(\frac{3\pi}{2} \cdot t\right) + \sin(2\pi \cdot t) - \ldots\right)$

c) Die Funktion ist nicht symmetrisch. Falls Koeffizienten null sind, ergeben sich diese aus der Berechnung.

$a_0 = 3{,}\dot{3},\ a_1 = -0{,}455\ldots,\ a_2 = -0{,}113\ldots,\ a_3 = 0,\ a_4 = -0{,}028\ldots,\ b_1 = 0{,}373\ldots,\ b_2 = 0{,}384\ldots,\ b_3 = 0{,}212\ldots,$
$b_4 = 0{,}142\ldots$

$f(t) = 1{,}\dot{6} - 0{,}455\ldots \cdot \cos\left(\frac{2\pi}{3} \cdot t\right) + 0{,}373\ldots \cdot \sin\left(\frac{2\pi}{3} \cdot t\right) - 0{,}113\ldots \cdot \cos\left(\frac{4\pi}{3} \cdot t\right) + \ldots$

2.55 ***a)*** Die Funktion ist gerade und die Koeffizienten b_n sind daher null. Falls weitere Koeffizienten null sind, ergeben sich diese aus der Berechnung.

$a_0 = 0,\ a_1 = \frac{32}{\pi^2},\ a_2 = 0,\ a_3 = \frac{32}{9\pi^2},\ a_4 = 0,\ b_1 = b_2 = b_3 = b_4 = 0$

$u(t) = \frac{32}{\pi^2} \cdot \left(\cos\left(\frac{\pi}{6} \cdot t\right) + \frac{1}{9} \cdot \cos\left(\frac{\pi}{2} \cdot t\right) + \frac{1}{25} \cdot \cos\left(\frac{5\pi}{6} \cdot t\right) + \frac{1}{49} \cdot \cos\left(\frac{7\pi}{6} \cdot t\right) + \ldots\right)$

b) Die Funktion ist ungerade und die Koeffizienten a_0 und a_n sind daher null. Falls weitere Koeffizienten null sind, ergeben sich diese aus der Berechnung.

$a_0 = a_1 = a_2 = a_3 = a_4 = 0,\ b_1 = -\frac{16}{\pi^2},\ b_2 = 0,\ b_3 = \frac{16}{9\pi^2},\ b_4 = 0$

$u(t) = \frac{16}{\pi^2} \cdot \left(-\sin\left(\frac{\pi}{8} \cdot t\right) + \frac{1}{9} \cdot \sin\left(\frac{3\pi}{8} \cdot t\right) - \frac{1}{25} \cdot \sin\left(\frac{5\pi}{8} \cdot t\right) + \frac{1}{49} \cdot \sin\left(\frac{7\pi}{8} \cdot t\right) - \ldots\right)$

c) Die Funktion ist gerade und die Koeffizienten b_n sind daher null. Falls weitere Koeffizienten null sind, ergeben sich diese aus der Berechnung.

$a_0 = 0,\ a_1 = -4{,}863\ldots,\ a_2 = 0,\ a_3 = 1{,}080\ldots,\ a_4 = 0,\ b_1 = b_2 = b_3 = b_4 = 0$

$u(t) = -4{,}863\ldots \cdot \cos\left(\frac{\pi}{6} \cdot t\right) + 1{,}080\ldots \cdot \cos\left(\frac{\pi}{2} \cdot t\right) - 0{,}194\ldots \cdot \cos\left(\frac{5\pi}{6} \cdot t\right) - 0{,}099\ldots \cdot \cos\left(\frac{7\pi}{6} \cdot t\right) + \ldots$

2.56 ***a) 1)***

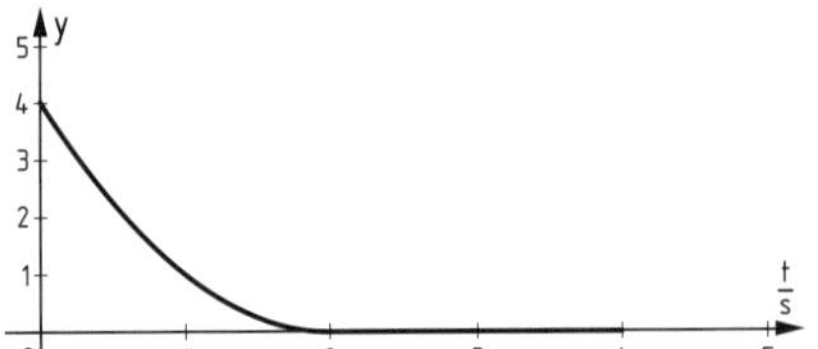

2) $f(t) = \frac{2}{3} + \frac{8}{\pi^2} \cdot \cos\left(\frac{\pi}{2} \cdot t\right) + \frac{4 \cdot (\pi^2 - 4)}{\pi^3} \cdot \sin\left(\frac{\pi}{2} \cdot t\right) + \frac{2}{\pi^2} \cdot \cos(\pi \cdot t) + \ldots$

b) 1)

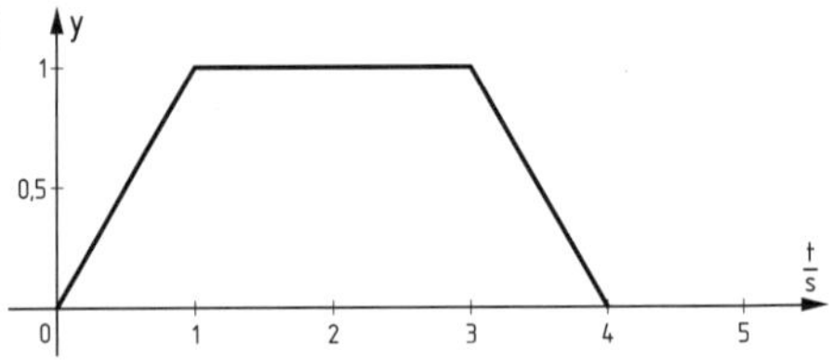

2) $f(t) = \frac{3}{4} - \frac{4}{\pi^2} \cdot \left(\cos\left(\frac{\pi}{2} \cdot t\right) + \frac{1}{2} \cdot \cos(\pi \cdot t) + \frac{1}{9} \cdot \cos\left(\frac{3\pi}{2} \cdot t\right) + \ldots\right)$

2.57 Funktionsgleichung: $f(x) = -x^2 + 2\pi \cdot x$

Fourier-Reihe: $f(x) = \frac{2\pi^2}{3} - 4 \cdot \left(\cos(x) + \frac{1}{4} \cdot \cos(2x) + \frac{1}{9} \cdot \cos(3x) + ...\right)$

Einsetzen von x = 0 ergibt f(0) = 0 bzw. $f(0) = \frac{2\pi^2}{3} - 4 \cdot \left(1 + \frac{1}{4} + \frac{1}{9} + \frac{1}{16} + \frac{1}{25} + ...\right)$

Gleichsetzen der beiden Ausdrücke ergibt die Gleichung $0 = \frac{2\pi^2}{3} - 4 \cdot \sum_{n=1}^{\infty} \frac{1}{n^2}$

Umformen ergibt $\sum_{n=1}^{\infty} \frac{1}{n^2} = \frac{\pi^2}{6}$

2.58 $\cos(x) = \sin\left(x + \frac{\pi}{2}\right)$ oder $\cos(x) = \sin\left(x - \frac{\pi}{2}\right)$

2.60 **a)** $f(t) = \frac{8}{\pi} \cdot \left(\sin\left(t + \frac{\pi}{2}\right) + \frac{1}{3} \cdot \sin\left(3t - \frac{\pi}{2}\right) + \frac{1}{5} \cdot \sin\left(5t + \frac{\pi}{2}\right) + \frac{1}{7} \cdot \sin\left(7t - \frac{\pi}{2}\right) + ...\right)$

k = 43,523... %

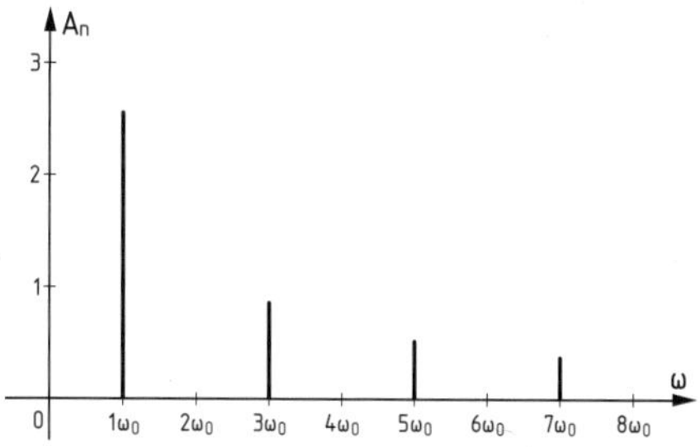

b) $f(t) = \frac{2}{\pi} \cdot \left(\sin(\pi \cdot t + \pi) + \frac{1}{2} \cdot \sin(2\pi \cdot t) + \frac{1}{3} \cdot \sin(3\pi \cdot t + \pi) + \frac{1}{4} \cdot \sin(4\pi \cdot t) + ...\right)$

k = 62,615... %

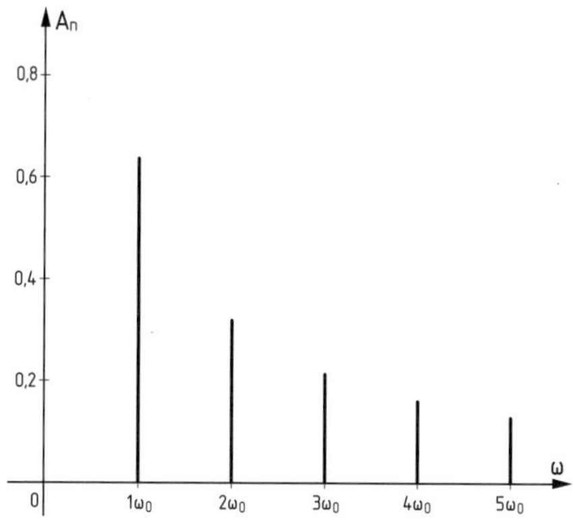

c) $f(t) = \frac{16}{\pi^2} \cdot \left(\sin\left(\frac{\pi}{4} \cdot t + \frac{\pi}{2}\right) + \frac{1}{9} \cdot \sin\left(\frac{3\pi}{4} \cdot t + \frac{\pi}{2}\right) + \frac{1}{25} \cdot \sin\left(\frac{5\pi}{4} \cdot t + \frac{\pi}{2}\right) + \frac{1}{49} \cdot \sin\left(\frac{7\pi}{4} \cdot t + \frac{\pi}{2}\right) + ...\right)$

k = 12,027... %

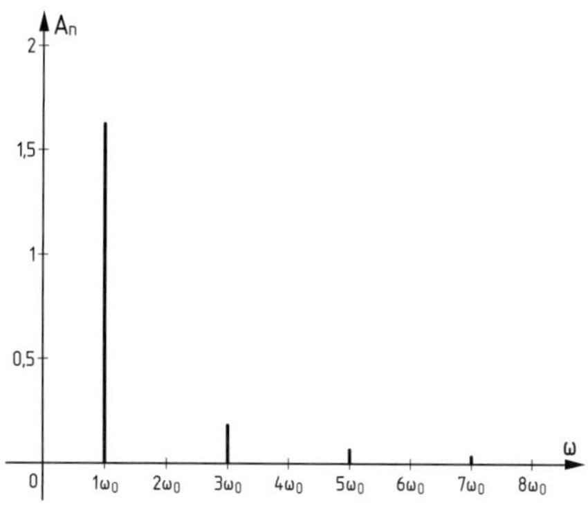

2.61 – 2.63

2.61 ***a)*** $f(t) = \frac{1}{2} + \frac{1}{\pi} \cdot \left(\sin(\pi \cdot t + \pi) + \frac{1}{2} \cdot \sin(2\pi \cdot t + \pi) + \frac{1}{3} \cdot \sin(3\pi \cdot t + \pi) + \ldots\right)$

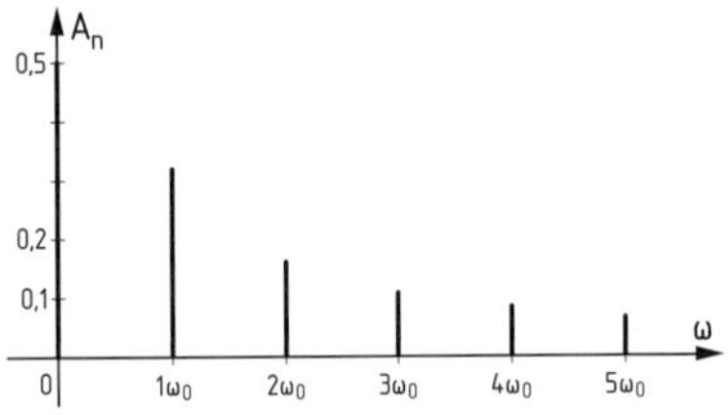

b) $f(t) = 1{,}5 + 0{,}754\ldots \cdot \sin\left(\frac{\pi}{2} \cdot t - 0{,}566\ldots\right) + \frac{1}{\pi} \cdot \sin(\pi \cdot t) + 0{,}216\ldots \cdot \sin\left(\frac{3\pi}{2} \cdot t - 0{,}209\ldots\right) + \ldots$

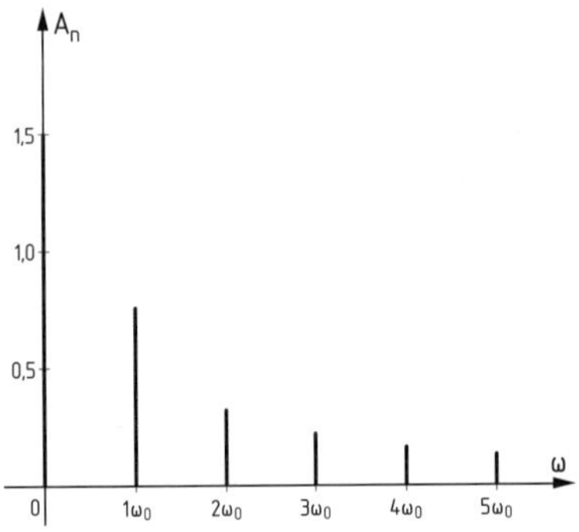

c) $f(t) = 1 + \frac{4}{\pi} \cdot \left(\sin(\pi \cdot t) + \frac{1}{3} \cdot \sin(3\pi \cdot t) + \frac{1}{5} \cdot \sin(5\pi \cdot t) + \ldots\right)$

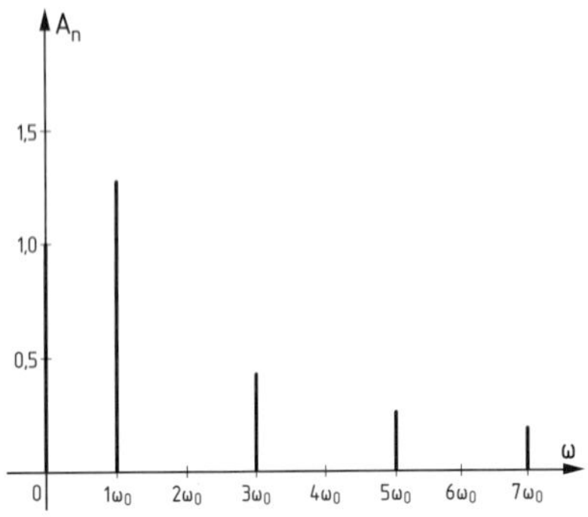

2.62 $c_0 = 1{,}\dot{6}$
$c_1 = -0{,}227\ldots - 0{,}186\ldots j$, $c_{-1} = -0{,}227\ldots + 0{,}186\ldots j$, $c_2 = -0{,}056\ldots - 0{,}192\ldots j$, $c_{-2} = -0{,}056\ldots + 0{,}192\ldots j$,
$c_3 = -0{,}106\ldots j$, $c_{-3} = 0{,}106\ldots j$, $c_4 = -0{,}014\ldots - 0{,}071\ldots j$, $c_{-4} = -0{,}014\ldots + 0{,}071\ldots j$, …

2.63 ***1)*** $c_0 = 0$, $c_1 = -\frac{2j}{\pi}$, $c_{-1} = \frac{2j}{\pi}$, $c_2 = 0$, $c_{-2} = 0$, $c_3 = -\frac{2j}{3\pi}$, $c_{-3} = \frac{2j}{3\pi}$, $c_4 = 0$, $c_{-4} = 0$, …
$f(t) = \ldots + \frac{2}{3\pi} \cdot e^{j \cdot \frac{\pi}{2} \cdot (1 - 3t)} + \frac{2}{\pi} \cdot e^{j \cdot \frac{\pi}{2} \cdot (1 - t)} + \frac{2}{\pi} \cdot e^{-j \cdot \frac{\pi}{2} \cdot (1 - t)} + \frac{2}{3\pi} \cdot e^{-j \cdot \frac{\pi}{2} \cdot (1 - 3t)} + \ldots$

2)

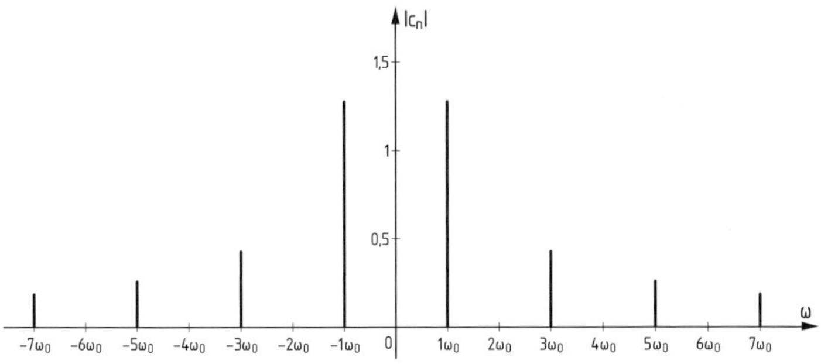

3) $a_0 = a_n = 0$, $b_1 = \frac{4}{\pi}$, $b_2 = 0$, $b_3 = \frac{4}{3\pi}$, $b_4 = 0, \ldots$

2.64 **1)** $c_0 = 0{,}632\ldots$, $c_1 = 0{,}015\ldots - 0{,}098\ldots j$, $c_{-1} = 0{,}015\ldots + 0{,}098\ldots j$, $c_2 = 0{,}003\ldots - 0{,}049\ldots j$, $c_{-2} = 0{,}003\ldots + 0{,}049\ldots j$, $c_3 = 0{,}001\ldots - 0{,}033\ldots j$, $c_{-3} = 0{,}001\ldots + 0{,}033\ldots j$, $c_4 = 0{,}0009\ldots - 0{,}025\ldots j$, $c_{-4} = 0{,}0009\ldots + 0{,}025\ldots j, \ldots$

2)

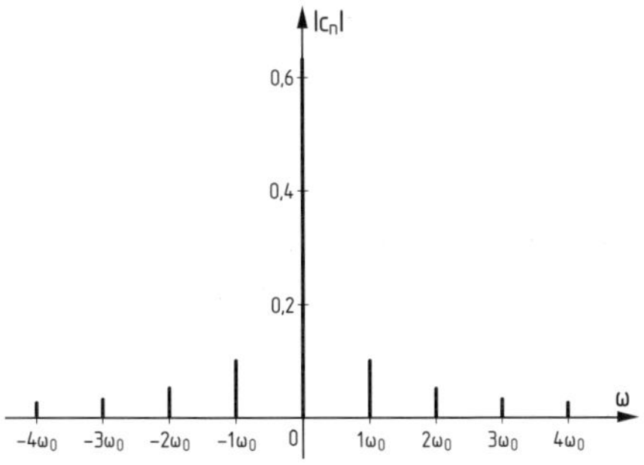

2.65 Die Euler´sche Formel $e^{j\varphi} = \cos(\varphi) + j \cdot \sin(\varphi)$ ergibt für negative Winkel $e^{-j\varphi} = \cos(-\varphi) + j \cdot \sin(-\varphi) = \cos(\varphi) - j \cdot \sin(\varphi)$. Daraus folgt für die Summe $e^{j\varphi} + e^{-j\varphi} = \cos(\varphi) + j \cdot \sin(\varphi) + \cos(\varphi) - j \cdot \sin(\varphi) = 2 \cdot \cos(\varphi)$ bzw. für die Differenz $e^{j\varphi} - e^{-j\varphi} = \cos(\varphi) + j \cdot \sin(\varphi) - (\cos(\varphi) - j \cdot \sin(\varphi)) = 2j \cdot \sin(\varphi)$. Division durch 2 ergibt $\cos(\varphi) = \frac{e^{j\varphi} + e^{-j\varphi}}{2}$ bzw. Division durch 2j ergibt $\sin(\varphi) = \frac{e^{j\varphi} - e^{-j\varphi}}{2j}$.

2.66 **1)** $n = 2$: $\pi \approx 3{,}1415873\ldots$ bzw. $n = 20$: $\pi \approx 3{,}1415926\ldots$

2) $n = 2$: absoluter Fehler $5{,}263\ldots \cdot 10^{-6}$, relativer Fehler $0{,}000167\ldots$ %
$n = 20$: keine Abweichung vom Taschenrechnerwert

3) $\frac{1}{2} \cdot \sum_{n=0}^{\infty} \frac{1}{16^n} \cdot \left(\frac{8}{8n+2} + \frac{4}{8n+3} + \frac{4}{8n+4} - \frac{1}{8n+7}\right)$

$\frac{1}{4} \cdot \sum_{n=0}^{\infty} \frac{1}{16^n} \cdot \left(\frac{8}{8n+1} + \frac{8}{8n+2} + \frac{4}{8n+3} - \frac{2}{8n+5} - \frac{2}{8n+6} - \frac{1}{8n+7}\right)$

$\sum_{n=0}^{\infty} \frac{(-1)^n}{4^n} \cdot \left(\frac{2}{4n+1} + \frac{2}{4n+2} + \frac{1}{4n+3}\right)$

Die zweite Reihe liefert bei Berechnung von gleich vielen Gliedern das genaueste Ergebnis. Die dritte Reihe ist in der Darstellung am kürzesten und die Glieder der Reihe daher am einfachsten zu berechnen.

2.67 **1)** $\frac{1}{128}, \frac{1}{64}, \frac{1}{512}, \frac{1}{256}, \frac{1}{2\,048}, \frac{1}{1\,024}, \ldots$

2) Die allgemeine Angabe zweier aufeinander folgender Glieder hängt davon ab, mit welchem Glied man beginnt. Der Quotient kann daher nicht eindeutig gebildet werden und das Quotientenkriterium versagt. Fasst man jeweils zwei Glieder der Reihe zusammen, so erhält man $a_n = \frac{1}{2^{2n+1}} + \frac{1}{2^{2n}}$ und die Konvergenz kann mit dem Quotientenkriterium gezeigt werden.

2.68 ***a) 1)*** $r = 1$

2) Einsetzen von $x = -r = -1$ ergibt die Reihe $\sum_{n=1}^{\infty} (-1)^n \cdot \frac{1}{n^2}$

Leibniz-Kriterium: $\left\langle \frac{1}{n^2} \right\rangle$ ist eine Nullfolge und $\frac{1}{n^2} > \frac{1}{(n+1)^2}$ für $n \geqslant 1$, daher Konvergenz.

Einsetzen von $x = r = 1$ ergibt die Reihe $\sum_{n=1}^{\infty} \frac{1}{n^2}$

Wegen $\sum_{n=1}^{\infty} \frac{1}{n \cdot (n+1)} = \sum_{n=1}^{\infty} \left(\frac{1}{n} - \frac{1}{n+1}\right) = 1 \underbrace{- \frac{1}{2} + \frac{1}{2}}_{=0} \underbrace{- \frac{1}{3} + \frac{1}{3}}_{=0} \underbrace{- \frac{1}{4} + \frac{1}{4}}_{=0} - \ldots = 1$ ist die Reihe $\sum_{n=1}^{\infty} \frac{1}{n \cdot (n+1)}$ konvergent.

Majorantenkriterium: Für $n \geqslant 4$ gilt $\frac{1}{n^2} < \frac{1}{n \cdot (n+1)}$, daher Konvergenz.

b) 1) $r = 1$

2) $x = -1 \Rightarrow \sum_{n=1}^{\infty} (-1)^n \cdot \frac{1}{n}$, Leibniz-Kriterium: Nullfolge $\left\langle \frac{1}{n} \right\rangle$, $\frac{1}{n} > \frac{1}{n+1}$ für $n \geqslant 1$, daher Konvergenz.

$x = 1 \Rightarrow \sum_{n=1}^{\infty} \frac{1}{n}$, harmonische Reihe, daher Divergenz (vgl. Buch Seite 15).

c) 1) $r = 1$

2) $x = -1 \Rightarrow \sum_{n=1}^{\infty} (-1)^{n-1} \cdot \frac{(-1)^n}{n} = \sum_{n=1}^{\infty} (-1)^{2n-1} \cdot \frac{1}{n} = \sum_{n=1}^{\infty} (-1) \cdot \frac{1}{n} = (-1) \cdot \sum_{n=1}^{\infty} \frac{1}{n}$, harmonische Reihe, daher Divergenz (vgl. Buch Seite 15).

$x = 1 \Rightarrow \sum_{n=1}^{\infty} (-1)^{n-1} \cdot \frac{1}{n} = 1 - \frac{1}{2} + \frac{1}{3} - \frac{1}{4} + \ldots$, Leibniz-Kriterium erfüllt, daher Konvergenz (vgl. Buch Seite 16).

d) 1) $r = 1$

2) $x = -1 \Rightarrow \sum_{n=1}^{\infty} (-1)^n = -1 + 1 - 1 + 1 - \ldots$, Oszillationspunkte (-1) und $(+1)$, daher Divergenz.

$x = 1 \Rightarrow \sum_{n=1}^{\infty} 1^n = 1 + 1 + 1 + \ldots$, arithmetische Reihe, daher Divergenz.

2.69 ***1)*** 0,469993... ***2)*** Fehler absolut: 0,000010389..., Fehler relativ: 0,00221... %

2.70 ***a) 1)*** $\sin(\pi - x) = x - \frac{x^3}{6} + \frac{x^5}{120} - \frac{x^7}{5\,040} + \ldots, r = \infty$

2)

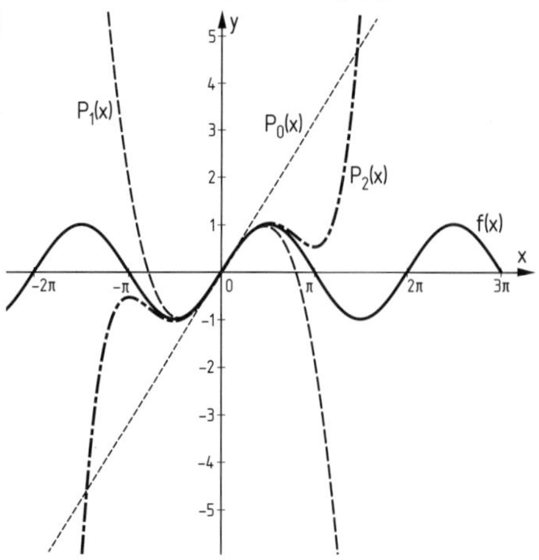

b) 1) $\frac{1}{1+2x} = 1 - 2x + 4x^2 - 8x^3 + \ldots,\ r = \frac{1}{2}$

2)

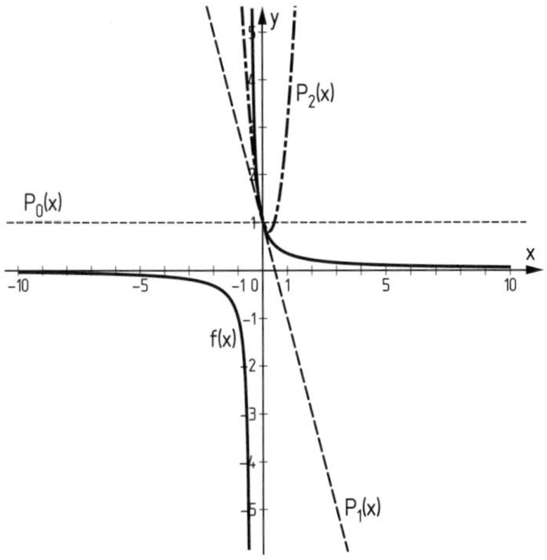

c) 1) $\cosh(x) = 1 + \frac{x^2}{2} + \frac{x^4}{24} + \frac{x^6}{720} + \ldots,\ r = \infty$

2)

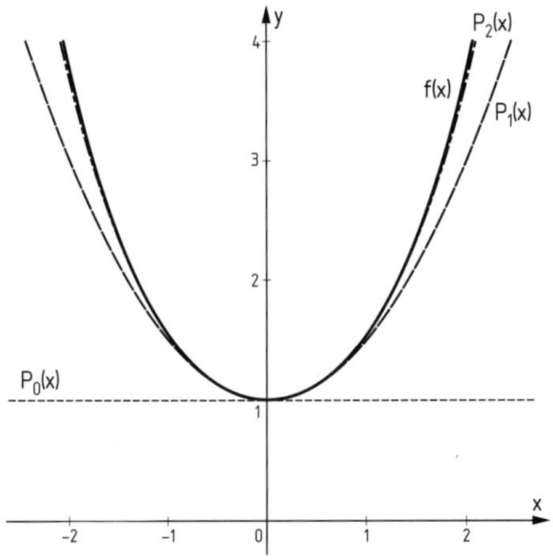

2.71 ***a) 1)*** $(\cos(x))^2 = 1 - (x - \pi)^2 + \frac{(x-\pi)^4}{3} - \ldots,\ r = \infty$

2)

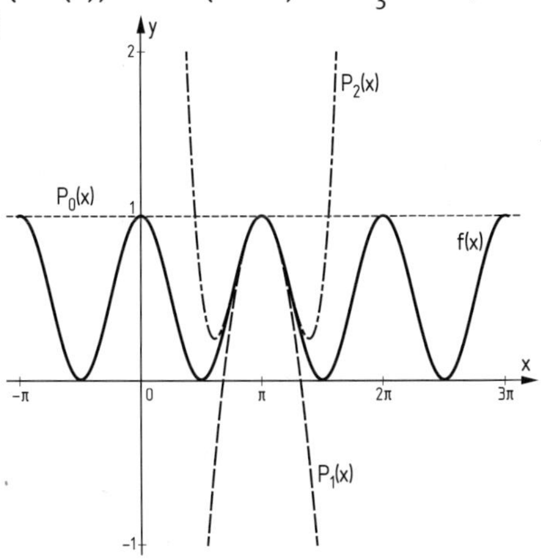

b) 1) $2x^2 + 5 = 7 - 4 \cdot (x + 1) + 2 \cdot (x + 1)^2 + 0 + \ldots,\ r = \infty$

2)

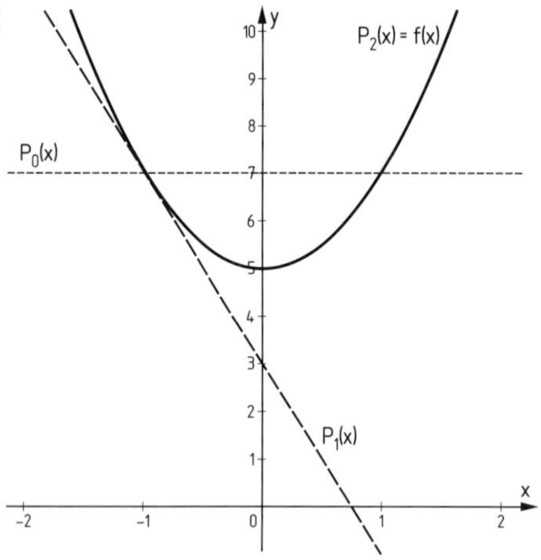

c) 1) $e^x \cdot \sin(x) = 0{,}790\ldots + 2{,}237\ldots \cdot (x - 0{,}5) + 1{,}446\ldots \cdot (x - 0{,}5)^2 + \ldots,\ r = \infty$

2)

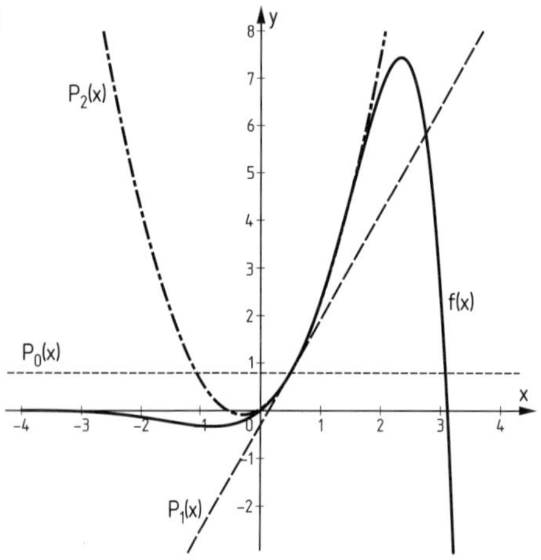

2.72 Die ersten zwei Glieder der Reihen $\sin(x) = x - \frac{x^3}{6} + \frac{x^5}{120} - \frac{x^7}{5\,040} + \frac{x^9}{362\,880} - \ldots$ und $x \cdot \sqrt[3]{\cos(x)} = x - \frac{x^3}{6} - \frac{x^5}{72} - \frac{23x^7}{6\,480} - \frac{1\,069x^9}{1\,088\,640} - \ldots$ stimmen überein. Für kleine Werte von $|x|$ erhält man daher ungefähr das gleiche Ergebnis.

2.73 ***a)*** $\frac{a_0}{2} = 0$, $\frac{a_0}{2}$ ist der Mittelwert der Funktion. Die Flächen oberhalb und unterhalb der x-Achse sind gleich groß, daher ist der Mittelwert null.

b) $\frac{a_0}{2} = \pi$, $\frac{a_0}{2}$ ist der Mittelwert der Funktion. Die vom Graphen der Funktion und der Gerade $y = \pi$ gebildeten Dreiecke sind jeweils gleich groß, daher ist der Mittelwert π.

c) $\frac{a_0}{2} = 0$, wie **a)**.

2.74 ***a)*** Der Graph in ***3)*** entsteht durch Verschieben des Graphen in ***1)*** um –3 in y-Richtung. Beide Graphen haben die gleiche Form und daher das gleiche Amplitudenspektrum. Die Form des Graphen in ***2)*** ist verschieden, daher auch das Amplitudenspektrum.

b) Der Graph in ***2)*** entsteht durch Verschieben des Graphen in ***1)*** um –1 in x-Richtung. Der Graph in ***3)*** entsteht durch Verschieben des Graphen in ***1)*** um 1 in y-Richtung. Alle drei Graphen haben die gleiche Form und daher das gleiche Amplitudenspektrum.

a) und ***b)***

Wird eine Funktion durch Verschieben in y-Richtung ungerade, kann die Fourier-Reihe einfacher berechnet werden. Sind die Amplituden bekannt, muss nur A_0 entsprechend angepasst werden.

2.75 ***a) 1)*** Die dargestellte Funktion erfüllt die Bedingung $f(-x) = -f(x)$, sie ist daher ungerade. a_0 und die Koeffizienten der Cosinusanteile a_n sind null. Zur Berechnung der Koeffizienten der Sinusanteile b_n kann die halbe Periode verwendet werden.

2) $f(x) = \frac{4 \cdot (\pi + 2)}{\pi^2} \cdot \sin(x) - \frac{2}{\pi} \cdot \sin(2x) + \frac{4 \cdot (3\pi - 2)}{9\pi^2} \cdot \sin(3x) - \frac{1}{\pi} \cdot \sin(4x) + ...$

b) 1) Die dargestellte Funktion erfüllt die Bedingung $f(-x) = f(x)$, sie ist daher gerade.Die Koeffizienten der Sinusanteile b_n sind null. Zur Berechnung der Koeffizienten der Cosinusanteile a_n kann die halbe Periode verwendet werden.

2) $f(x) = \frac{2 \cdot \sqrt{2}}{\pi} \cdot \left(\cos(x) + \frac{1}{3} \cdot \cos(3x) - \frac{1}{5} \cdot \cos(5x) - \frac{1}{7} \cdot \cos(7x) + ...\right)$

2.76 ***a) 1)*** $a_0 = 2,\ a_1 = -\frac{8}{\pi^2},\ a_2 = 0,\ a_3 = -\frac{8}{9\pi^2},\ a_4 = 0, ...,\ b_1 = \frac{4}{\pi},\ b_2 = -\frac{2}{\pi},\ b_3 = \frac{4}{3\pi},\ b_4 = -\frac{1}{\pi}, ...$

2) $A_0 = 1,\ A_1 = \frac{4 \cdot \sqrt{\pi^2 + 4}}{\pi^2},\ A_2 = \frac{2}{\pi},\ A_3 = \frac{4 \cdot \sqrt{9\pi^2 + 4}}{9\pi^2},\ A_4 = \frac{1}{\pi}, ...$

$\varphi_1 = -0{,}566...,\ \varphi_2 = \pi,\ \varphi_3 = -0{,}209...,\ \varphi_4 = \pi, ...$

3) $f(x) = 1 - \frac{8}{\pi^2} \cdot \cos(x) + \frac{4}{\pi} \cdot \sin(x) - \frac{2}{\pi} \cdot \sin(2x) - \frac{8}{9\pi^2} \cdot \cos(3x) + ...$

$f(t) = 1 + \frac{4 \cdot \sqrt{\pi^2 + 4}}{\pi^2} \cdot \sin(t - 0{,}566...) + \frac{2}{\pi} \cdot \sin(2t + \pi) + \frac{4 \cdot \sqrt{9\pi^2 + 4}}{9\pi^2} \cdot \sin(3t - 0{,}209...) + ...$

4)

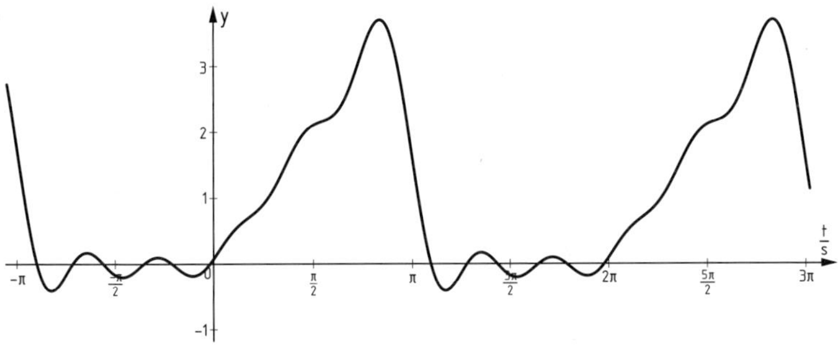

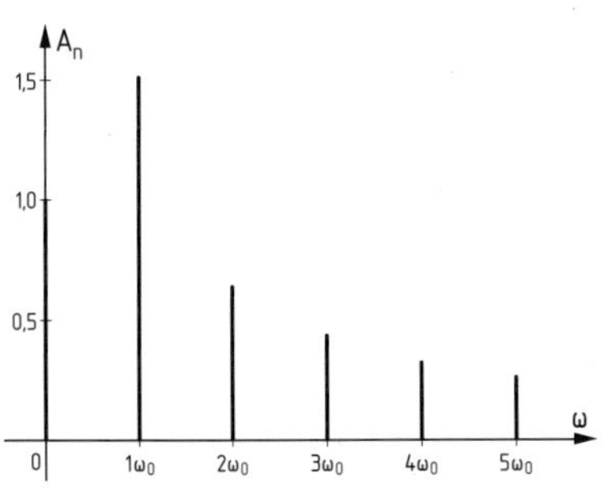

b) 1) $a_0 = -1, a_1 = -\frac{4}{\pi^2}, a_2 = 0, a_3 = -\frac{4}{9\pi^2}, a_4 = 0, \ldots, b_1 = \frac{2}{\pi}, b_2 = -\frac{1}{\pi}, b_3 = \frac{2}{3\pi}, b_4 = -\frac{1}{2\pi}, \ldots$

2) $A_0 = -\frac{1}{2}, A_1 = \frac{2 \cdot \sqrt{\pi^2 + 4}}{\pi^2}, A_2 = \frac{1}{\pi}, A_3 = \frac{2 \cdot \sqrt{9\pi^2 + 4}}{9\pi^2}, A_4 = \frac{1}{2\pi}, \ldots$

$\varphi_1 = -0{,}566\ldots, \varphi_2 = \pi, \varphi_3 = -0{,}209\ldots, \varphi_4 = \pi, \ldots$

3) $f(t) = -\frac{1}{2} - \frac{4}{\pi^2} \cdot \cos(\pi \cdot t) + \frac{2}{\pi} \cdot \sin(\pi \cdot t) - \frac{1}{\pi} \cdot \sin(2\pi \cdot t) - \frac{4}{9\pi^2} \cdot \cos(3\pi \cdot t) + \ldots$

$$f(t) = -\frac{1}{2} + \frac{2 \cdot \sqrt{\pi^2 + 4}}{\pi^2} \cdot \sin(\pi \cdot t - 0{,}566\ldots) + \frac{1}{\pi} \cdot \sin(2\pi \cdot t + \pi) + \frac{2 \cdot \sqrt{9\pi^2 + 4}}{9\pi^2} \cdot \sin(3\pi \cdot t - 0{,}209\ldots) + \ldots$$

4)

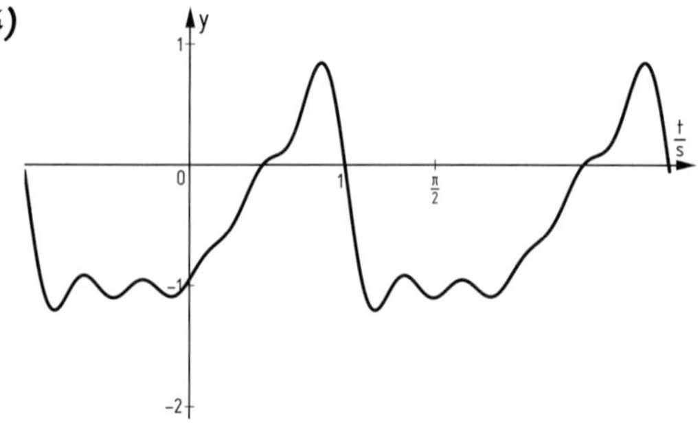

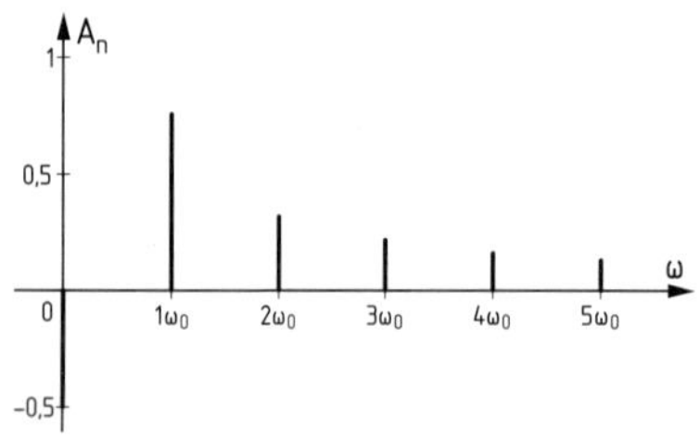

2.77 $c_0 = \frac{\pi^2}{3}, c_1 = c_{-1} = -2, c_2 = c_{-2} = \frac{1}{2}, c_3 = c_{-3} = -\frac{2}{9}, c_4 = c_{-4} = \frac{1}{8}, \ldots$

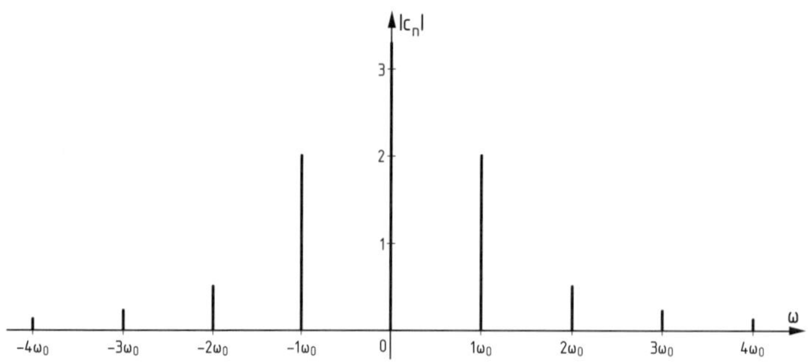

2.78 **1)** $\frac{1}{1-x} - 1 \approx x, \frac{1}{1-x} - 1 \approx x^2 + x, \frac{1}{1-x} - 1 \approx x^3 + x^2 + x$

2) $|\text{remainder}| \leq 0{,}125$

2.79 $e^{-2x} \approx -\frac{4}{15}x^5 + \frac{2}{3}x^4 - \frac{4}{3}x^3 + 2x^2 - 2x + 1$

2.80 $x^2 \cdot e^{-3x} = e^3 - 5 \cdot e^3 \cdot (x + 1) + \frac{23 \cdot e^3}{2!} \cdot (x + 1)^2 - \frac{99 \cdot e^3}{3!} \cdot (x + 1)^3 + \frac{405 \cdot e^3}{4!} \cdot (x + 1)^4 - \frac{1\,593 \cdot e^3}{5!} \cdot (x + 1)^5 + \ldots$

2.81 $f(x) = 2\pi - \frac{4}{1} \cdot \sin(x) - \frac{4}{2} \cdot \sin(2x) - \frac{4}{3} \cdot \sin(3x) - \ldots$

2.82 ***1)*** As $f(-t) = -f(t)$ the given function is odd.
2) $T = 6$
3) $f(t) = \frac{6 \cdot \sqrt{3}}{\pi^2} \cdot \sin\left(\frac{\pi}{3} \cdot t\right) - \frac{6 \cdot \sqrt{3}}{25\pi^2} \cdot \sin\left(\frac{5\pi}{3} \cdot t\right) + \frac{6 \cdot \sqrt{3}}{49\pi^2} \cdot \sin\left(\frac{7\pi}{3} \cdot t\right) - \frac{6 \cdot \sqrt{3}}{121\pi^2} \cdot \sin\left(\frac{11\pi}{3} \cdot t\right) + \ldots$

3 Differentialgleichungen

3.1 $y' = 2x$

3.2 ***1)*** $y = \frac{x^2}{2}$

Gegeben ist die Ableitung y' einer Funktion y. Es ist daher notwendig, die gegebene Funktion zu integrieren: $y = \int y' dx = \int x \, dx = \frac{x^2}{2} + C$. Da keine bestimmte Funktion verlangt ist, kann $C = 0$ gewählt werden.

2) $y = e^x$

Gesucht ist eine Funktion, deren Ableitung gleich der Funktion ist. Die Funktion $y = e^x$ erfüllt diese Bedingung.

3.4

Gleichung	Grad	Ordnung	Gleichung	Grad	Ordnung
$y' - 2y = 0$	1	1	$(y'')^2 + 3y = 0$	2	2
$\frac{d^2y}{dx^2} + 6 \cdot \frac{dy}{dx} + 2y = 0$	1	2	$\ddot{x}^3 + 4\dot{x} = \sin(t)$	3	2

3.5 ***a)*** $\frac{dN}{dt} = k \cdot N(t)$ ***c)*** $\frac{dV(t)}{dt} = k \cdot V(t)$

b) $\frac{dB}{dt} = k \cdot K(t)$, B ... Betrag, den Alex ausgibt, K ... Kontostand

3.6 ***a)*** $\frac{dv}{dh} = \frac{k}{\sqrt{h}}$ ***b)*** $\frac{dd}{dt} = k \cdot d$ ***c)*** $\frac{dp}{dT} = \frac{k \cdot p}{T^2}$

3.7 ***a)*** $y' = x^2$ ***b)*** $y' = \sqrt[3]{x}$ ***c)*** $y' = x + y$ ***d)*** $y' = \frac{1}{x \cdot y}$

3.8 ***A)*** Randbedingungen; p(3 cm) = 900,7 hPa, p(4 cm) = 901,1 hPa
B) Anfangsbedingungen; s(10 s) = 200 m, $v(10\text{ s}) = \dot{s}(10\text{ s}) = 55{,}3\,\frac{m}{s}$
C) Randbedingungen; T(8) = 15 °C, T(13) = 32 °C

3.9 ***1)*** Durch zweimalige Integration lösbar.
2) Nicht durch Integration lösbar.
3) Durch zweimalige Integration lösbar.
4) Nicht durch Integration lösbar.

3.10 ***1)***

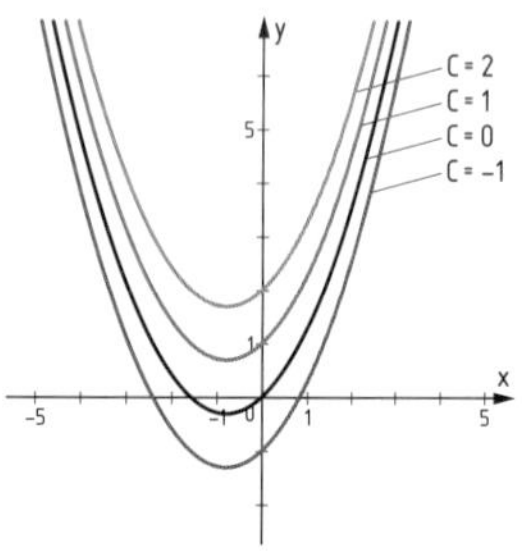

Eine Änderung von C bewirkt eine Verschiebung in y-Richtung.

2)

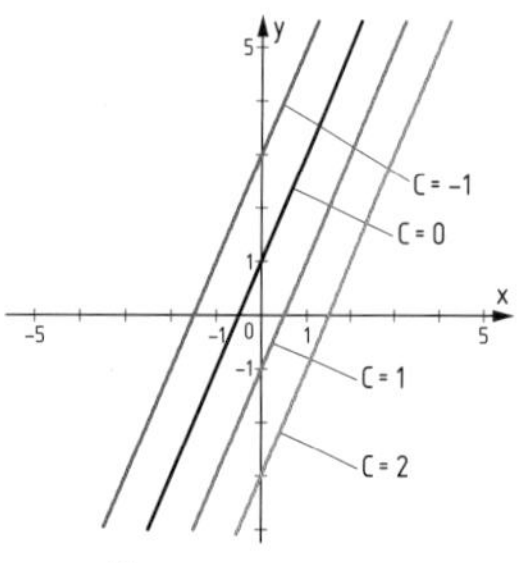

Eine Änderung von C bewirkt eine Verschiebung in x-Richtung. (Da f eine lineare Funktion ist, kann eine Änderung von C auch als Verschiebung in y-Richtung interpretiert werden.)

3)

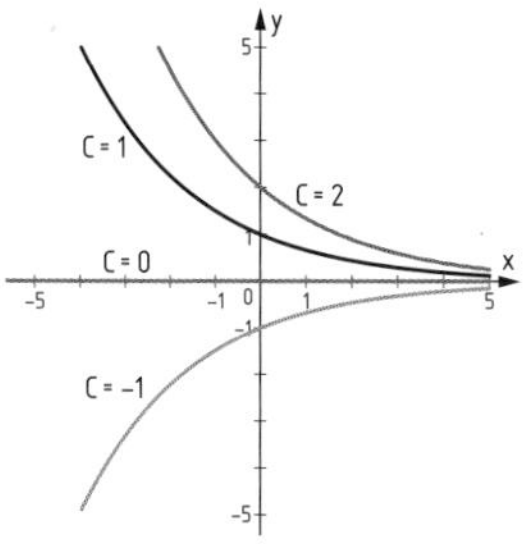

Je größer der Betrag von C ist, desto stärker ist die Exponentialkurve in y-Richtung gestreckt. Für $C < 0$ ist der Graph zusätzlich an der x-Achse gespiegelt. Für $C = 0$ fällt der Graph mit der x-Achse zusammen.

3.11 ***1)*** Die Differentialgleichung ist erster Ordnung, daher ist eine Anfangsbedingung notwendig.
2) Die Differentialgleichung ist zweiter Ordnung, daher sind zwei Anfangsbedingungen notwendig.
3) Die Differentialgleichung ist dritter Ordnung, daher sind drei Anfangsbedingungen notwendig.
4) Die Differentialgleichung ist zweiter Ordnung, daher sind zwei Anfangsbedingungen notwendig.

3.12 ***a)*** $y = -\frac{1}{2} \cdot x^3 + x^2 + C_1 \cdot x + C_2$
b) $y = \frac{4}{3} \cdot x^3 - \frac{3}{2} \cdot x^2 + \ln(|x|) + C$
c) $y = \frac{5}{6} \cdot x^3 + \frac{9}{28} \cdot x^2 \cdot \sqrt[3]{x} + C_1 \cdot x + C_2$

3.13 ***a)*** $y = \frac{2}{9} \cdot \sin(3x) + C_1 \cdot x + C_2$
b) $y = 4x \cdot \ln(|x + 3|) + 12 \cdot \ln(|x + 3|) - 4x + C$
c) $y = 0{,}5 \cdot e^{-x} + x^2 + C_1 \cdot x + C_2$

3.14 ***a)*** $y = \frac{x^3}{12} + x - \frac{5}{3}$
b) $y = -2 \cdot \cos(x) + \pi + 2$

3.15 ***a)*** $y = \frac{4}{15} \cdot \sqrt{x^5} + 16x + 4$
b) $y = -0{,}1x^3 + 0{,}25x^2 + 0{,}1x + 1$

3.16 ***a)*** $y = \frac{1}{x} + \frac{e^{2x}}{2} + 1 - \frac{e^2}{2}$
b) $y = \frac{1}{5} \cdot x^5 - \frac{1}{2} \cdot x^2 - \frac{5}{3} \cdot x + \frac{8}{15} \cdot x^2 \cdot \sqrt{x} + 4$

3.17 ***a)*** $s = 0{,}25\,\frac{m}{s^2} \cdot t^2 + 1\,\frac{m}{s} \cdot t + 2\,m$
b) $s = 15\,\frac{m}{s} \cdot t + 120\,m$

3.18 ***1)*** $\dot{s} = -0{,}98\,\frac{m}{s^2} \cdot t + 62{,}5\,\frac{m}{s}$, $s_0 = s(0\,m)$
2) 63,775... s
3) Der Hochgeschwindigkeitszug kommt nach 63,775... s zum Stillstand. Der in dieser Zeit zurückgelegte Weg beträgt $s(63{,}775...\,s) = -0{,}49 \cdot 63{,}775...^2 + 62{,}5 \cdot 63{,}775... = 1\,992{,}984...$ m, das ist weniger als die Entfernung von 2,2 km bis zum Hindernis. Der Zug kommt vor dem Hindernis zum Stillstand.

3.19 ***1)*** $\ddot{y} = -9{,}81\,\frac{m}{s^2}$, $\dot{y}(0\,s) = v_0$, $y(0\,s) = 0\,m$
2) Wegen $v_0 = 11\,\frac{m}{s}$ gilt für die Geschwindigkeit des Balls $\dot{y} = v(t) = -9{,}81\,\frac{m}{s^2} \cdot t + 11\,\frac{m}{s}$.
Der Ball erreicht die maximale Höhe, wenn die Geschwindigkeit null ist.
Aus $0 = -9{,}81 \cdot t + 11$ folgt $t = \frac{11}{9{,}81} = 1{,}121...$ s.
Daraus ergibt sich die maximale Höhe mit $y_{max} = -4{,}905 \cdot 1{,}121...^2 + 11 \cdot 1{,}121... = 6{,}167...$ m.
Das ist weniger als 7 m, Marlies kann den Ball daher nicht fangen.

3.20 ***A)*** Magnetfeld eines Stabmagneten
B) Luftströme um ein fahrendes Auto

3.22 ***a) A)*** Logarithmusfunktion

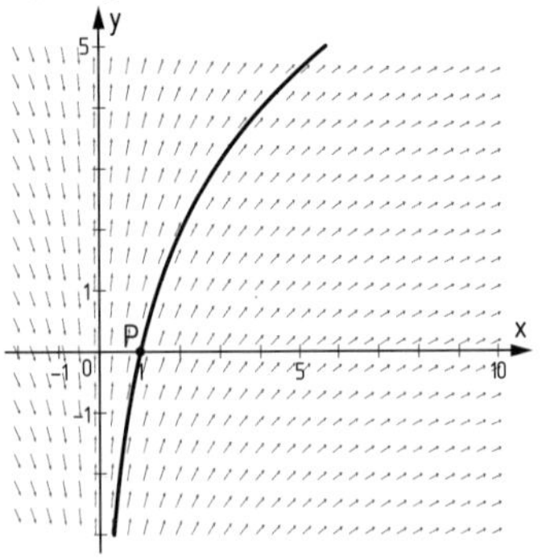

b) B) Gebrochen rationale Funktion

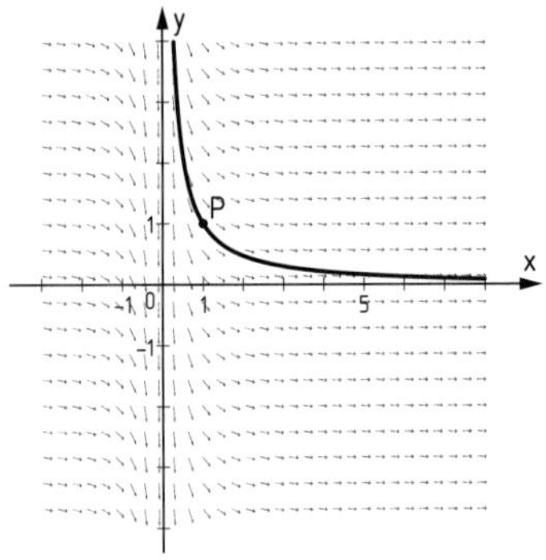

3.23 ***a)***

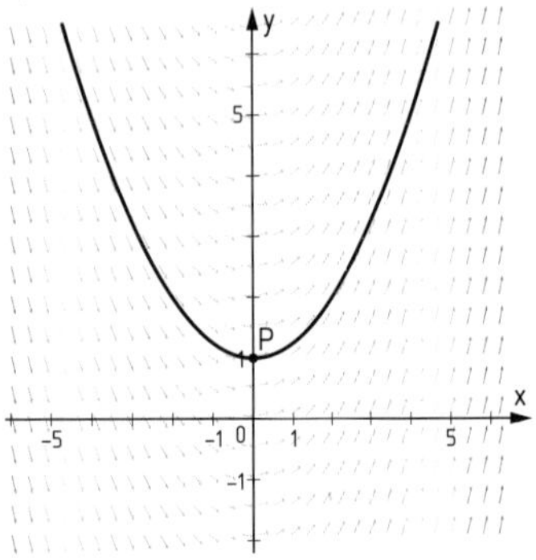

b)

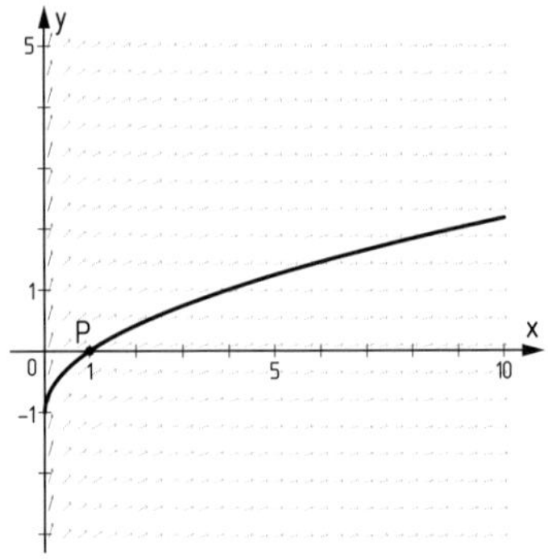

c)

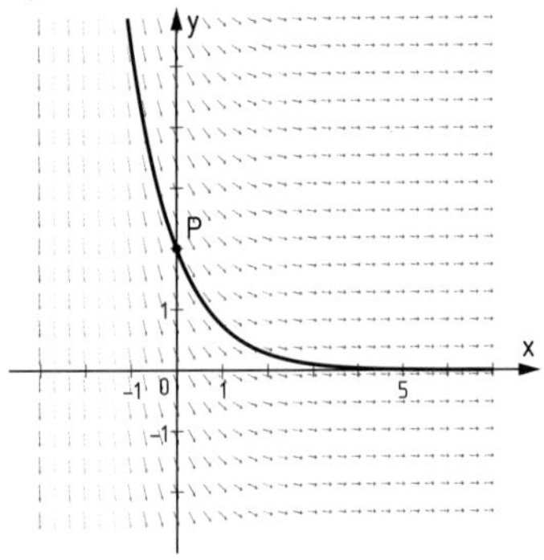

3.24 ***a)***

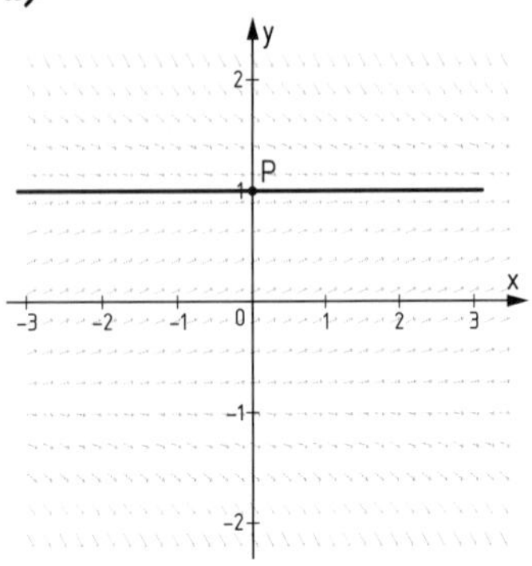

b)

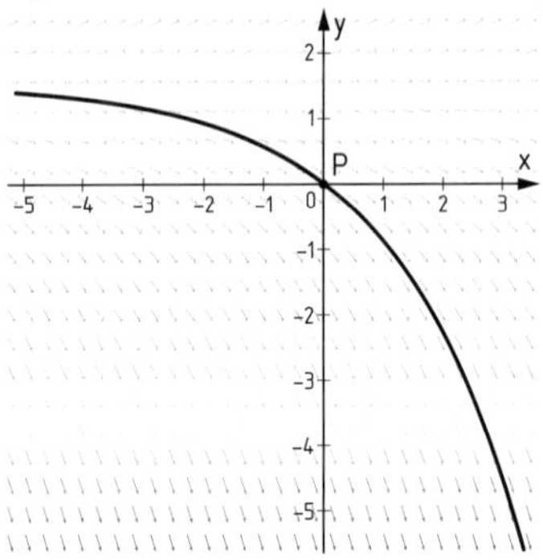

c)

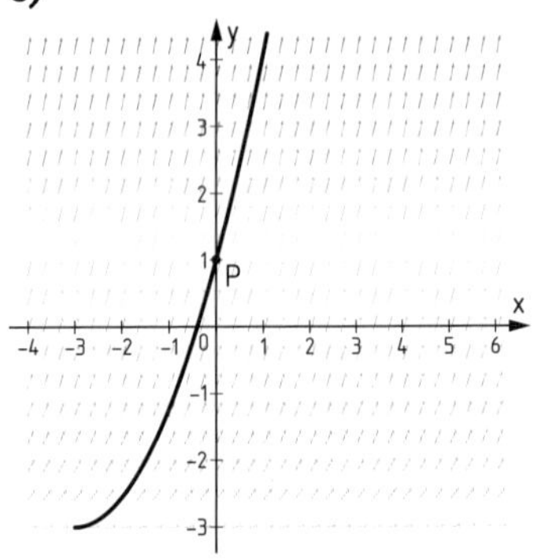

3.25 ***a)***

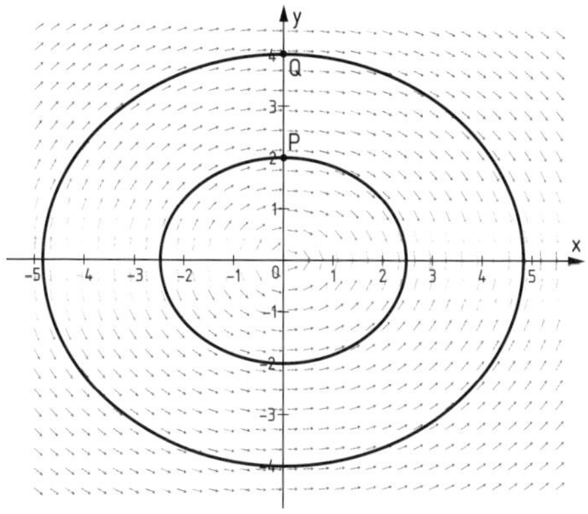

Beide Kurven sind Ellipsen. Die Achsenabschnitte sind verschieden.

b)

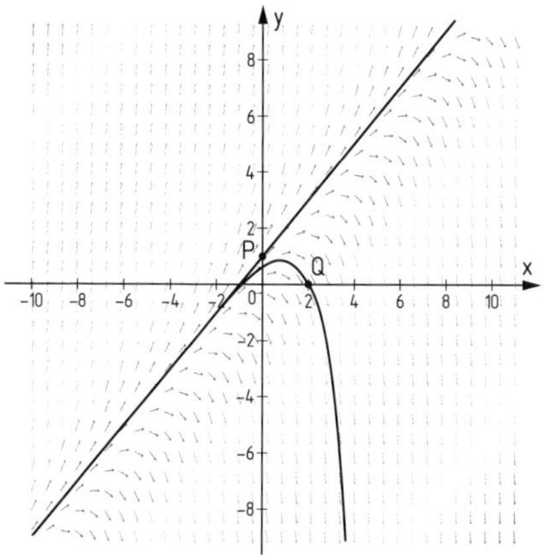

Die Kurve durch den Punkt (0|1) ist eine Gerade. Die Kurve durch den Punkt (2|0) nähert sich für negative x-Werte asymptotisch der Kurve durch den Punkt (0|1).

c)

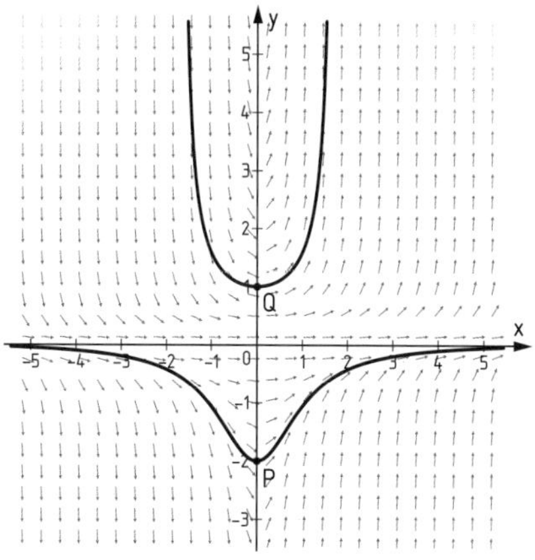

Die Kurve durch (0|−2) nähert sich für $x \to \pm\infty$ asymptotisch der x-Achse.
Die Kurve durch (0|1) ist der Graph einer gebrochen rationalen Funktion mit Polstellen bei $x \approx -1{,}5$ und $x \approx 1{,}5$.

d)

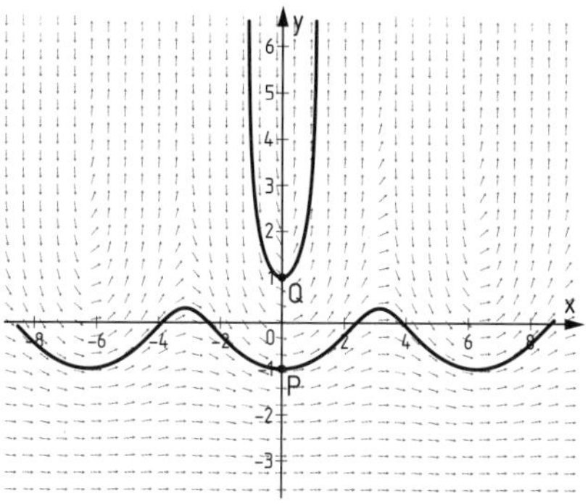

Beide Kurven sind Graphen periodischer Funktionen. Bei der Kurve durch (0|1) treten Polstellen auf.

3.26 $y' = 2x \cdot e^{x^2}$
y ist eine verkettete Funktion, daher muss die Kettenregel angewendet werden. Da $y = e^{x^2}$ gilt, kann der Ausdruck e^{x^2} durch y ersetzt werden, und es gilt daher $y' = 2x \cdot e^{x^2} = 2x \cdot y$.

3.27 Bei Substitution mit $u = e^{x^2}$ wird durch $y' = 2x$, das ist die innere Ableitung von g(y), dividiert. Kürzen von 2x ergibt $\int \frac{1}{u^2}\,du = -\frac{1}{u} + C = -e^{-x^2} + C$.

3.29 ***1)*** kann mittels Trennen der Variablen berechnet werden, da die Differentialgleichung die Form $y' = f(x) \cdot g(y)$ mit $f(x) = 2x^2$ und $g(y) = e^{-y}$ hat.

2) kann nicht mittels Trennen der Variablen berechnet werden, da die Differentialgleichung nur auf die Form $y' = g(y) - f(x)$ mit $f(x) = x$ und $g(y) = y$ umgeformt werden kann.

3) kann mittels Trennen der Variablen berechnet werden, da die Differentialgleichung die Form $y' = f(x) \cdot g(y)$ mit $f(x) = 2x$ und $g(y) = y$ hat.

4) kann mittels Trennen der Variablen berechnet werden, da die Differentialgleichung auf die Form $\dot{y} = f(t) \cdot g(y)$ mit $f(t) = 3t$ und $g(y) = y$ umgeformt werden kann.

3.30 ***a)*** $y = C \cdot e^{-\frac{x^2}{3}}$ ***b)*** $y = C \cdot e^{\frac{x^3}{3}}$ ***c)*** $y = C \cdot e^{\frac{x^4}{10}}$

3.31 ***a)*** $y = C \cdot e^{\cos(x)}$ ***b)*** $y = C \cdot e^{-3 \cdot \sin(x)}$ ***c)*** $y = C \cdot \cos(x)$

3.32 ***a)*** $y = C \cdot x^2$ ***b)*** $y = C \cdot e^{e^{-x}}$ ***c)*** $y = C \cdot \cos(x)$

3.33 ***a)*** $y = C \cdot e^{-2x} + 5$ ***b)*** $y = C \cdot e^{x} - 2$ ***c)*** $y = C \cdot e^{4x} - 2$

3.34 ***a)*** $y = \frac{x}{C \cdot x + 1}$ ***b)*** $y = C \cdot \sqrt{x^2 - 1}$ ***c)*** $y = C \cdot \sqrt[3]{x}$

3.35 ***a)*** $y = C \cdot e^{\frac{4}{5} \cdot x}$ ***b)*** $s = C \cdot e^{\frac{3}{8} \cdot t}$ ***c)*** $Z = C \cdot e^{-\frac{1}{5} \cdot t}$

3.36 ***a)*** $y = C \cdot e^{-\frac{p}{a} \cdot t}$ ***b)*** $y = C \cdot e^{-\frac{b}{m} \cdot t}$ ***c)*** $y = C \cdot e^{-\frac{1}{R \cdot C} \cdot t}$

3.37

$\frac{dy}{dx} = y + 4$

~~$\frac{dy}{y} = 4dx$~~ $\Rightarrow \quad \frac{dy}{y+4} = dx \quad \Rightarrow \quad \ln(|y + 4|) = x + C \quad \Rightarrow \quad y = C \cdot e^{x} - 4$

3.38 ***1)*** $x^2 + y^2 = 25$ bzw. $x^2 + y^2 = 169$

2)

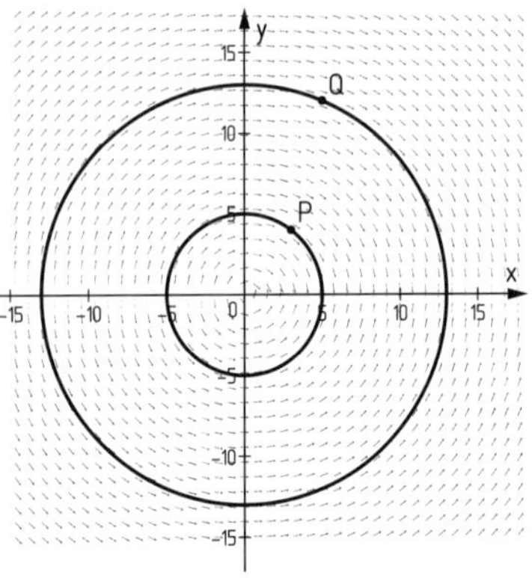

3) Die allgemeine Lösung $y = \sqrt{-x^2 + C}$ kann auf $x^2 + y^2 = C$ umgeformt werden. Das entspricht der Kreisgleichung in Mittelpunktslage $x^2 + y^2 = r^2$ mit $r^2 = C$. Daher entspricht die allgemeine Lösung der Menge der konzentrischen Kreise mit Mittelpunkt im Koordinatenursprung.

3.40 ***1)*** $y'(t) = 0{,}005 \cdot y(t)$

2) $y(t) = 6 \cdot 10^8 \cdot e^{0{,}005 \cdot t}$, mit $t = 0$: 1600; $a = e^{0{,}005}$

3)

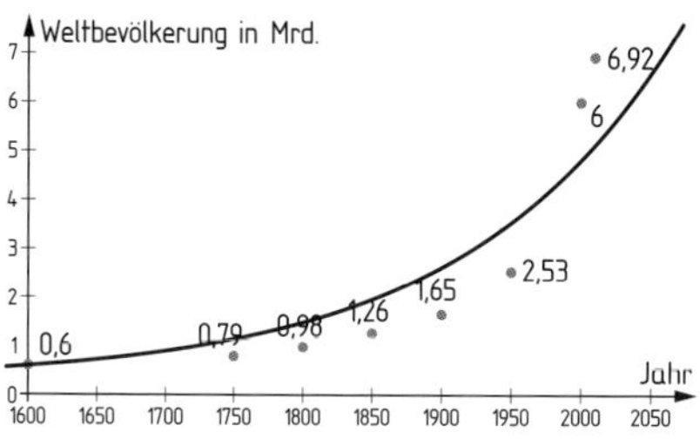

4) Für t = 0 ergibt die ermittelte Funktion den genauen Wert. Nur in einem relativ kleinen Bereich um t = 0 ist die Abweichung gering.

3.41 ***1)*** $y'(t) = k \cdot y(t)$

2) $y(t) = y_0 \cdot 2^{-\frac{1}{7} \cdot t}$

3) 5,417... Wochen

3.42 ***1)*** Die Änderungsrate ist proportional zum Sättigungsmanko (15 % der noch nicht befallenen Bäume). Daher liegt beschränktes Wachstum vor.

2) $y'(t) = 0{,}15 \cdot (8\,000 - y(t))$

3) $y(t) = 8\,000 - 7\,700 \cdot e^{-0{,}15t}$; 15,095... Wochen

3.43 ***1)*** $y'(t) = \frac{0{,}1}{7} \cdot (8\,000 - y(t))$ mit $y(0) = 25\,000$

2) $y(t) = 8\,000 + 17\,000 \cdot e^{-\frac{0{,}1}{7} \cdot t}$, Wachstumsrate: 114,285...

3) 150 Tage (149,804...)

4) 9 178 Stück (9 178,069...)

3.44 ***1)*** $y'(t) = k$, $y(t) = \frac{100}{3} \cdot t + 150$

2) $y'(t) = k \cdot y(t)$, $y(t) = 150 \cdot \left(\frac{5}{3}\right)^{\frac{1}{3} \cdot t}$

3) $y'(t) = k \cdot \left(1 - \frac{y(t)}{900}\right)$, $y(t) = 900 - 750 \cdot \left(\frac{13}{15}\right)^{\frac{1}{3} \cdot t}$

4) $y'(t) = k \cdot y(t) \cdot \left(1 - \frac{y(t)}{900}\right)$, $y(t) = \frac{900}{1 + 5 \cdot \left(\frac{13}{25}\right)^{\frac{1}{3} \cdot t}}$

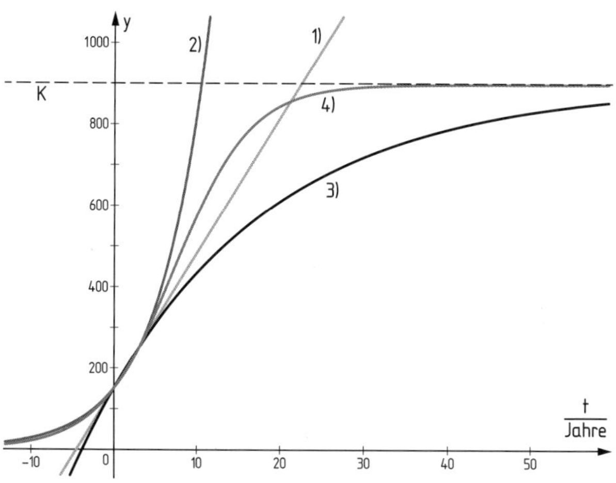

3.45 **1)** $y'(t) = k \cdot y(t) \cdot \left(1 - \frac{y(t)}{K}\right)$, $y(0) = y_0$

$$y(t) = \frac{y_0 \cdot K}{y_0 + (K - y_0) \cdot e^{-k \cdot t}} \text{ mit } k = -\frac{1}{14} \cdot \ln\left(\frac{y_0 \cdot K - 250y_0}{250K - 250y_0}\right)$$

2) a) K = 346,490... **b)** K = 359,154...

3) a)

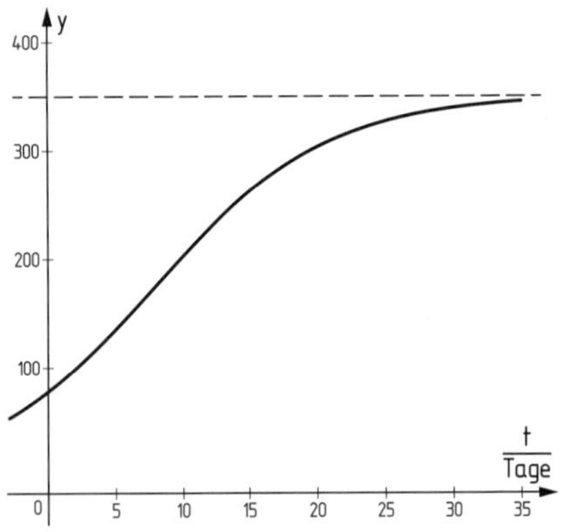

b)

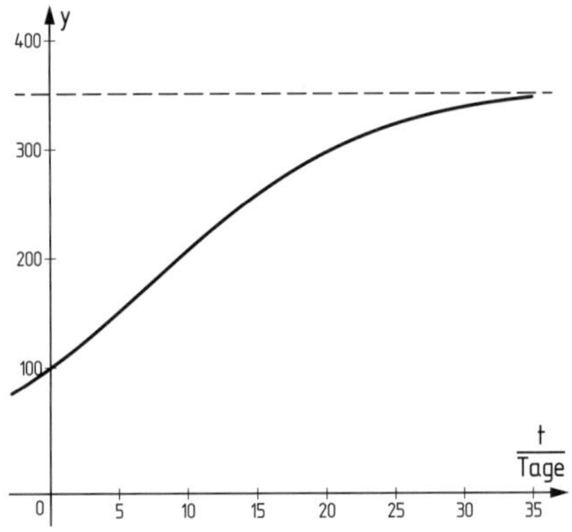

3.46 **1)** $y'(t) = 0{,}031395 \cdot y(t) \cdot \left(1 - \frac{y(t)}{197\,274}\right)$, $y(0) = 2\,890$, $y(t) = \frac{570\,121\,860}{2\,890 + 194\,384 \cdot e^{-0{,}031395 \cdot t}}$

2)

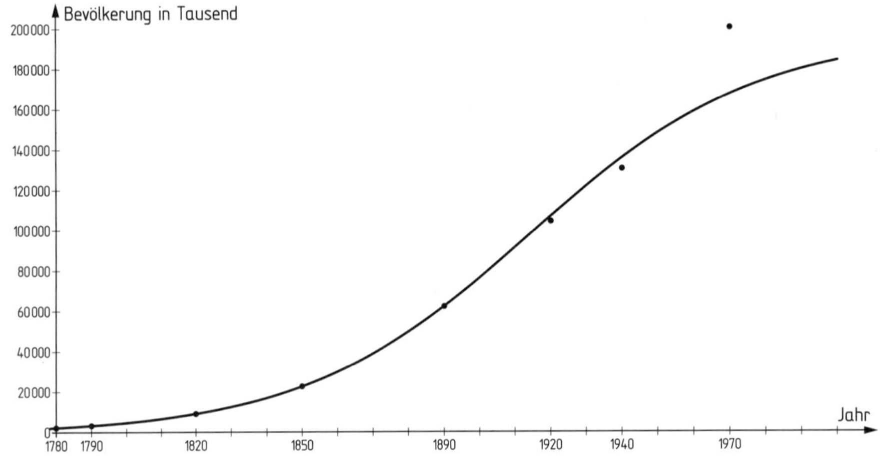

Bis ins Jahr 1890 stimmen die Werte des logistischen Wachstumsmodells mit den tatsächlichen Werten überein. Im Jahr 1920 liegt der Wert wenig über dem tatsächlichen Wert, im Jahr 1940 deutlich darüber. Im Jahr 1970 liegt der Wert des Wachstumsmodells um 35 Millionen unter dem tatsächlichen Wert.

3.47 **1)** $y(t) = 60 - 45 \cdot e^{-0{,}008 \cdot t}$, $y'(t) = 0{,}008 \cdot (60 - y(t))$ Die Zisterne fasst maximal 60 m^3 Wasser. Nach dem Rückbau des Staudamms nimmt das Volumen pro Woche um 0,8 % der Differenz von Kapazitätsgrenze und aktuellem Wasserstand zu.

2) 60 m^3

3) Die Behauptung ist falsch. Es gibt einen zeitabhängigen Zufluss, wobei die Zuflussrate mit steigendem Wasserstand in der Zisterne immer kleiner wird, bis die Kapazitätsgrenze von 60 m^3 erreicht ist.

3.48 $y'(t) = k \cdot \left(1 - \frac{y(t)}{K}\right) \Rightarrow \frac{dy(t)}{dt} = k \cdot \left(1 - \frac{y(t)}{K}\right)$ | Trennen der Variablen

$\int \frac{dy(t)}{\left(1 - \frac{y(t)}{K}\right)} = \int k\,dt$ | Integrieren (Substitution von $1 - \frac{y(t)}{K}$)

$-K \cdot \ln\left(\left|1 - \frac{y(t)}{K}\right|\right) = k \cdot t + C_1$ | Division durch $-K$

$\ln\left(\left|1 - \frac{y(t)}{K}\right|\right) = -\frac{k}{K} \cdot t + C_2$ | Exponentialfunktion anwenden

$1 - \frac{y(t)}{K} = C_2 \cdot e^{-\frac{k}{K} \cdot t}$ | Umformen

$\frac{y(t)}{K} = 1 - C_2 \cdot e^{-\frac{k}{K} \cdot t}$ | mit K multiplizieren

$y(t) = K + C \cdot e^{-\frac{k}{K} \cdot t}$ w. z. z. w.

3.49 $y'(t) = k \cdot y(t) \cdot \left(1 - \frac{y(t)}{K}\right) \Rightarrow \frac{dy(t)}{dt} = k \cdot y(t) \cdot \left(1 - \frac{y(t)}{K}\right)$ | Trennen der Variablen

$\int \frac{dy(t)}{y(t) \cdot \left(1 - \frac{y(t)}{K}\right)} = \int k\,dt$ | LS: Partialbruchzerlegung

$\int \left(\frac{1}{y(t)} - \frac{1}{y(t) - K}\right) dy = \int k\,dt$

$\ln(|y(t)|) - \ln(|y(t) - K|) = k \cdot t + C_1$ | LS: Anwenden der Rechenregeln für Logarithmen

$\ln\left(\frac{|y(t)|}{|y(t) - K|}\right) = k \cdot t + C_1$ | Exponentialfunktion anwenden

$\frac{y(t)}{y(t) - K} = C_2 \cdot e^{k \cdot t}$ | Kehrwert bilden

$\frac{y(t) - K}{y(t)} = C \cdot e^{-k \cdot t}$

$1 - \frac{K}{y(t)} = C \cdot e^{-k \cdot t}$ |Umformen nach y(t)

$y(t) = \frac{K}{1 - C \cdot e^{-k \cdot t}}$

Für die Berechnung von C wird die Anfangsbedingung $y(0) = y_0$ verwendet:

$y_0 = \frac{K}{1 - C} \Rightarrow C = 1 - \frac{K}{y_0}$

Einsetzen in die Funktionsgleichung und Umformen ergibt

$y(t) = \frac{K}{1 - \left(1 - \frac{K}{y_0}\right) \cdot e^{-k \cdot t}} = \frac{K}{\frac{y_0 - (y_0 - K) \cdot e^{-k \cdot t}}{y_0}} = \frac{y_0 \cdot K}{y_0 - (y_0 - K) \cdot e^{-k \cdot t}} = \frac{y_0 \cdot K}{y_0 + (K - y_0) \cdot e^{-k \cdot t}}$ w. z. z. w.

3.50 ***1)*** Einsetzen von $m = 54$ kg, $F_R = 30\,\frac{kg}{s} \cdot v$ und $F_A = 0$ (ohne weiteren Antrieb, ebenes Gelände) in die Differentialgleichung $m \cdot \frac{dv}{dt} = F_A - F_R$ ergibt $54\,kg \cdot \frac{dv}{dt} = -30\,\frac{kg}{s} \cdot v$.

Lösen mit der Methode „Trennen der Variablen" ergibt die allgemeine Lösung $v(t) = C \cdot e^{-\frac{30}{54}\frac{1}{s} \cdot t}$

2) $v(t) = 10\,\frac{m}{s} \cdot e^{-\frac{30}{54}\frac{1}{s} \cdot t}$

3)

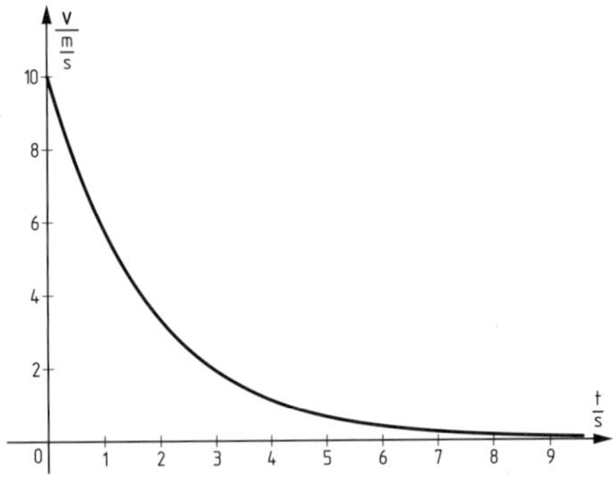

Die Geschwindigkeit nähert sich asymptotisch dem Wert null.

4) $15 = \int_0^b 10 \cdot e^{-\frac{30}{54} \cdot t}\, dt$; b = 3,225... s

3.51 **1)** Es gilt die Kräftegleichung $F = F_A - F_R$.
Die Kraft F berechnet sich mit Masse mal Beschleunigung, also $F = m \cdot \dot{v}$, da die Beschleunigung a die Ableitung der Geschwindigkeit v nach der Zeit ist.
Wenn der Motor abgestellt wird, ist die Antriebskraft F_A gleich null.
Die Reibungskraft F_R ist direkt proportional zur momentanen Geschwindigkeit v der Yacht, der Proportionalitätsfaktor ist der Reibungskoeffizient b, daher gilt $F_R = b \cdot v$.
Einsetzen in die Kräftegleichung ergibt die im Buch angegebene Differentialgleichung
$m \cdot \dot{v} = -b \cdot v$.

2) $v(t) = 20\,\frac{m}{s} \cdot e^{-0{,}00253...\frac{kg}{s^2} \cdot t}$; $b = 40{,}508...\ \frac{kg}{s}$

3)

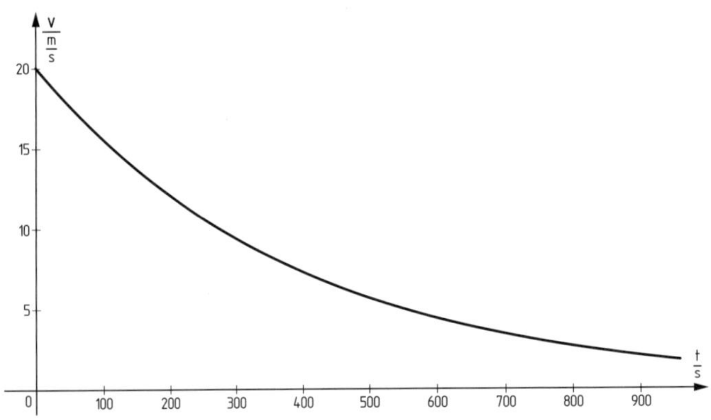

Die Geschwindigkeit beim Abschalten des Motors beträgt $20\,\frac{m}{s}$. Sie wird exponentiell kleiner und nähert sich asymptotisch dem Wert null.

4) 7 899,578... m

3.52 **1)** $\frac{dT}{dt} = -k \cdot (T - 20)$ mit T(0 min) = 160 °C und T(5 min) = 100 °C

2) 23,579... Minuten

3.53 **1)** Die Änderung der Temperatur eines Körpers ist direkt proportional zur Differenz der momentanen Temperatur des Körpers und der Umgebungstemperatur.

2) $T(t) = 18\ °C \cdot e^{-k \cdot t} + 25\ °C$, k = 0,0325...

3) Die Temperatur ist nach weiteren 10 Minuten, $T(20\ min) = 18\ °C \cdot e^{-k \cdot 20\ min} + 25\ °C = 34{,}3\dot{8}\ °C$, niedriger als die ideale Wassertemperatur von 35 °C.

3.55 **1)** 909,365 ppm **2)** 91,629... Minuten

3.56 ***1)*** $y = C \cdot e^{2x}$ bzw. $y = C \cdot e^{2x} - 2$

2) Die Ergebnisse sind bis auf die Konstante gleich.

3.57 ***a)*** Der grün gestaltete Teil ist die erste Ableitung des blau gestalteten Teils.

b) Vereinfachen des linken Teils der Gleichung ergibt $4x^2 + 14x - 1 = A \cdot x^2 + B \cdot x + C$. Mittels Koeffizientenvergleich ergeben sich die Werte A = 4, B = 14 und C = –1.

3.60 ***1)*** Inhomogen, da die Differentialgleichung die Form $y' + p \cdot y = s(x)$ mit $p = 2$ und $s(x) = e^x$ hat.

2) Inhomogen, da die Differentialgleichung die Form $y' + p \cdot y = s(x)$ mit $p = 1$ und $s(x) = \sin(x)$ hat.

3) Homogen, da die Differentialgleichung die Form $y' + p \cdot y = 0$ mit $p = -\frac{2}{5}$ hat.

4) Homogen, da die Differentialgleichung die Form $y' + p \cdot y = 0$ mit $p = -8$ hat.

3.61 ***a)*** $y = C \cdot e^{-6x}$ ***b)*** $y = C \cdot e^{-3x}$ ***c)*** $y = C \cdot e^{-0,5x}$ ***d)*** $y = C \cdot e^{2,4x}$

3.62 ***a)*** $y = C \cdot e^{-5x} + \frac{1}{5}$ ***b)*** $y = C \cdot e^{3t} - 2t - \frac{2}{3}$ ***c)*** $y = C \cdot e^{-\frac{3}{2} \cdot x} + \frac{4}{3}$ ***d)*** $y = C \cdot e^{-2t} + 2t - 1$

3.63 ***a)*** $y = C \cdot e^{-2t} + e^t$ ***b)*** $y = C \cdot e^{5t} + t \cdot e^{5t}$ ***c)*** $y = C \cdot e^{-\frac{1}{2} \cdot t} - \frac{4}{3} \cdot e^{-2t}$ ***d)*** $y = C \cdot e^{-\frac{1}{3} \cdot t} - \frac{1}{2} \cdot e^{-t}$

3.64 ***a)*** $y = -7 \cdot e^{-\frac{1}{2} \cdot t} + 6$ ***c)*** $y = -\frac{7}{5} \cdot e^{-8t} + \frac{2}{5} \cdot e^{-3t}$ ***e)*** $y = \frac{3}{5} \cdot e^{2t} - \frac{6}{5} \cdot \sin(t) - \frac{3}{5} \cdot \cos(t)$

b) $y = \frac{7}{2} \cdot e^{2x} - \frac{5}{2}$ ***d)*** $y = t \cdot e^{-0,75t} + 2 \cdot e^{-0,75t}$ ***f)*** $y = (\pi - 1) \cdot e^{-4t} + \frac{1}{2} \cdot \sin(2t) + \cos(2t)$

3.65 ***a)*** $y = e^{-2x} - \cos(x)$ ***b)*** $y = \frac{4}{17} \cdot e^{8x} - \frac{15}{34} \cdot \sin(2x) - \frac{4}{17} \cdot \cos(2x)$

3.66 ***a)*** $y = 3x \cdot e^{-x^2} + e^{-x^2}$ ***b)*** $y = x \cdot e^{-x^3} + 6 \cdot e^{-x^3}$

3.67 ***a)*** $y = -2 \cdot e^{-\frac{3}{2} \cdot t^2} + 2$ ***b)*** $y = e^{-\frac{1}{2} \cdot x^2} + 2$

3.68 ***a)*** $y = \frac{5}{2} \cdot e^{2 - 2 \cdot \cos(x)} - \frac{1}{2}$ ***b)*** $y = \left(\pi - \frac{1}{6}\right) \cdot e^{-6 \cdot \sin(x)} + \frac{1}{6}$

3.69 ***a)*** ***1)*** $y = 4 \cdot e^{-3x} + 2x - 1$

2)

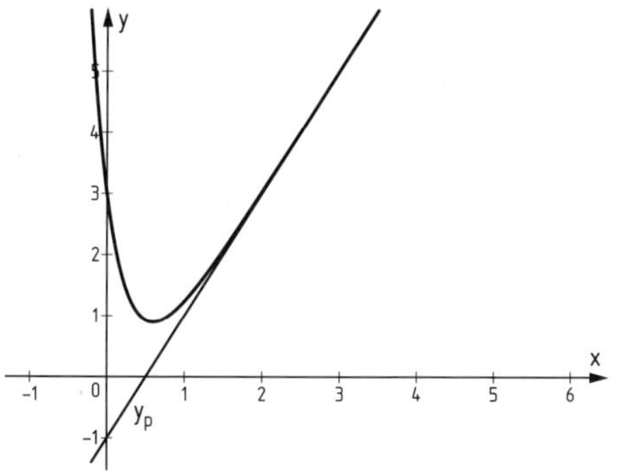

Bei größer werdendem x nähert sich der Graph von y dem Graph von y_p.

3) $\lim\limits_{x \to \infty} (4 \cdot e^{-3x} + 2x - 1) = 4 \cdot \lim\limits_{x \to \infty} (e^{-3x}) + \lim\limits_{x \to \infty} (2x - 1) = 0 + \lim\limits_{x \to \infty} (2x - 1)$

b) ***1)*** $y = 4,5 \cdot e^{6x} - \frac{x}{2} - 2$

2)

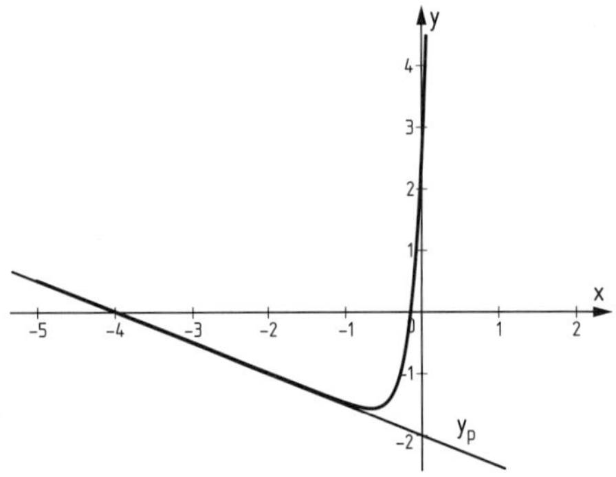

Bei kleiner werdendem x nähert sich der Graph von y dem Graph von y_p.

3) $\lim\limits_{x \to -\infty} (4{,}5 \cdot e^{6x} - 0{,}5x - 2) = 4{,}5 \cdot \lim\limits_{x \to -\infty} (e^{6x}) + \lim\limits_{x \to -\infty} (-0{,}5x - 2) = 0 + \lim\limits_{x \to -\infty} (-0{,}5x - 2)$

3.70 **1)** Es gilt die Kräftegleichung $F = F_A - F_R$. Die Kraft F berechnet sich mit Masse mal Beschleunigung, also $F = m \cdot a = m \cdot \frac{dv}{dt}$.

2) $90 \cdot \frac{dv}{dt} = 30 - 60v$ mit $v(0) = 0 \Rightarrow v(t) = 0{,}5\,\frac{m}{s} \cdot \left(1 - e^{-\frac{2}{3}\frac{1}{s} \cdot t}\right)$, $v(60\text{ s}) = 0{,}5\,\frac{m}{s}$

3.71 **1)** Einsetzen der angegebenen Werte ergibt die Differentialgleichung $81\text{ kg} \cdot \frac{dv}{dt} + 27\,\frac{kg}{s} \cdot v = 216\text{ N}$.

Kürzen durch 27, Umformen und Trennen der Variablen ergibt $\int \frac{dv}{8 - v} = \frac{1}{3} \cdot \int dt$.

Berechnen der Integrale und Umformen auf v ergibt $v(t) = 8 - C \cdot e^{-\frac{1}{3} \cdot t}$.

Lösen der Anfangsbedingung mit $v(0\text{ s}) = 0\,\frac{m}{s}$ ergibt $v(t) = 8\,\frac{m}{s} - 8\,\frac{m}{s} \cdot e^{-\frac{1}{3}\frac{1}{s} \cdot t}$.

2) Die maximale Geschwindigkeit, die Max erreichen kann, lässt sich mithilfe des Grenzwerts berechnen: $\lim\limits_{t \to \infty} \left(8\,\frac{m}{s} - 8\,\frac{m}{s} \cdot e^{-\frac{1}{3}\frac{1}{s} \cdot t}\right) = 8\,\frac{m}{s}$.

3) $v(t) = \frac{20}{3}\,\frac{m}{s} \cdot e^{-\frac{1}{3}\frac{1}{s} \cdot t}$

4) Der zurückgelegte Weg entspricht der Fläche zwischen der Geschwindigkeitsfunktion und der waagrechten Achse. Er kann mittels Integral bestimmt werden. $\int\limits_0^{\infty} \left(\frac{20}{3} \cdot e^{-\frac{t}{3}}\right) dt = 20\text{ m}$.

Das ist der gesamte Weg, der beim Ausrollen zurückgelegt wird.

3.72 **1)** Die Kraft, die auf die Kugel wirkt, ist die Differenz der Kraft der Erdanziehung und der Reibungskraft des Öls, die der Erdanziehung entgegenwirkt. Außerdem gilt jeweils Kraft = Masse mal Beschleunigung, daher lässt sich der Sachverhalt mit der im Buch angegebenen Gleichung beschreiben.

2) $v(t) = 61{,}904...\,\frac{m}{s} \cdot \left(1 - e^{-0{,}1615... \frac{1}{s} \cdot t}\right)$

3) $t = 18{,}545...\text{ s}$

3.74 **1)** $u_C + \frac{du_C}{dt} = 0$, $u_C(t) = 15\text{ V} \cdot e^{-\frac{1}{s} \cdot t}$

2) $u_C + R \cdot C \cdot \frac{du_C}{dt} = 0$, $u_C(t) = u_C(0\text{ s}) \cdot e^{-\frac{1}{R \cdot C} \cdot \frac{\Omega \cdot F}{s} \cdot t}$

3.75 **1)** $u_C(t) = U_0 \cdot \left(1 - e^{-\frac{1}{R \cdot C} \cdot \frac{\Omega \cdot F}{s} \cdot t}\right)$

3) 99,326... %

2) $\lim\limits_{t \to \infty} u_C(t) = \lim\limits_{t \to \infty} \left(U_0 \cdot \left(1 - \frac{1}{e^{\frac{1}{R \cdot C} \cdot t}}\right)\right) = U_0 \cdot (1 - 0) = U_0$

3.76 $i(t) = \frac{U_0}{R} \cdot \left(1 - e^{-\frac{R}{L} \cdot \frac{1}{\Omega \cdot s} \cdot t}\right)$; $\lim\limits_{t \to \infty} i(t) = \lim\limits_{t \to \infty} \left(\frac{U_0}{R} \cdot \left(1 - \frac{1}{e^{\frac{R}{L} \cdot t}}\right)\right) = \frac{U_0}{R} \cdot (1 - 0) = \frac{U_0}{R}$

3.77 ***1)*** $q(t) = 5 \cdot 10^{-5}\,\text{F} \cdot e^{-\frac{1}{R \cdot C} \cdot \frac{\Omega \cdot \text{F}}{\text{s}} \cdot t}$; $i(t) = -5 \cdot 10^{-5}\,\text{V} \cdot \frac{1}{R} \cdot e^{-\frac{1}{R \cdot C} \cdot \frac{\Omega \cdot \text{F}}{\text{s}} \cdot t}$

2)

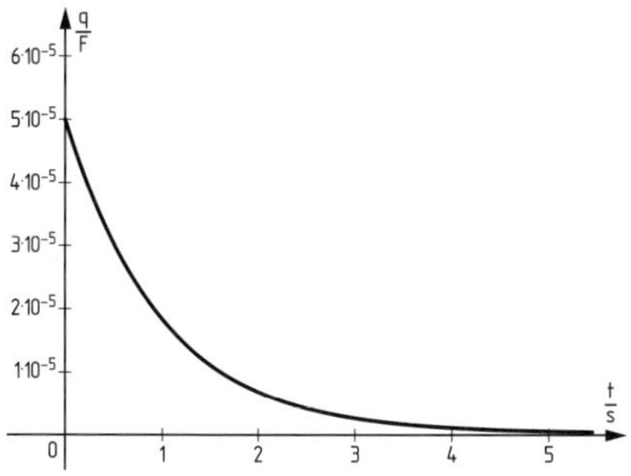

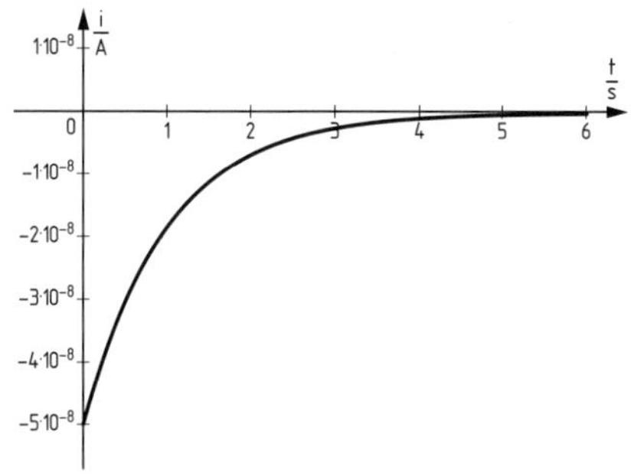

3.78 ***1)*** $i(t) = 0{,}24\,\frac{\text{V}}{\Omega} \cdot \left(1 - e^{-25\,\frac{1}{\text{s}} \cdot t}\right)$

2) $u_R(t) = 12\,\text{V} \cdot \left(1 - e^{-25\,\frac{1}{\text{s}} \cdot t}\right)$

3) $u_L(t) = 12\,\text{V} \cdot e^{-25\,\frac{1}{\text{s}} \cdot t}$

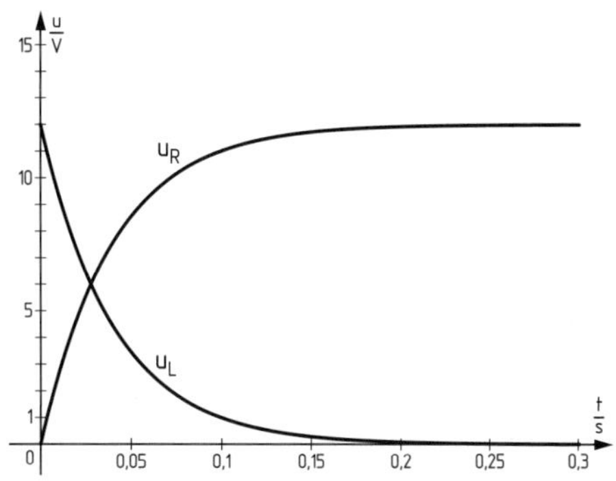

3.79 ***a) 1)*** $u_C(t) = 48\,\text{V} \cdot e^{-1{,}25\,\frac{1}{\text{s}} \cdot t} + 60\,\frac{\text{V}}{\text{s}} \cdot t - 48\,\text{V}$

2)

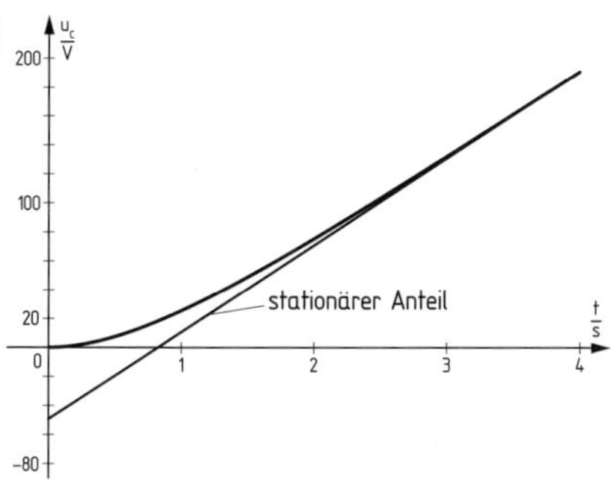

b) 1) $u_C(t) = 112,389...\,\text{V} \cdot e^{-250\,\frac{1}{\text{s}} \cdot t} + 90{,}636...\,\text{V} \cdot \sin(310\,\frac{1}{\text{s}} \cdot t) - 112{,}389...\,\text{V} \cdot \cos(310\,\frac{1}{\text{s}} \cdot t)$

2)

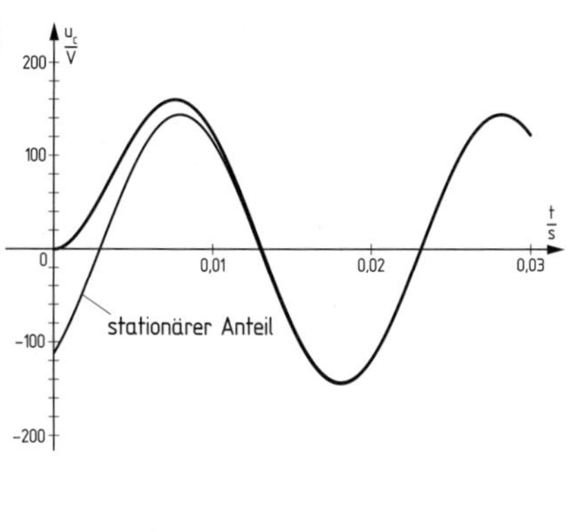

3.80 ***a)*** $i(t) = 1{,}5\,A - 1{,}5\,A \cdot e^{-50\frac{1}{s}\cdot t}$

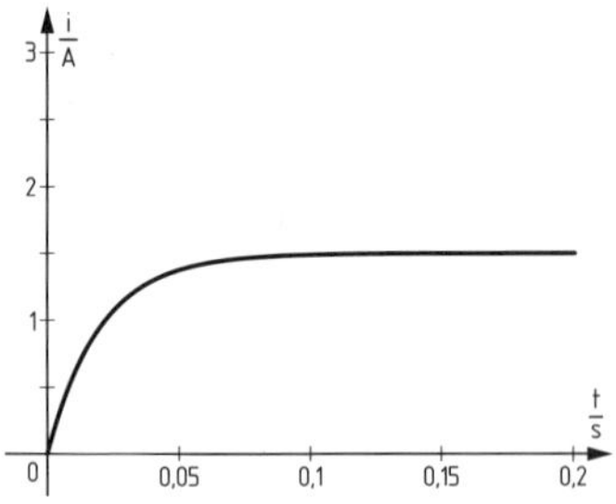

b) $i(t) = 0{,}012\,A \cdot e^{-50\frac{1}{s}\cdot t} + 0{,}6\,\frac{A}{s} \cdot t - 0{,}012\,A$

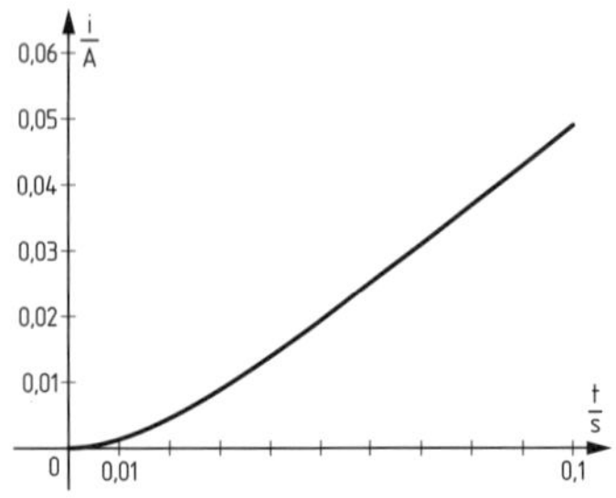

c) $i(t) = 3{,}323...\,A \cdot e^{-50\frac{1}{s}\cdot t} + 1{,}057...\,A \cdot \sin(50\pi\,\frac{1}{s} \cdot t) - 3{,}323...\,A \cdot \cos(50\pi\,\frac{1}{s} \cdot t)$

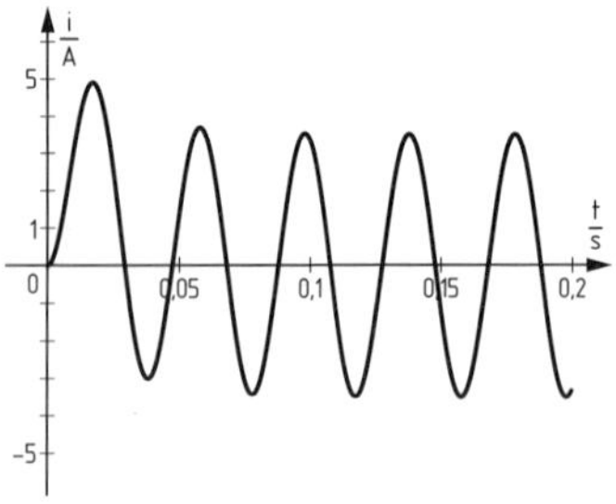

3.81 ***1)*** $i(t) = 0{,}374...\,A \cdot e^{-5\frac{1}{s}\cdot t} + 0{,}009...\,A \cdot \sin(200\,\frac{1}{s} \cdot t) - 0{,}374...\,A \cdot \cos(200\,\frac{1}{s} \cdot t)$

2)

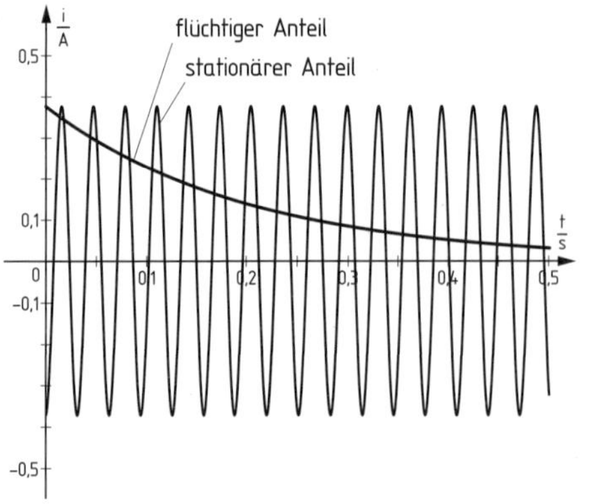

3)

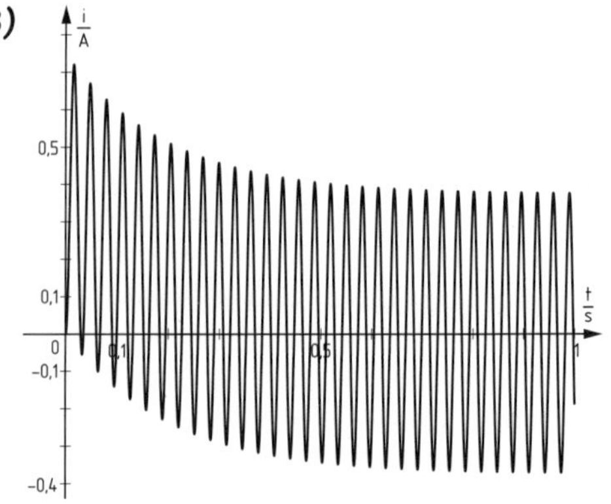

Der flüchtige Lösungsanteil bewirkt eine Verschiebung der Schwingung in positiver y-Richtung.

3.82 ***1)*** $u_C(t) = 1{,}149...\ V \cdot e^{-\frac{1}{s}\cdot t} + 0{,}011...\ V \cdot \sin(100\,\frac{1}{s} \cdot t) - 1{,}149...\ V \cdot \cos(100\,\frac{1}{s} \cdot t)$

2) $u_C(t) = 21{,}149...\ V \cdot e^{-\frac{1}{s}\cdot t} + 0{,}011...\ V \cdot \sin(100\,\frac{1}{s} \cdot t) - 1{,}149...\ V \cdot \cos(100\,\frac{1}{s} \cdot t)$

3)

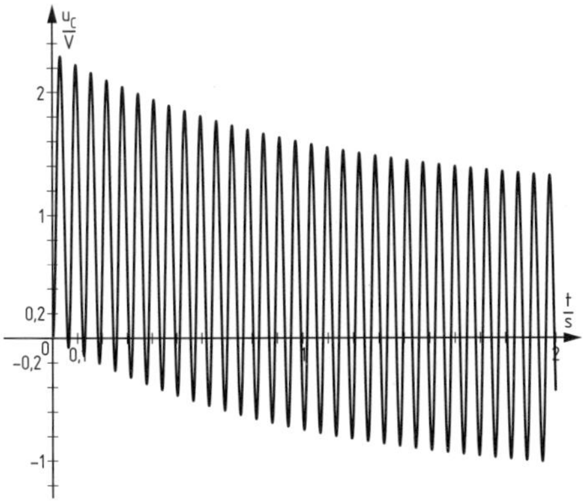

Kondensator ungeladen

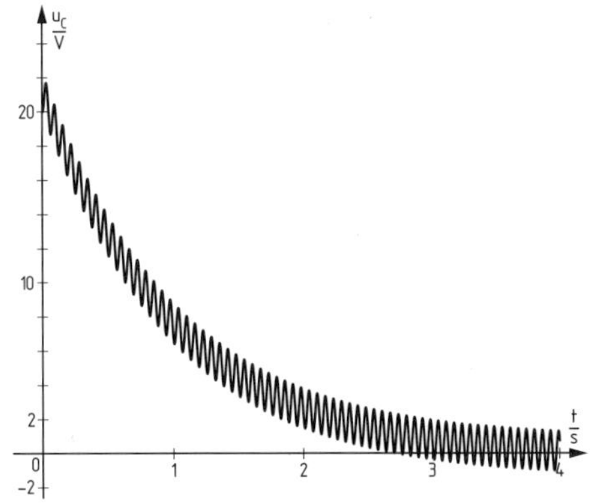

20 V Anfangsspannung

Die Anfangsspannung verlängert die Einschwingzeit. Hat der Kondensator eine Anfangsspannung von 20 V, ist der flüchtige Anteil von u_C ungefähr 7,66 Sekunden nach dem Schließen des Schalters kleiner als 0,01 V. Ist der Kondensator ungeladen, ist dies bereits nach 4,75 Sekunden der Fall.

3.85 ***1)*** $\lambda^2 + \frac{3}{2}\lambda + \frac{1}{2} = 0$ ***2)*** $\lambda^2 + \frac{3}{4} = 0$ ***3)*** $\lambda^2 + \frac{2}{5}\lambda = 0$

3.86 ***a)*** $y_h = C_1 \cdot e^{x} + C_2 \cdot e^{-3x}$
b) $y_h = C_1 \cdot e^{2x} + C_2 \cdot x \cdot e^{2x}$
c) $y_h = C_1 \cdot e^{-x} \cdot \cos(2x) + C_2 \cdot e^{-x} \cdot \sin(2x)$

3.87 ***a)*** $y_h = C_1 \cdot e^{-2x} + C_2 \cdot e^{-5x}$
b) $y_h = C_1 \cdot e^{-5x} + C_2 \cdot x \cdot e^{-5x}$
c) $y_h = C_1 \cdot \cos(x) + C_2 \cdot \sin(x)$

3.88 ***a)*** $y_h = C_1 \cdot e^{3x} + C_2 \cdot x \cdot e^{3x}$
b) $y_h = C_1 \cdot e^{3x} \cdot \cos(4x) + C_2 \cdot e^{3x} \cdot \sin(4x)$
c) $y_h = C_1 \cdot e^{2x} + C_2 \cdot e^{-2x}$

3.89 ***a)*** $y = C_1 \cdot e^{-x} + C_2 \cdot e^{-3x} + \frac{1}{5} \cdot e^{2x}$
b) $y = C_1 + C_2 \cdot e^{-4x} - \frac{1}{2} \cdot x \cdot e^{-4x}$
c) $y = C_1 \cdot e^{6x} + C_2 \cdot x \cdot e^{6x} + \frac{3}{64} \cdot e^{-2x}$

3.90 ***a)*** $y = C_1 + C_2 \cdot e^{2x} - \frac{1}{4}x^4 - \frac{1}{2}x^3 - \frac{1}{4}x^2 - \frac{3}{4}x$
b) $y = C_1 + C_2 \cdot e^{-5x} + \frac{1}{15}x^3 + \frac{13}{50}x^2 - \frac{113}{125}x$
c) $y = C_1 \cdot e^{-8{,}424...\cdot x} + C_2 \cdot e^{1{,}424...\cdot x} + \frac{5}{48} \cdot e^{5x}$

3.91 ***a)*** $y = \frac{168}{13} \cdot e^{-2x} \cdot \sin(x) + \frac{96}{13} \cdot e^{-2x} \cdot \cos(x) + \frac{12}{13} \cdot \sin(2x) - \frac{96}{13} \cdot \cos(2x)$
b) $y = 16{,}75 \cdot \sin(2x) + 5 \cdot \cos(2x) - 32{,}5x \cdot \cos(2x)$

3.92 ***a)*** $y = 0{,}75 \cdot e^{x} \cdot \sin(2x) + 1{,}75 \cdot e^{x} \cdot \cos(2x) + 0{,}25 \cdot e^{3x}$
b) $y = 2x^2 \cdot e^{-x} + 5x \cdot e^{-x} - e^{-x}$

3.93 ***1)*** $\lambda_{1,2} = 1{,}5 \pm 4{,}769... \cdot j$
2) $y = (C_1 + C_2) \cdot e^{1{,}5x} \cdot \cos(4{,}769...x) + j \cdot (C_1 - C_2) \cdot e^{1{,}5x} \cdot \sin(4{,}769...x)$
3) Zu zeigen: $y = (C_1 + C_2) \cdot e^{1{,}5x} \cdot \cos(4{,}769...x)$ … Realteil bzw.
$y = (C_1 - C_2) \cdot e^{1{,}5x} \cdot \sin(4{,}769...x)$ … Imaginärteil ist Lösung der Gleichung $y'' - 3y' + 25y = 0$.
Die Faktoren $(C_1 + C_2)$ und $(C_1 - C_2)$ sind verschieden null und bleiben auch beim Ableiten erhalten. Da sie in y, y′ und y″ nur linear vorkommen, können sie nach dem Einsetzen herausgehoben werden und die Gleichung kann durch sie dividiert werden. Sie haben bei der Überprüfung der Behauptung keinen Einfluss und können daher weggelassen werden.

Berechnen der ersten und zweiten Ableitung von $y = e^{1,5x} \cdot \cos(4,769...x)$ und Einsetzen in die Gleichung ergibt die Gleichung
$1,5^2 \cdot e^{1,5x} \cdot \cos(4,769...x) - 1,5 \cdot e^{1,5x} \cdot 4,769... \cdot \sin(4,769...x) - 1,5 \cdot e^{1,5x} \cdot 4,769... \cdot \sin(4,769...x) -$
$+ e^{1,5x} \cdot 4,769...^2 \cdot \cos(4,769...x) - 3 \cdot 1,5 \cdot e^{1,5x} \cdot \cos(4,769...x) + 3 \cdot e^{1,5x} \cdot 4,769... \cdot \sin(4,769...x) +$
$+ 25 \cdot e^{1,5x} \cdot \cos(4,769...x) = 0.$

Zusammenfassen ergibt:
$(1,5^2 - 4,769...^2 - 3 \cdot 1,5 + 25) \cdot e^{1,5x} \cdot \cos(4,769...x) + (-1,5 - 1,5 + 3) \cdot 4,769... \cdot e^{1,5x} \cdot \sin(4,769...x) =$
$0 \cdot e^{1,5x} \cdot \cos(4,769...x) + 0 \cdot 4,769... \cdot e^{1,5x} \cdot \sin(4,769...x) = 0.$

Analog erhält man für $y = e^{1,5x} \cdot \sin(4,769...x)$
$(2 \cdot 1,5 - 3) \cdot 4,769... \cdot e^{1,5x} \cdot \cos(4,769...x) + (1,5^2 - 4,769...^2 - 3 \cdot 1,5 + 25) \cdot e^{1,5x} \cdot \sin(4,769...x) =$
$= 0 \cdot 4,769... \cdot e^{1,5x} \cdot \cos(4,769...x) + 0 \cdot e^{1,5x} \cdot \sin(4,769...x) = 0.$

3.97 ***1)*** $\dot{y}(0\,s) = 2\,\frac{m}{s}$ ***2)*** $y(0\,s) = -0,05\,m$ ***3)*** $y(0\,s) = -0,03\,m$, $\dot{y}(0\,s) = 3\,\frac{m}{s}$

3.98 ***a)*** $y(t) = \frac{1}{\sqrt{2}} \cdot \sin(\sqrt{2} \cdot t) + 2 \cdot \cos(\sqrt{2} \cdot t)$; freie ungedämpfte Schwingung
b) $y(t) = e^{-2t} \cdot \cos(5t)$; gedämpfte Schwingung

3.99 ***1)*** $y(t) = -0,316...\,m \cdot \sin\left(3,162...\,\frac{1}{s} \cdot t\right) + 0,16\,m \cdot \cos\left(3,162...\,\frac{1}{s} \cdot t\right)$; gedämpfte Schwingung

2)

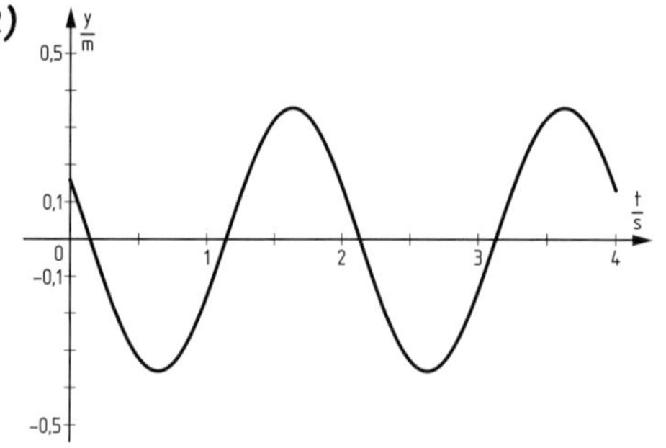

Zum Zeitpunkt t = 0 s ist die Masse 0,16 m ausgelenkt. Sie bewegt sich mit $v_0 = 1\,\frac{m}{s}$ in negativer y-Richtung.

3.100 ***1)*** $y(t) = 0,04\,m \cdot e^{-6\frac{1}{s} \cdot t} + 0,24\,m \cdot t \cdot e^{-6\frac{1}{s} \cdot t}$ bzw. $y(t) = 0,05\,m \cdot e^{-6\frac{1}{s} \cdot t} + 0,3\,m \cdot t \cdot e^{-6\frac{1}{s} \cdot t}$

2)

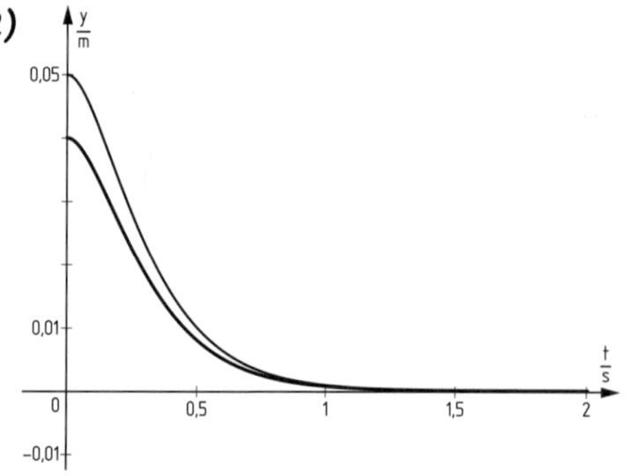

Bei y(0 s) = 5 cm ist die Auslenkung zum Zeitpunkt t = 0 s um 1 cm größer als bei y(0 s) = 4 cm. Es dauert länger, bis das System in die Ruhelage zurückgekehrt ist.

3.101 ***1)*** $8\ddot{y} + 30\,\frac{1}{s} \cdot \dot{y} + 7\,840\,\frac{1}{s^2} \cdot y = 0$; gedämpfte Schwingung

2) $y(t) = C_1 \cdot e^{-1{,}875\frac{1}{s}\cdot t} \cdot \sin\left(31{,}248...\,\frac{1}{s} \cdot t\right) + C_2 \cdot e^{-1{,}875\frac{1}{s}\cdot t} \cdot \cos\left(31{,}248...\,\frac{1}{s} \cdot t\right)$

3) $y(t) = 0{,}004...\,m \cdot e^{-1{,}875\frac{1}{s}\cdot t} \cdot \sin\left(31{,}248...\,\frac{1}{s} \cdot t\right)$

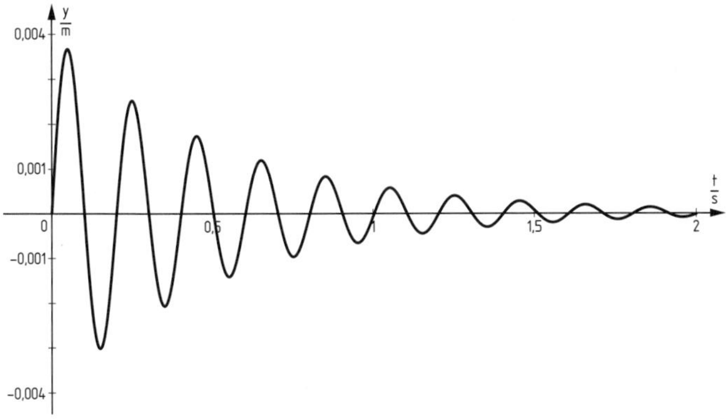

3.102 ***1)*** $180{,}277...\,\frac{kg}{s}$ ***2)*** $y(t) = 2\,\frac{m}{s} \cdot t \cdot e^{-18{,}027...\frac{1}{s}\cdot t}$, $y_{max} = 0{,}040...\,m$

3.103 ***1)*** –

2) Schon während des Baus wurde die extrem schlanke Ausführung und die ungünstige Form der Träger kritisiert. Bereits bei schwachem Wind entstanden Luftwirbel, die die Brücke zum Schwingen brachten. Durch Resonanz wurden die Schwingungen verstärkt. Zusätzlich auftretende Schwingungen quer zur Fahrbahn führten schließlich am 7.11.1940 zum Einsturz der Brücke.

3.104 ***1)*** $y(t) = -0{,}164...\,m \cdot e^{-10\frac{1}{s}\cdot t} \cdot \sin\left(15\,\frac{1}{s} \cdot t\right) - 0{,}246...\,m \cdot e^{-10\frac{1}{s}\cdot t} \cdot \cos\left(15\,\frac{1}{s} \cdot t\right) + 0{,}246...\,m$,
$y_{max} = 0{,}276...\,m$

2) $y_p(t) = 0{,}246...\,m$ ***3)*** $F = 406{,}25\,N$

3.105 ***1)*** $y(t) = -0{,}029...\,m \cdot e^{-10\frac{1}{s}\cdot t} \cdot \sin\left(15\,\frac{1}{s} \cdot t\right) + 0{,}081...\,m \cdot e^{-10\frac{1}{s}\cdot t} \cdot \cos\left(15\,\frac{1}{s} \cdot t\right) +$
$+ 0{,}315...\,m \cdot \sin\left(4\,\frac{1}{s} \cdot t\right) - 0{,}081...\,m \cdot \cos\left(4\,\frac{1}{s} \cdot t\right)$

$y_p(t) = 0{,}315...\,m \cdot \sin\left(4\,\frac{1}{s} \cdot t\right) - 0{,}081...\,m \cdot \cos\left(4\,\frac{1}{s} \cdot t\right)$

2)

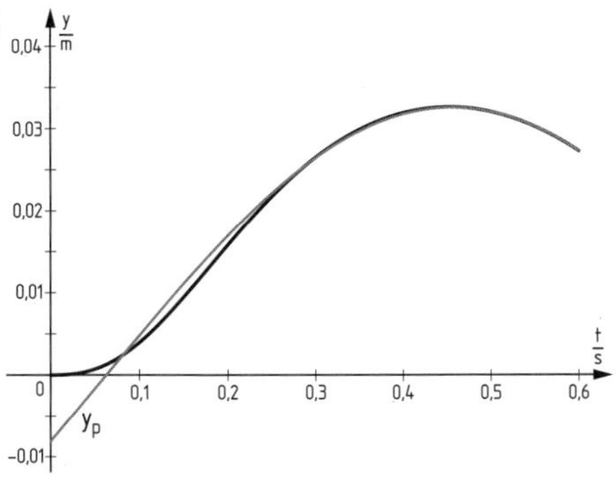

In der links angegebenen Abbildung ist die Schwingung nach 0,4 Sekunden mit der stationären Lösung identisch.

3) $\omega_r = 11{,}180...\,\frac{1}{s}$, $A_{max} = 0{,}326...\,m$

3.106 **1)** $\ddot{y} + 245\,\frac{1}{s^2} \cdot y = 5\,\frac{m}{s^2} \cdot \sin\left(3\,\frac{1}{s} \cdot t\right)$

2) $y(t) = C_1 \cdot \sin\left(15{,}652...\,\frac{1}{s} \cdot t\right) + C_2 \cdot \cos\left(15{,}652...\,\frac{1}{s} \cdot t\right) + 0{,}021...\,m \cdot \sin\left(3\,\frac{1}{s} \cdot t\right)$

3) $\omega_r = 15{,}652...\,\frac{1}{s}$

4)

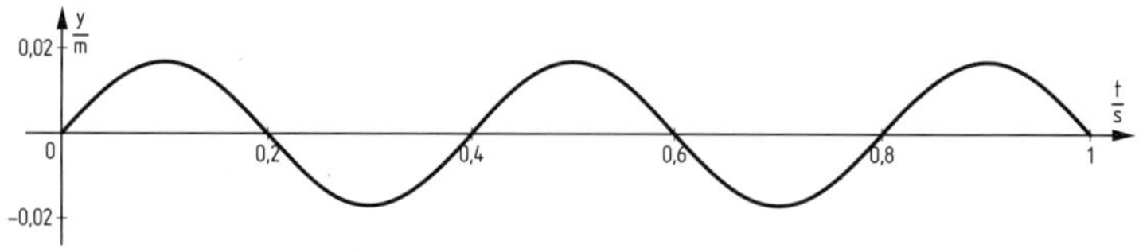

3.107 **1)** $\ddot{y} + 40\,\frac{1}{s} \cdot \dot{y} + 204\,\frac{1}{s^2} \cdot y = 0$, $y(t) = 0{,}05\,m \cdot e^{-6\frac{1}{s} \cdot t} - 0{,}05\,m \cdot e^{-34\frac{1}{s} \cdot t}$

2)

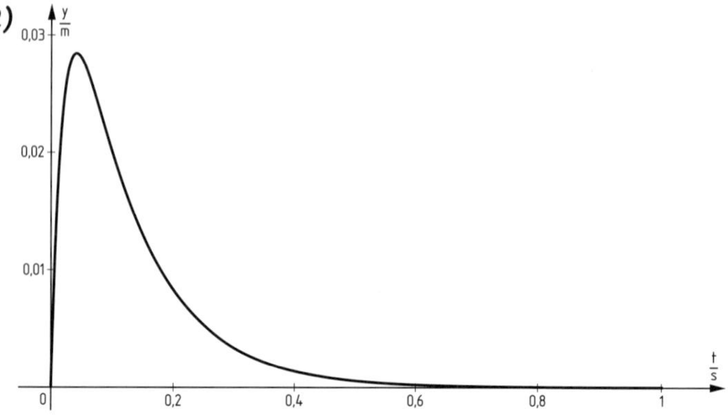

3) $y(t) = 0{,}05\,m \cdot e^{-6\frac{1}{s} \cdot t} - 0{,}05\,m \cdot e^{-34\frac{1}{s} \cdot t} + 0{,}018...\,m \cdot \sin\left(4\,\frac{1}{s} \cdot t\right) - 0{,}015...\,m \cdot \cos\left(4\,\frac{1}{s} \cdot t\right)$

3.108 Für den Frequenzgang der Amplitude gilt $A(\omega) = \frac{F}{m} \cdot \frac{1}{\sqrt{(\omega_0{}^2 - \omega^2)^2 + 4\delta^2\omega^2}}$.

Resonanz liegt vor, wenn $A(\omega)$ maximal ist bzw. wenn der Nenner von $A(\omega)$ minimal ist.
Ableiten der Funktion $f(\omega) = (\omega_0{}^2 - \omega^2)^2 + 4\delta^2\omega^2$ ergibt

$f'(\omega) = 2 \cdot (\omega_0{}^2 - \omega^2) \cdot (-2\omega) + 8\delta^2\omega = 4\omega^3 + 8\delta^2\omega - 4\omega_0{}^2\omega = 4\omega \cdot (\omega^2 - \omega_0{}^2 + 2\delta^2)$.

Nullsetzen ergibt $\omega^2 - \omega_0{}^2 + 2\delta^2 = 0$ und Umformen ergibt die Resonanzkreisfrequenz

$\omega = \sqrt{\omega_0{}^2 - 2\delta^2}$.

3.112 **1)** $\frac{d^2q}{dt^2} + 1\,600q = 0$, $q(t) = 0{,}005\,C \cdot \cos\left(40\,\frac{1}{s} \cdot t\right)$

2) $u_C(t) = 20\,V \cdot \cos\left(40\,\frac{1}{s} \cdot t\right)$, $u_L(t) = -20\,V \cdot \cos\left(40\,\frac{1}{s} \cdot t\right)$, $i(t) = 0{,}2\,A \cdot \sin\left(40\,\frac{1}{s} \cdot t\right)$

3)

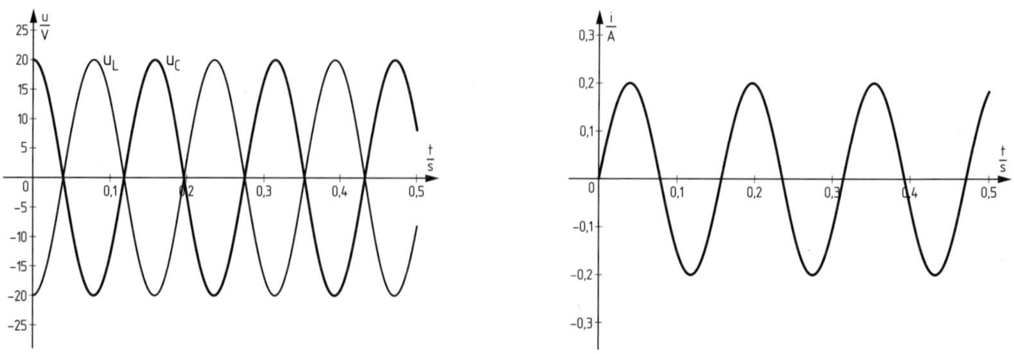

3.113 ***1)*** $D = \sqrt{5\,F \cdot H^{-1} \cdot 10^{-2}} \cdot R$

2) $\frac{d^2u_C}{dt^2} + 2R \cdot \frac{du_C}{dt} + 2\,000u_C = 0$; Kriechfall für $R > 44{,}721...\ \Omega$, Aperiodischer Grenzfall für $R = 44{,}721...\ \Omega$, gedämpfte Schwingung für $R < 44{,}721...\ \Omega$

3) Es sind individuell verschiedene Ergebnisse möglich.

3.114 ***1)*** $u_C(t) = -12\,V \cdot e^{-1\,000\frac{1}{s}\cdot t} - 12\,000\,\frac{V}{s} \cdot t \cdot e^{-1\,000\frac{1}{s}\cdot t} + 12\,V$, $i(t) = 12 \cdot 10^6\,\frac{A}{s} \cdot t \cdot e^{-1\,000\frac{1}{s}\cdot t}$

2) $u_{C,p}(t) = 242{,}861...\,V \cdot \sin\left(314{,}159...\,\frac{1}{s} \cdot t\right) - 169{,}304...\,V \cdot \cos\left(314{,}159...\,\frac{1}{s} \cdot t\right)$

3.115 ***1)*** Division der Differentialgleichung für die Kondensatorspannung durch $L \cdot C$ ergibt $\frac{1}{L \cdot C} \cdot u(t) = \frac{d^2u_C(t)}{dt^2} + \frac{R}{L} \cdot \frac{du_C(t)}{dt} + \frac{1}{L \cdot C} \cdot u_C(t)$. Umformen ergibt $\left(\frac{1}{\sqrt{L \cdot C}}\right)^2 \cdot u(t) = \frac{d^2u_C(t)}{dt^2} + 2 \cdot \frac{R}{2L} \cdot \frac{du_C(t)}{dt} + \left(\frac{1}{\sqrt{L \cdot C}}\right)^2 \cdot u_C(t)$. Einsetzen der Bezeichnungen $\delta = \frac{R}{L}$ bzw. $\omega_0 = \frac{1}{\sqrt{L \cdot C}}$ ergibt die Differentialgleichung $\omega_0^{\,2} \cdot u(t) = \frac{d^2u_C(t)}{dt^2} + 2 \cdot \delta \cdot \frac{du_C(t)}{dt} + \omega_0^{\,2} \cdot u_C(t)$.
Umformen von $D = \frac{\delta}{\omega_0}$ ergibt $\delta = \omega_0 \cdot D$.
Einsetzen in die Differentialgleichung ergibt die angegebene Form.

2) $u_C(t) = -0{,}006...\,V \cdot e^{-1\,399{,}285...\,\frac{1}{s}\cdot t} + 12{,}006...\,V \cdot e^{-0{,}714...\,\frac{1}{s}\cdot t} + 12\,V$

$u_{C,h}(t) = -0{,}006...\,V \cdot e^{-1\,399{,}285...\,\frac{1}{s}\cdot t} + 12{,}006...\,V \cdot e^{-0{,}714...\,\frac{1}{s}\cdot t}$, $u_{C,p}(t) = 12\,V$

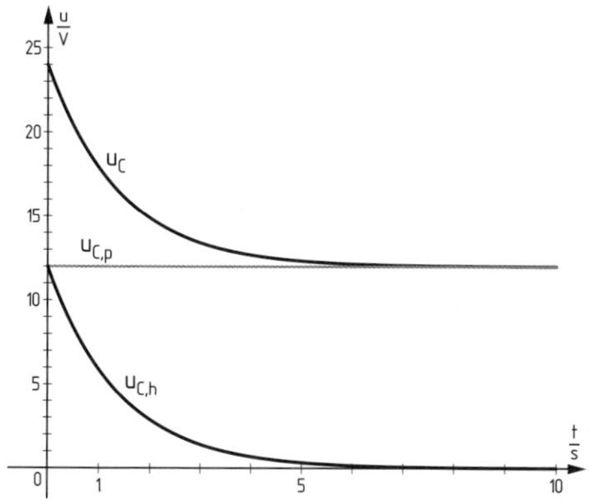

3.116 ***a) 1)*** $0{,}221...\ \mu F$ ***2)*** $1{,}1\overline{36}\ A$

b) Es sind individuell unterschiedliche Antworten möglich.

3.117 Berücksichtigt man die sinusförmige Wechselspannung $u_e(t)$, lautet die Spannungsdifferentialgleichung für einen RLC-Schwingkreis $L \cdot C \cdot \frac{d^2u_C(t)}{dt^2} + R \cdot C \cdot \frac{du_C(t)}{dt} + u_C(t) = \hat{u} \cdot \sin(\omega \cdot t)$. Division durch $L \cdot C$, umformen und einsetzen von $\delta = \frac{R}{L}$ bzw. $\omega_0 = \frac{1}{\sqrt{L \cdot C}}$ (vgl. Aufgabe 3.115) ergibt $\frac{d^2u_C(t)}{dt^2} + 2\delta \cdot \frac{du_C(t)}{dt} + \omega_0^{\,2} \cdot u_C(t) = \frac{1}{L \cdot C} \cdot \hat{u} \cdot \sin(\omega \cdot t)$. Lösen mithilfe der charakteristischen Gleichung $\lambda^2 + 2\delta\lambda + \omega_0^{\,2} = 0$ ergibt als Lösung für die homogene Differentialgleichung $u_{C,h}(t) = C_1 \cdot e^{-\delta t} \cdot \sin\left(\sqrt{\delta^2 - \omega_0^{\,2}} \cdot t\right) + C_2 \cdot e^{-\delta t} \cdot \cos\left(\sqrt{\delta^2 - \omega_0^{\,2}} \cdot t\right)$. Da $u_{C,h}(t)$ nach einer Einschwingzeit gegen null geht, kann dieser Teil der Lösung vernachlässigt werden. Zur Ermittlung der partikulären Lösung wird der Lösungsansatz $u_{C,p}(t) = a \cdot \sin(\omega \cdot t) + b \cdot \cos(\omega \cdot t)$ verwendet. Einsetzen von $u_{C,p}$, $u_{C,p}'$ und $u_{C,p}''$ in die inhomogene Differentialgleichung und Koeffizientenvergleich ergibt $a = \frac{\hat{u} \cdot (\omega_0^{\,2} - \omega^2)}{L \cdot C \cdot ((\omega_0^{\,2} - \omega^2)^2 + 4\delta^2\omega^2)}$ bzw. $b = \frac{-\hat{u} \cdot 2\delta\omega}{L \cdot C \cdot ((\omega_0^{\,2} - \omega^2)^2 + 4\delta^2\omega^2)}$.

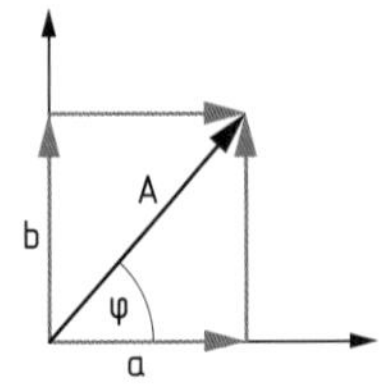

Für die Darstellung von $u_{C,p}(t)$ als Sinusschwingung $u_{C,p}(t) = A \cdot \sin(\omega \cdot t + \varphi)$ ergibt sich aus dem Zeigerdiagramm für die Amplitude $\hat{u}_C = A = \sqrt{a^2 + b^2}$ bzw. für den Phasenwinkel φ die Beziehung $\tan(\varphi) = \frac{b}{a}$.

Einsetzen der durch den Koeffizientenvergleich erhaltenen Ergebnisse für a und b und Vereinfachen ergibt für die Amplitude $\hat{u}_C = \frac{\hat{u}}{L \cdot C \cdot \sqrt{(\omega_0^2 - \omega^2)^2 + 4\delta^2\omega^2}}$.

Einsetzen von $\delta = \frac{R}{2L}$ und $\omega_0 = \frac{1}{\sqrt{L \cdot C}}$ ergibt schließlich

$$\hat{u}_C = \frac{\hat{u}}{L \cdot C \cdot \sqrt{\frac{1}{L^2 \cdot C^2} - 2 \cdot \frac{\omega^2}{L \cdot C} + \omega^4 + \frac{\omega^2 \cdot R^2}{L^2}}} = \frac{\hat{u}}{\omega \cdot C \cdot \sqrt{\frac{1}{\omega^2 \cdot C^2} - 2 \cdot \frac{L}{C} + \omega^2 \cdot L^2 + R^2}} = \frac{\hat{u}}{\omega \cdot C \cdot \sqrt{R^2 + \left(\omega \cdot L - \frac{1}{\omega \cdot C}\right)^2}}.$$

Einsetzen der durch den Koeffizientenvergleich erhaltenen Ergebnisse für a und b ergibt für den Phasenwinkel $\tan(\varphi) = \frac{-2\delta\omega}{\omega_0^2 - \omega^2}$. Einsetzen von $\delta = \frac{R}{2L}$ und $\omega_0 = \frac{1}{\sqrt{L \cdot C}}$ ergibt schließlich

$$\tan(\varphi) = -\frac{\omega \cdot R}{L \cdot \left(\frac{1}{L \cdot C} - \omega^2\right)} = -\frac{\omega \cdot R}{\omega \cdot \left(\frac{1}{\omega \cdot C} - \omega \cdot L\right)} = -\frac{R}{\frac{1}{\omega \cdot C} - \omega \cdot L}.$$

3.119

$x_0 = 0$	$y_0 = 1$
$x_1 = 1$	$y_1 = 1$
$x_2 = 2$	$y_2 = 20{,}085...$
$x_3 = 3$	$y_3 = 403{,}428...$
$x_4 = 4$	$y_4 = 8\,103{,}083...$
$x_5 = 5$	$y_5 = 162\,754{,}791...$

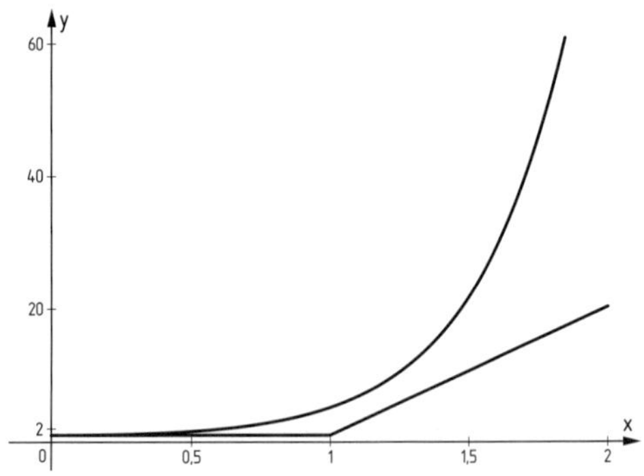

Wegen der stark wachsenden Funktionswerte sind der Streckenzug und die Kurve nur im Intervall [0; 2] dargestellt.

3.120

$x_0 = 1$	$y_0 = 2$
$x_1 = 1{,}1$	$y_1 = 1{,}9$
$x_2 = 1{,}2$	$y_2 = 1{,}82$
$x_3 = 1{,}3$	$y_3 = 1{,}758$
$x_4 = 1{,}4$	$y_4 = 1{,}7122$

3.121

$x_0 = 1$	$y_0 = 3{,}792...$
$x_1 = 1{,}05$	$y_1 = 3{,}901...$
$x_2 = 1{,}1$	$y_2 = 4{,}012...$
$x_3 = 1{,}15$	$y_3 = 4{,}125...$
$x_4 = 1{,}2$	$y_4 = 4{,}240...$

3.122

$x_0 = 0$	$y_0 = 2$	exakter Wert: $y(0{,}6) = 76{,}031...$
$x_1 = 0{,}1$	$y_1 = 3{,}2$	
$x_2 = 0{,}2$	$y_2 = 5{,}132$	
$x_3 = 0{,}3$	$y_3 = 8{,}259...$	
$x_4 = 0{,}4$	$y_4 = 13{,}322...$	
$x_5 = 0{,}5$	$y_5 = 21{,}508...$	
$x_6 = 0{,}6$	$y_6 = 34{,}713...$	
$x_7 = 0{,}7$	$y_7 = 55{,}973...$	

3.124 a) *1)*

$x_0 = 0$	$y_0 = 2$	$x_{10} = 2$	$y_{10} = 2{,}875...$	$x_{20} = 4$	$y_{20} = 3{,}580...$
$x_1 = 0{,}2$	$y_1 = 2{,}098...$	$x_{11} = 2{,}2$	$y_{11} = 2{,}951...$	$x_{21} = 4{,}2$	$y_{21} = 3{,}645...$
$x_2 = 0{,}4$	$y_2 = 2{,}194...$	$x_{12} = 2{,}4$	$y_{12} = 3{,}026...$	$x_{22} = 4{,}4$	$y_{22} = 3{,}709...$
$x_3 = 0{,}6$	$y_3 = 2{,}287...$	$x_{13} = 2{,}6$	$y_{13} = 3{,}100...$	$x_{23} = 4{,}6$	$y_{23} = 3{,}773...$
$x_4 = 0{,}8$	$y_4 = 2{,}377...$	$x_{14} = 2{,}8$	$y_{14} = 3{,}172...$	$x_{24} = 4{,}8$	$y_{24} = 3{,}835...$
$x_5 = 1$	$y_5 = 2{,}465...$	$x_{15} = 3$	$y_{15} = 3{,}242...$	$x_{25} = 5$	$y_{25} = 3{,}898...$
$x_6 = 1{,}2$	$y_6 = 2{,}551...$	$x_{16} = 3{,}2$	$y_{16} = 3{,}312...$		
$x_7 = 1{,}4$	$y_7 = 2{,}635...$	$x_{17} = 3{,}4$	$y_{17} = 3{,}381...$		
$x_8 = 1{,}6$	$y_8 = 2{,}717...$	$x_{18} = 3{,}6$	$y_{18} = 3{,}448...$		
$x_9 = 1{,}8$	$y_9 = 2{,}797...$	$x_{19} = 3{,}8$	$y_{19} = 3{,}515...$		

2)

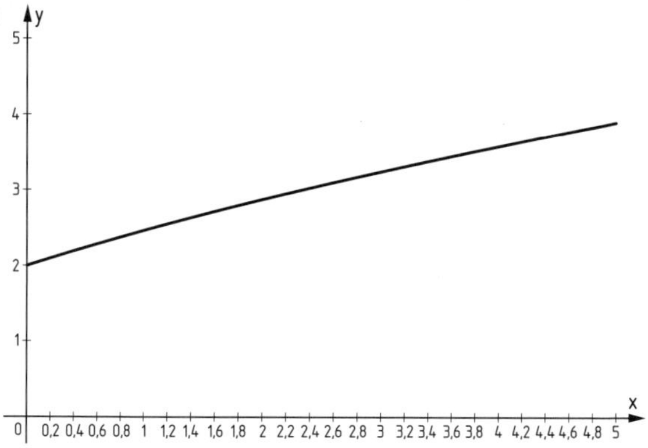

b) 1)

$x_0 = 0$	$y_0 = -1$	$x_6 = 3$	$y_6 = 0{,}179...$
$x_1 = 0{,}5$	$y_1 = -0{,}354...$	$x_7 = 3{,}5$	$y_7 = 0{,}157...$
$x_2 = 1$	$y_2 = 0{,}166...$	$x_8 = 4$	$y_8 = 0{,}162...$
$x_3 = 1{,}5$	$y_3 = 0{,}311...$	$x_9 = 4{,}5$	$y_9 = 0{,}331...$
$x_4 = 2$	$y_4 = 0{,}271...$	$x_{10} = 5$	$y_{10} = 2{,}458...$
$x_5 = 2{,}5$	$y_5 = 0{,}217...$		

2)

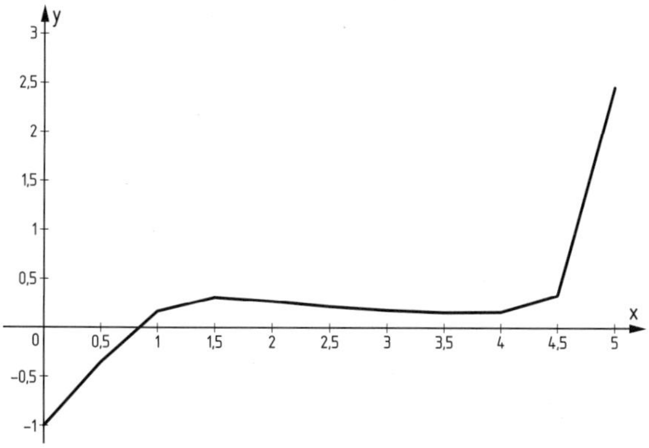

3.125 ***1)*** $h_1 = 0{,}02$

$x_0 = 1$	$y_0 = 3{,}814...$
$x_1 = 1{,}02$	$y_1 = 3{,}858...$
$x_2 = 1{,}04$	$y_2 = 3{,}902...$
$x_3 = 1{,}06$	$y_3 = 3{,}947...$
$x_4 = 1{,}08$	$y_4 = 3{,}992...$
$x_5 = 1{,}1$	$y_5 = 4{,}037...$
$x_6 = 1{,}12$	$y_6 = 4{,}082...$
$x_7 = 1{,}14$	$y_7 = 4{,}128...$
$x_8 = 1{,}16$	$y_8 = 4{,}174...$
$x_9 = 1{,}18$	$y_9 = 4{,}221...$
$x_{10} = 1{,}2$	$y_{10} = 4{,}267658044617...$

$h_2 = 0{,}05$

$x_0 = 1$	$y_0 = 3{,}814...$
$x_1 = 1{,}05$	$y_1 = 3{,}924...$
$x_2 = 1{,}1$	$y_2 = 4{,}037...$
$x_3 = 1{,}15$	$y_3 = 4{,}151...$
$x_4 = 1{,}2$	$y_4 = 4{,}2676580374...$

2) 4,267658044805...

3) Bei $h_1 = 0{,}02$ unterscheidet sich das genäherte Ergebnis vom „exakten" Ergebnis erst ab der zehnten Nachkommastelle. Der absolute Fehler ist kleiner $1 \cdot 10^{-9}$. Bei $h_2 = 0{,}05$ unterscheiden sich das genäherte Ergebnis vom „exakten" Ergebnis ab der achten Nachkommastelle. Der absolute Fehler ist kleiner $1 \cdot 10^{-7}$.

3.126 **a)** $y = C \cdot e^{-3x} + x \cdot e^{-3x}$ **b)** $y = C \cdot e^{-\frac{x^3}{3}} + 1$

3.127 **a)** $y = C \cdot e^{-2x} + \frac{1}{10} \cdot \sin(x) - \frac{1}{20} \cdot \cos(x)$ **b)** $y = C \cdot e^{5x} + \frac{3}{13} \cdot \sin(x) - \frac{15}{13} \cdot \cos(x)$

3.128 **a)** $y = C \cdot \sqrt{x^2 - 1}$ **b)** $y = C \cdot e^{x^2} - 2$

3.129 **a)** $y = e^{-3x} + \frac{1}{3} \cdot \sin(3x)$ **b)** $y = -\frac{14}{37} \cdot e^{-6x} + \frac{27}{37} \cdot \sin(x) + \frac{14}{37} \cdot \cos(x)$

3.130 **a)** $y = \frac{7}{3} \cdot e^{5x} - \frac{4}{3} \cdot e^{2x}$ **b)** $y = \frac{53}{10} \cdot e^{-3x} - \frac{1}{10} \cdot \sin(x) - \frac{3}{10} \cdot \cos(x)$

3.131 ***1)*** $\frac{dN(t)}{dt} = k \cdot N(t)$, $N(0) = 5\,000$ Bakterien ***2)*** $1{,}115... \cdot 10^{47}$ Bakterien

3.132 9,788... %

3.133 ***1)*** $\frac{dT(t)}{dt} = -k \cdot (T(t) - 25\,°C)$ mit $T(0\text{ min}) = 150\,°C$ und $T(18\text{ min}) = 90\,°C$ ***2)*** 88,602... min

3.134 ***1)*** $\frac{dh(t)}{dt} = k \cdot \frac{h(t)}{t^2}$ ***2)*** $h(t) = 11{,}180...\text{ cm} \cdot 125^{-\frac{d}{2t}}$

3.135 **a)** $y = -e^{-3x} + e^{x}$ **b)** $y = e^{-4x} + 2 \cdot e^{2x}$

3.136 **a)** $y = -\frac{1}{9} \cdot e^{-3x} + \frac{5}{3}x + \frac{1}{9}$ **b)** $y = \frac{3}{4} \cdot e^{-3x} + \frac{9}{4} \cdot e^{x} - 3$

3.137 **a)** $y = C_1 \cdot e^{8t} + C_2 \cdot t \cdot e^{8t} + 2t + \frac{5}{2}$ **b)** $y = C_1 \cdot e^{-x} \cdot \sin(x) + C_2 \cdot e^{-x} \cdot \cos(x) + 2$

3.138 **a)** $y = C_1 \cdot e^{-t} + C_2 \cdot t \cdot e^{-t} - 4 \cdot \cos(t)$ **b)** $y = C_1 \cdot e^{-12t} + C_2 + \frac{24}{37} \cdot \sin(2t) - \frac{4}{37} \cdot \cos(2t)$

3.139 ***1)*** $\ddot{y} + 2\,000\,\frac{1}{s} \cdot \dot{y} + 140\,\frac{1}{s^2} \cdot y = 0$, $y(0\text{ s}) = 0{,}05$ m; freie gedämpfte Schwingung – Kriechfall

2) $y(t) = 0{,}050\ldots\text{ m} \cdot e^{-0{,}070\ldots\frac{1}{s}\cdot t} - 0{,}0000017\ldots\text{ m} \cdot e^{-1\,999{,}929\ldots\frac{1}{s}\cdot t}$

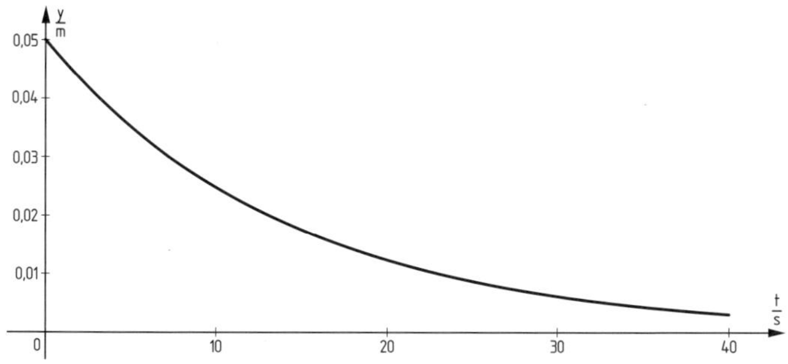

3.140 ***1)*** Das Archimedische Gesetz besagt, dass die Auftriebskraft eines Körpers in einem Medium und die Gewichtskraft des vom Körper verdrängten Mediums gleich groß sind.
Archimedes sollte den Goldgehalt der Krone des Herrschers Hieron des Zweiten bestimmen.

2) $y(t) = C_1 \cdot \sin\left(\sqrt{\frac{\rho_0 g}{\rho \ell}}\,\frac{1}{s} \cdot t\right) + C_2 \cdot \cos\left(\sqrt{\frac{\rho_0 g}{\rho \ell}}\,\frac{1}{s} \cdot t\right)$, freie ungedämpfte Schwingung

3.141 ***1)*** $\ddot{y} = 20\,\frac{1}{s} \cdot \dot{y} + 100\,\frac{1}{s^2} \cdot y = 0$, $y(t) = 5\,\frac{m}{s} \cdot t \cdot e^{-10\frac{1}{s}\cdot t}$

2) Es liegt eine freie gedämpfte Schwingung vor bzw. wegen $\omega_0 = \delta$ ein aperiodischer Grenzfall.

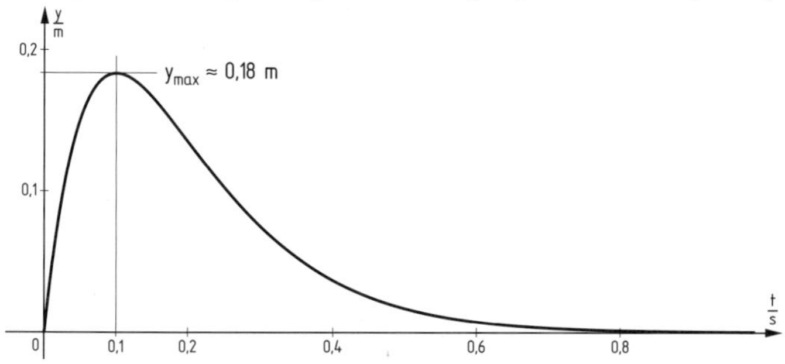

3) $y_{max} = 0{,}183\ldots$ m, grafisch siehe ***2)***

4) $y(t) = -0{,}02\text{ m} \cdot e^{-10\frac{1}{s}\cdot t} + 4{,}8\text{ m} \cdot t \cdot e^{-10\frac{1}{s}\cdot t} + 0{,}02\text{ m}$

3.142 ***1)*** $\frac{d^2q}{dt^2} + 3\,\frac{\Omega}{H} \cdot \frac{dq}{dt} + 2{,}5\,\frac{1}{H \cdot mF} \cdot q = 30\,\frac{V}{H}$

2) $q_h(t) = -0{,}360\ldots\text{ mF} \cdot e^{-1{,}5\frac{1}{s}\cdot t} \cdot \sin\left(49{,}977\ldots\frac{1}{s} \cdot t\right) - 12\text{ mF} \cdot e^{-1{,}5\frac{1}{s}\cdot t} \cdot \cos\left(49{,}977\ldots\frac{1}{s} \cdot t\right)$
Es liegt eine gedämpfte Schwingung vor.

3.143 Rearranging of $\frac{dy}{dx} = \frac{y-1}{x}$ gives $\frac{dy}{y-1} = \frac{dx}{x}$ respectively $\int \frac{1}{y-1} = \int \frac{1}{x}\,dx$. Calculation of the integrals gives $\ln(|y-1|) = \ln(|x|) + C$. Calculation of y gives the general solution $y(x) = C \cdot x + 1$. To plug in the initial condition $y(1) = 2$ gives $C = 1$ respectively the solution of the differential equation $y = x + 1$.

3.144 $m_{NaCl}(t) = 200\text{ lb} + 100\text{ lb} \cdot e^{-0{,}03\frac{1}{min}\cdot t}$

3.145 3,477... min

4 Integraltransformationen

4.1

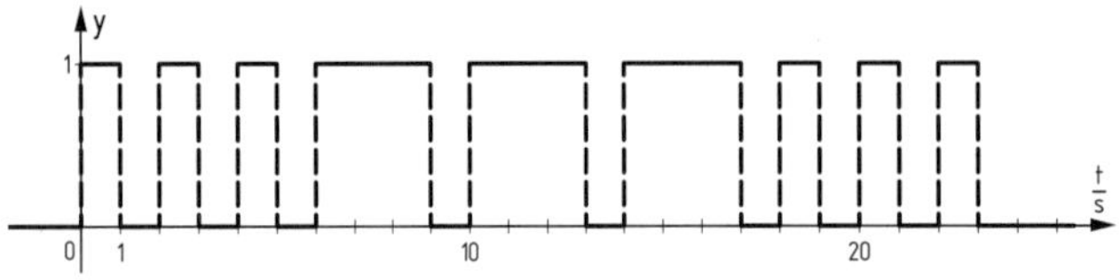

4.2 ***a) 1)*** $\sin(t + (-2))$

2) $y = \sin(t - 2) \cdot \sigma(t - 2)$

Bei $\sigma(t - 2)$ ist der Funktionswert null für $t < 2$ und eins für $t \geqslant 2$.
Multiplikation von $\sin(t - 2)$ mit $\sigma(t - 2)$ ergibt daher den dargestellten Graph.

b) 1) $e^{t + (-2)}$

2) $y = e^{t-2} \cdot \sigma(t - 2)$

Bei $\sigma(t - 2)$ ist der Funktionswert null für $t < 2$ und eins für $t \geqslant 2$.
Multiplikation von e^{t-2} mit $\sigma(t - 2)$ ergibt daher den dargestellten Graph.

4.3 ***a)***

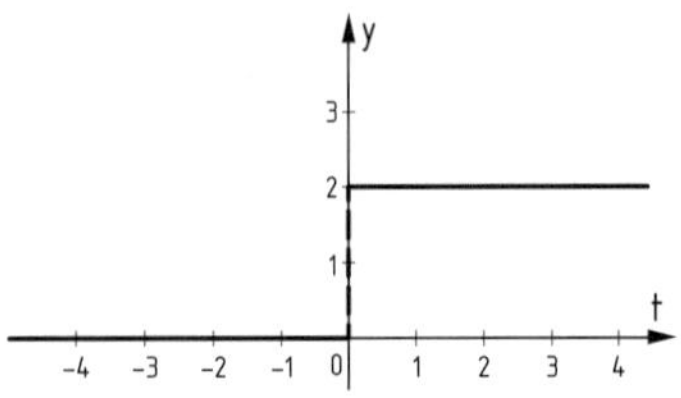

b)

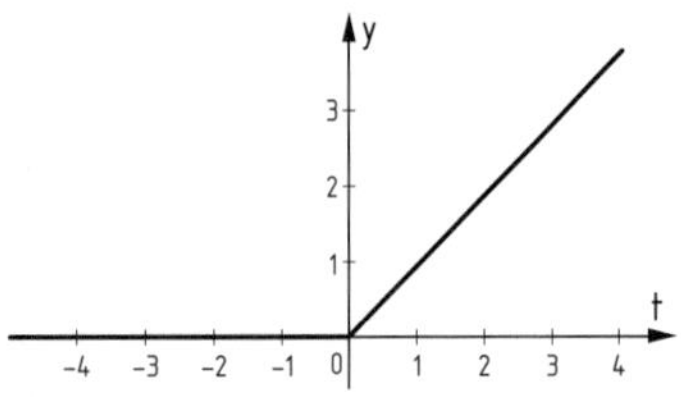

c)

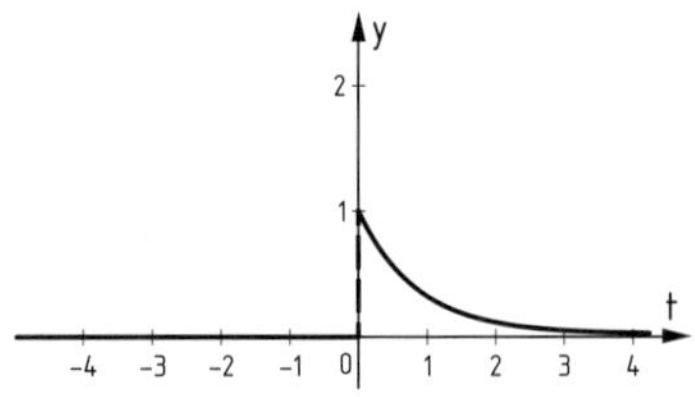

d)

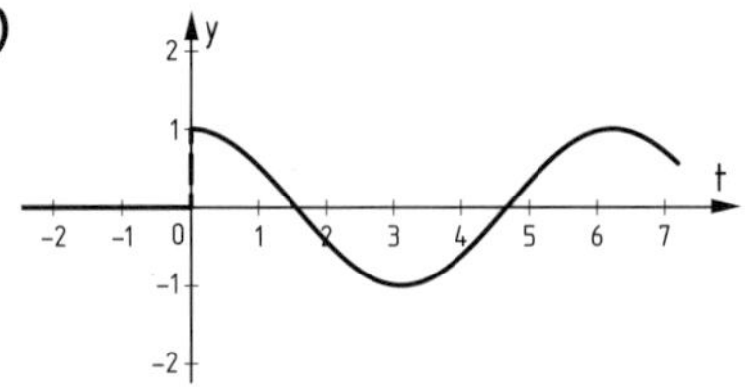

4.4 ***a)***

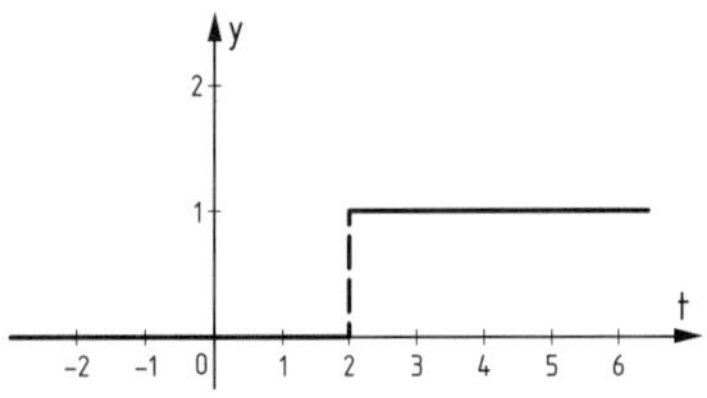

b)

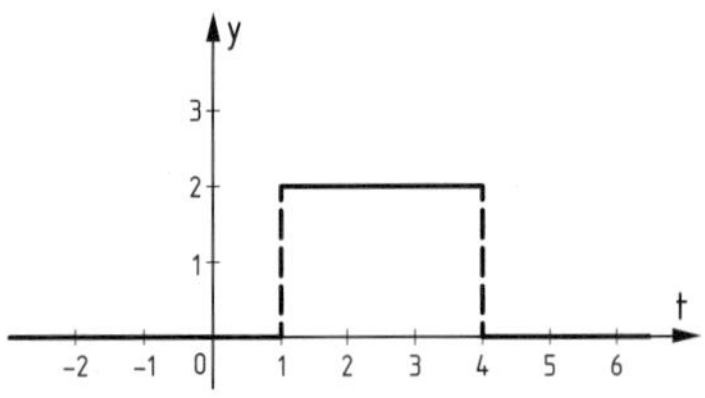

c)

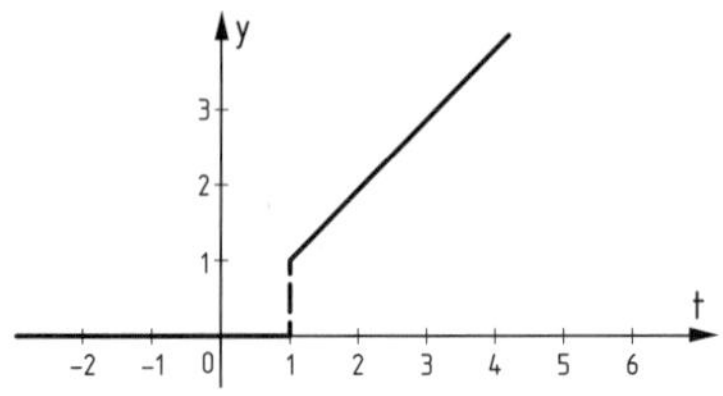

4.5 ***a) 1)*** $y(t) = \begin{cases} 1 & \text{für } 0 \leqslant t < 2 \\ 0 & \text{sonst} \end{cases}$

2) $f(t) = \sigma(t) - \sigma(t - 2)$

b) 1) $y(t) = \begin{cases} \frac{t}{2} & \text{für } 0 \leqslant t < 2 \\ 0 & \text{sonst} \end{cases}$

2) $f(t) = \frac{t}{2} \cdot (\sigma(t) - \sigma(t - 2))$

c) 1) $y(t) = \begin{cases} t & \text{für } 0 \leqslant t < 1 \\ 1 & \text{für } t \geqslant 1 \\ 0 & \text{sonst} \end{cases}$

2) $f(t) = t \cdot \sigma(t) + (1 - t) \cdot \sigma(t - 1)$

4.6 **a)** 1 **b)** 1 **c)** $\frac{1}{e^2}$

4.7 **a)** $\frac{1}{x} - \frac{2}{x+1}$ **b)** $\frac{4}{x-2} - \frac{1}{x-3}$ **c)** $x + \frac{1}{2x} - \frac{2}{3 \cdot (x-2)}$ **d)** $x + \frac{15 \cdot x + 5}{x^2 + 4x + 1} - 4$

4.9 **a)** obere Grenze unendlich; $\int_0^\infty e^{-a \cdot x}\,dx = \begin{cases} \frac{1}{a} & \text{für } a > 0 \\ \infty & \text{sonst} \end{cases}$

b) Polstelle bei $x_1 = -1$ und bei $x_2 = 1$; ∞
c) Polstelle bei $x = 0$; ∞
d) obere Grenze unendlich; 2
e) obere Grenze unendlich; $\frac{\pi}{2}$
f) Polstelle bei $x = 0$; Wert existiert nicht
g) obere Grenze unendlich, $\frac{1}{2}$
h) Die Funktion ist an der Stelle $x = 0$ nicht definiert; $-\frac{1}{9}$

4.10 **1)**

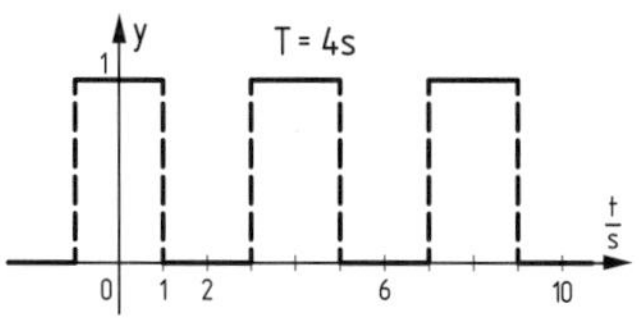

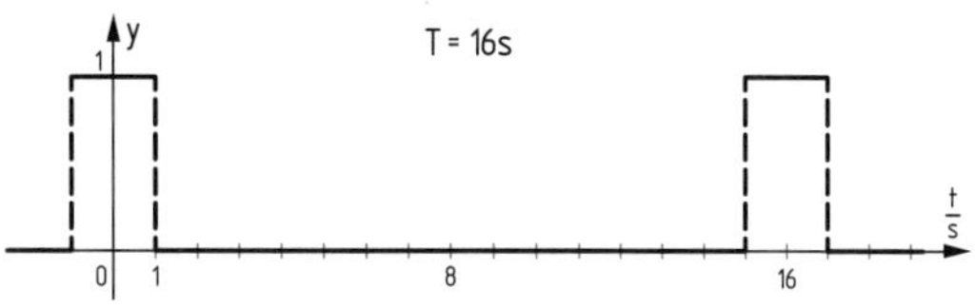

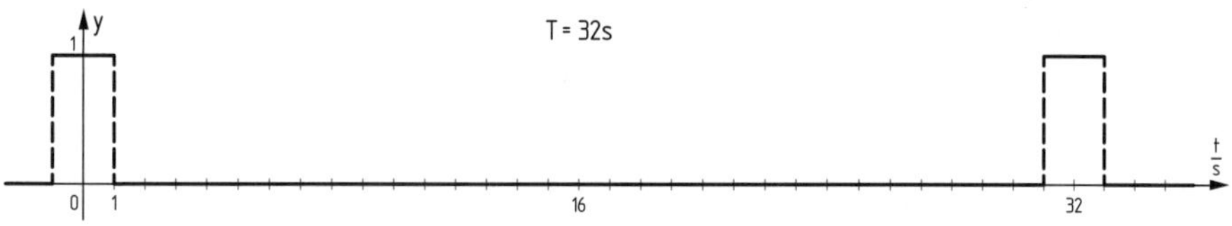

2) Für $T \rightarrow \infty$ geht der Abstand zwischen den einzelnen Impulsen gegen ∞.

4.16 **1)** Eine Verdopplung des Arguments im Zeitbereich bewirkt eine Halbierung der Frequenz und der Amplitude im Frequenzbereich.
2) Eine Verkürzung des Arguments im Zeitbereich auf ein Viertel bewirkt eine Vervierfachung der Frequenz und der Amplitude im Frequenzbereich.
3) Eine Verschiebung um -1 auf der Zeitachse bewirkt eine Phasenverschiebung um $-\omega$ im Frequenzbereich.
4) Eine Phasenverschiebung um 2 im Frequenzbereich bewirkt eine Multiplikation des Funktionswerts mit $e^{2 \cdot j \cdot t}$ im Zeitbereich.
5) Eine Verdopplung des Arguments im Frequenzbereich bewirkt eine Halbierung des Arguments und des Funktionswerts im Zeitbereich.

4.17 **a)** $F(\omega) = \begin{cases} \frac{2A \cdot \sin(a\omega)}{\omega} & \text{für } \omega \neq 0 \\ 2A \cdot a & \text{für } \omega = 0 \end{cases}$, A ... Amplitude des Rechteckimpulses

b) $F(\omega) = \frac{1}{a + j\omega}$

4.18 ***a)*** $F(\omega) = \begin{cases} 2j \cdot \frac{1-\cos(\omega)}{\omega} & \text{für } \omega \neq 0 \\ 0 & \text{für } \omega = 0 \end{cases}$

Die Spektralfunktion ist komplex und daher nicht darstellbar.

Amplitudenspektrum:

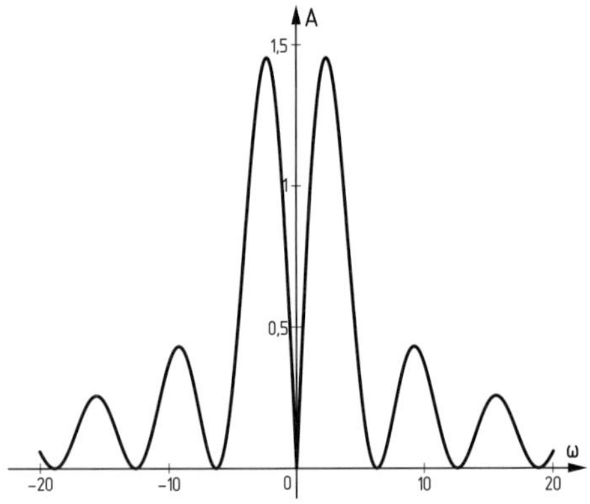

b) $F(\omega) = \begin{cases} \frac{2-2\cdot\cos(\omega)}{\omega^2} & \text{für } \omega \neq 0 \\ 1 & \text{für } \omega = 0 \end{cases}$

Amplitudenspektrum:

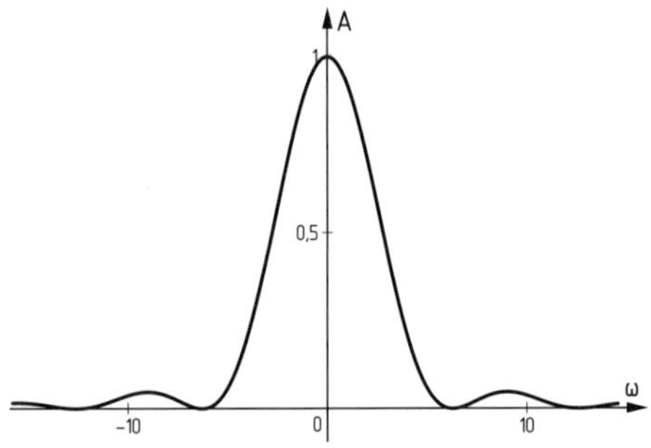

Die Spektralfunktion ist reell und daher darstellbar.

Spektralfunktion:

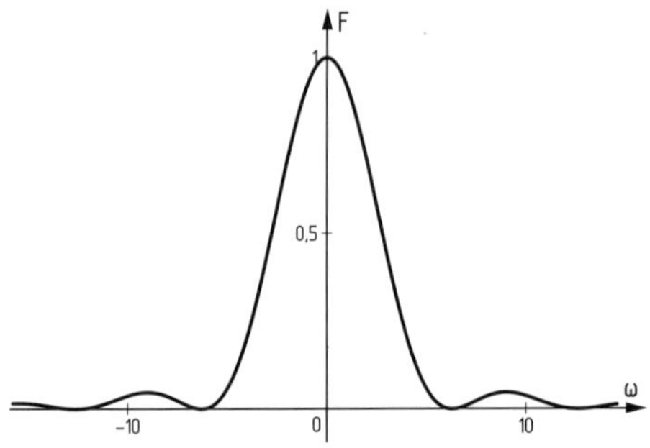

4.19 $\mathcal{F}\{\cos(at)\} = \mathcal{F}\left\{\frac{1}{2}\cdot(e^{jat} + e^{-jat})\right\} = \frac{1}{2}\cdot(\mathcal{F}\{1\cdot e^{jat}\} + \mathcal{F}\{1\cdot e^{-jat}\}) =$

$= \frac{1}{2}\cdot[2\pi\cdot\delta(\omega - a) + 2\pi\cdot\delta(\omega + a)] = \pi\cdot[\delta(\omega + a) + \delta(\omega - a)]$

4.20 ***1)*** a = 1

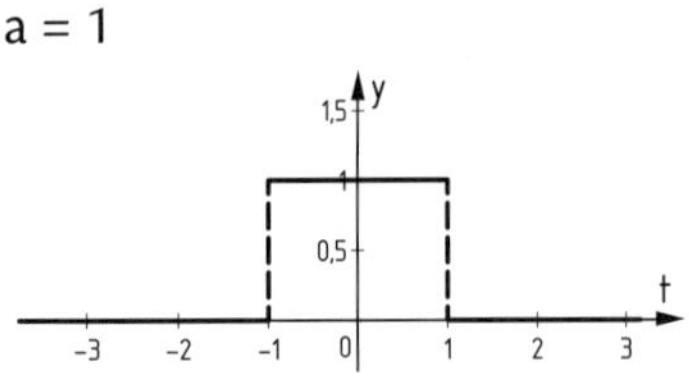

a = 2

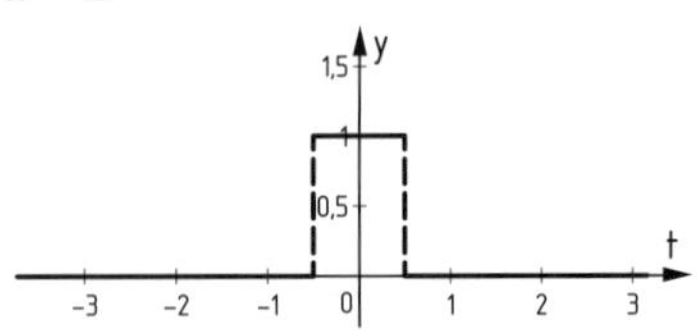

2) $F(\omega) = \begin{cases} \frac{2\cdot\sin(\omega)}{\omega} & \text{für } \omega \neq 0 \\ 2 & \text{für } \omega = 0 \end{cases}$

$F(\omega) = \begin{cases} \frac{2\cdot\sin\left(\frac{\omega}{2}\right)}{\omega} & \text{für } \omega \neq 0 \\ 1 & \text{für } \omega = 0 \end{cases}$

3)

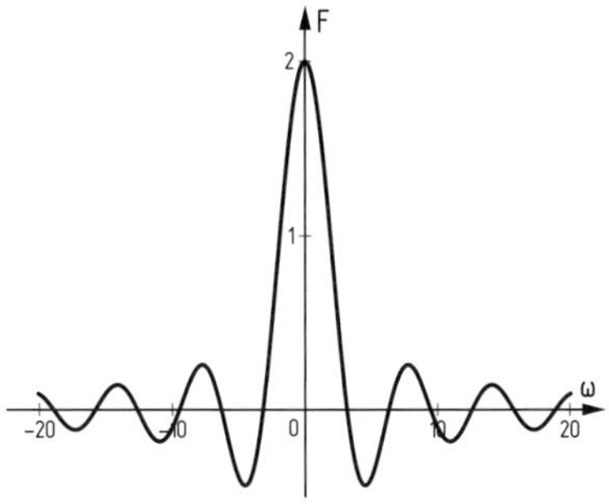

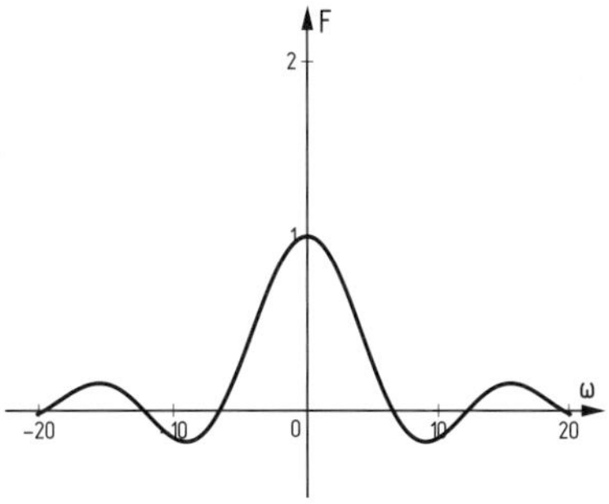

Verglichen mit a = 1 sind für a = 2 Frequenz und Amplitude halb so groß.

4.21 ***1)*** $A = \int_0^\infty t \cdot \sigma(t)\, dt = \infty$ ($\Rightarrow$ Fourier-Transformation nicht möglich)

2) Für negative bzw. sehr kleine positive Werte von t sind beide Graphen gleich. Für größer werdende positive Werte von t weicht die Kurve von f · y immer stärker vom Graph von f ab und nähert sich dem Graph der Funktion y.

3) Der Flächeninhalt in ***1)*** ist unendlich, das uneigentliche Integral $\int_0^\infty t \cdot e^{-t}\, dt$ konvergiert gegen 1.

4.33 **a)** $\frac{5}{s}$ **b)** $\frac{2}{s^2}$ **c)** $\frac{1}{s+1}$ **d)** $\frac{1}{s} + \frac{3}{s-1}$

4.34 ***a)*** Anwenden der aus der Faktorregel der Integralrechnung folgenden Linearität auf $F(s) = \mathcal{L}\{(3t)^4\} = \mathcal{L}\{81t^4\}$ ergibt $F(s) = 81 \cdot \mathcal{L}\{t^4\}$.

Anwenden der Korrespondenz $t^n \circ\!\!-\!\!\bullet \frac{n!}{s^{n+1}}$ ergibt $F(s) = 81 \cdot \frac{24}{s^5} = \frac{1944}{s^5}$.

b) Anwenden der Linearität auf $F(s) = \mathcal{L}\{2 \cdot \sin(t-3)\}$ ergibt $F(s) = 2 \cdot \mathcal{L}\{\sin(t-3)\}$.

Anwenden des Verschiebungssatzes ergibt $F(s) = 2 \cdot e^{-3s} \cdot \mathcal{L}\{\sin(t)\}$.

Anwenden der Korrespondenz $\sin(\omega t) \circ\!\!-\!\!\bullet \frac{\omega}{s^2 + \omega^2}$ ergibt $F(s) = 2 \cdot e^{-3s} \cdot \frac{1}{s^2+1} = \frac{2}{s^2+1} \cdot e^{-3s}$.

c) Aus $e^t = e^{-a \cdot t}$ folgt a = −1. Anwenden des Dämpfungssatzes ergibt daher

$\mathcal{L}\{t^2 \cdot e^t\} = = \mathcal{L}\{t^2 \cdot e^{-(-1) \cdot t}\} = F(s-1)$ mit $F(s) = \mathcal{L}\{t^2\}$. Anwenden der Korrespondenz $t^2 \circ\!\!-\!\!\bullet \frac{2}{s^3}$ auf $F(s) = \mathcal{L}\{t^2\}$ ergibt $F(s) = \frac{2}{s^3}$ bzw. $F(s-1) = \frac{2}{(s-1)^3} = \frac{2}{s^3 - 3s^2 + 3s - 1}$.

d) Anwenden des Divisionssatzes und der Korrespondenz $\sin(at) \circ\!\!-\!\!\bullet \frac{a}{s^2 + a^2}$ ergibt

$\mathcal{L}\left\{\frac{1}{t} \cdot \sinh(t)\right\} = \int_s^\infty \frac{1}{u^2 - 1}\, du = \frac{1}{t} \cdot \ln\left(\frac{s+1}{s-1}\right)$.

4.35 Dämpfungssatz: $\mathcal{L}\{t^3 \cdot e^{-t}\} = F(s+1)$ mit $F(s) = \mathcal{L}\{t^3\} = \frac{3!}{s^{3+1}} = \frac{6}{s^4}$ ergibt $\mathcal{L}\{t^3 \cdot e^{-t}\} = \frac{6}{(s+1)^4}$.

Multiplikationssatz: $\mathcal{L}\{t^3 \cdot e^{-t}\} = (-1)^3 \cdot F'''(s) = -F'''(s)$ mit $F(s) = \mathcal{L}\{e^{-t}\} = \frac{1}{s+1}$ ergibt

$\mathcal{L}\{t^3 \cdot e^{-t}\} = -\left(\frac{1}{s+1}\right)''' = -\frac{-6}{(s+1)^4} = \frac{6}{(s+1)^4}$.

4.36 **a)** $\frac{18}{s^4}$ **c)** $\frac{2}{s^2+4} - \frac{1}{s}$ **e)** $\frac{3}{s-2} - \frac{2}{s}$ **g)** $\frac{1-2s}{1+s^2}$

b) $\frac{24}{s^5} + \frac{2}{s}$ **d)** $\frac{s}{s^2+4} + \frac{4}{s^2}$ **f)** $\frac{3}{s^2} - \frac{2}{s} + \frac{1}{s+2}$ **h)** $\frac{6}{s^2+9} + \frac{2}{s}$

4.37 **a)** $\frac{1}{s^2+1} \cdot e^{-2s}$ **b)** $\frac{5}{s-1} \cdot e^{-s}$

4.38 – 4.58

4.38 ***a)*** $\frac{4}{(s+3)^3}$ ***b)*** $\frac{2s+13}{(s+5)^2}$ ***c)*** $\frac{s+3}{s^2+6s+13}$ ***d)*** $\frac{20}{s^2+2s+17}$

4.39 ***a)*** $\frac{2s^3-6s}{(s^2+1)^3}$ ***b)*** $\frac{12s^2-16}{(s^2+4)^3}$ ***c)*** $\frac{1}{2}\cdot\ln\left(\frac{s+1}{s-1}\right)$ ***d)*** $\ln\left(\frac{s-1}{s}\right)$

4.40 $\lim\limits_{s\to\infty}(s\cdot F(s))=0,\ \lim\limits_{s\to 0}(s\cdot F(s))=10$

4.42 ***a)*** $f(t)=\sigma(t-1);\ \frac{1}{s}\cdot e^{-s}$

b) $f(t)=t\cdot\sigma(t-1)-\sigma(t-1)-t\cdot\sigma(t-2)+\sigma(t-2);\ \frac{e^{-s}-e^{-2s}-s\cdot e^{-2s}}{s^2}$

c) $f(t)=\sigma(t)-2\cdot\sigma(t-1)+2\cdot\sigma(t-2)-2\cdot\sigma(t-3)+\ldots;\ \frac{1}{s}\cdot\frac{1-e^{-s}}{1+e^{-s}}$

4.43 LS: $\ldots=\int\limits_0^\infty(f_1(t)+f_2(t))\cdot e^{-st}\,dt=\int\limits_0^\infty f_1(t)\cdot e^{-st}\,dt+\int\limits_0^\infty f_2(t)\cdot e^{-st}\,dt=F_1(s)+F_2(s)$, LS = RS

4.44 ***a)*** bis ***e)*** Die mittels Integration ermittelte Laplace-Transformierte stimmt mit der in der Kosrrespondenztabelle angegebenen überein.

4.45 ***1)*** $f(t)=t\cdot\sin(\omega t)\Rightarrow f'(t)=\sin(\omega t)+\omega\cdot t\cdot\cos(\omega t)\Rightarrow f''(t)=\omega\cdot\cos(\omega t)+\omega\cdot\cos(\omega t)+$ $+\,\omega\cdot t\cdot(-\sin(\omega t)\cdot\omega)=2\omega\cdot\cos(\omega t)-\omega^2\cdot t\cdot\sin(\omega t)=2\omega\cdot\cos(\omega t)-\omega^2\cdot f(t)$

2) Anwenden des Differentiationssatzes $f''(t)\circ\!\!-\!\!\bullet\, s^2\cdot F(s)-s\cdot f(0)-f'(0)$ auf das Ergebnis aus ***1)*** ergibt $\mathcal{L}\{2\omega\cdot\cos(\omega t)-\omega^2\cdot f(t)\}=s^2\cdot\mathcal{L}\{t\cdot\sin(\omega t)\}-s\cdot 0\cdot\sin(\omega\cdot 0)-(\sin(\omega\cdot 0)+$ $+\,0\cdot\cos(\omega\cdot 0)\cdot\omega)=s^2\cdot\mathcal{L}\{t\cdot\sin(\omega t)\}$.

Man erhält die Gleichung $\mathcal{L}\{2\omega\cdot\cos(\omega t)-\omega^2\cdot t\cdot\sin(\omega t)\}=s^2\cdot\mathcal{L}\{t\cdot\sin(\omega t)\}$.

Anwenden der Linearität ergibt $2\omega\cdot\mathcal{L}\{\cos(\omega t)\}-\omega^2\cdot\mathcal{L}\{t\cdot\sin(\omega t)\}=s^2\cdot\mathcal{L}\{t\cdot\sin(\omega t)\}$.

Umformen ergibt $\mathcal{L}\{t\cdot\sin(\omega t)\}=\frac{2\omega}{s^2+\omega^2}\cdot\mathcal{L}\{\cos(\omega t)\}$. Anwenden der Korrespondenz $\cos(\omega t)\circ\!\!-\!\!\bullet\,\frac{s}{s^2+\omega^2}$ ergibt schließlich $\mathcal{L}\{t\cdot\sin(\omega t)\}=\frac{2\omega}{s^2+\omega^2}\cdot\frac{s}{s^2+\omega^2}=\frac{2\omega s}{(s^2+\omega^2)^2}$.

4.46 ***1)*** $f(t)=2$; Umformen auf $2\cdot\frac{1}{s}$

2) $f(t)=\frac{1}{2}\cdot\sin(2t)$; Umformen auf $\frac{1}{2}\cdot\frac{2}{s^2+2^2}$

3) $f(t)=\frac{1}{2}-\frac{1}{2}\cdot e^{-4t}$; Umformen durch Partialbruchzerlegung auf $\frac{1}{2}\cdot\frac{1}{s}-\frac{1}{2}\cdot\frac{1}{s+4}$

4.50 ***a)*** $4\cdot\delta(t)-3\cdot\sigma(t)$ ***b)*** $\frac{1}{2}\cdot\sigma(t)+e^{2t}$ ***c)*** t^3+t-4 ***d)*** $2t\cdot e^{2t}+4\cdot e^{-2t}$

4.51 ***a)*** $\sin(2t)$ ***b)*** $\cos(3t)$ ***c)*** $2\cdot\cos(4t)$ ***d)*** $\sinh(4t)$

4.52 ***a)*** $t\cdot\sin(t)$ ***b)*** $t\cdot\cos(t)$ ***c)*** $e^{2t}\cdot\sin(3t)$ ***d)*** $e^{-3t}\cdot\cos(4t)$

4.53 ***a)*** $3\cdot\sin(t)$ ***b)*** $2\cdot\cosh(5t)$ ***c)*** $\frac{5}{3}\cdot e^{-\frac{2}{3}\cdot t}$ ***d)*** $\frac{7}{3}\cdot\sin(3t)$

4.54 ***a)*** $\frac{14}{3}\cdot e^{5t}\cdot\sin(3t)$ ***b)*** $2\cdot e^{6t}\cdot\sin(7t)+3\cdot e^{6t}\cdot\cos(7t)$ ***c)*** $3\cdot e^{-t}\cdot\sin(4t)$ ***d)*** $e^{-t}\cdot\sin(2t)+2\cdot e^{-t}\cdot\cos(2t)$

4.55 ***a)*** $e^{-3t}+2$ ***b)*** $\frac{1-3\cdot e^{6t}}{2}$ ***c)*** $7\cdot e^{4t}+2\cdot e^{-4t}$ ***d)*** $\frac{1}{2}\cdot e^{2t}+\frac{1}{3}\cdot e^{-3t}$

4.56 ***a)*** $f(t)=5e^{-3t}-5e^{-4t}$ ***b)*** $f(t)=3t-4e^{5t}$ ***c)*** $f(t)=1+2t-e^t$ ***d)*** $f(t)=9t\cdot e^{3t}+3e^{3t}$

4.57 ***a)*** $f(t)=4+e^t-5e^{3t}$ ***b)*** $f(t)=\frac{3}{2}\cdot t-\frac{1}{2}\cdot t\cdot e^{-2t}$ ***c)*** $f(t)=2e^t+2$ ***d)*** $f(t)=\frac{9}{4}\cdot e^t-\frac{1}{4}\cdot e^{-3t}-3t-2$

4.58 ***a)*** $f(t)=\cos(t)-2$ ***b)*** $f(t)=2\cdot\cos(3t)-2$ ***c)*** $f(t)=1-3e^{-3t}\cdot\sin(t)-e^{-3t}\cdot\cos(t)$ ***d)*** $f(t)=2e^{-3t}-e^{2t}\cdot\sin(3t)$

4.59 $F(s) = \frac{e^{-2s}}{s^3}$ umformen ergibt $\frac{1}{2} \cdot e^{-2s} \cdot \frac{2}{s^3}$. Anwenden der Korrespondenz $\frac{2}{s^3} \bullet\!\!-\!\!\circ\; t^2$ ergibt $\frac{1}{2} \cdot e^{-2s} \cdot \mathcal{L}\{t^2\}$.

Anwenden des Verschiebungssatzes ergibt $\frac{1}{2} \cdot \mathcal{L}\{(t-2)^2\}$.

Anwenden der Linearität ergibt $\mathcal{L}\left\{\frac{(t-2)^2}{2}\right\}$ bzw. das Ergebnis $f(t) = \frac{(t-2)^2}{2}$ für $t \geqslant 2$.

4.60 Es wurde $F(s) = \frac{2}{s \cdot (s-3)} = \frac{2}{s} \cdot \frac{1}{s-3} = F_1(s) \cdot F_2(s) = \mathcal{L}\{f_1(t) \cdot f_2(t)\} = \mathcal{L}\{2 \cdot e^{3t}\}$ angenommen.
Wegen $F_1(s) \cdot F_2(s) \neq \mathcal{L}\{f_1(t) \cdot f_2(t)\}$ ist das nicht zulässig. Stattdessen hätte der Faltungssatz angewendet werden müssen.

4.61 ***1)*** $y = 2e^{2x}$ ***2)*** $s \cdot Y(s) - 2 \cdot Y(s) - 2 = 0$; es entsteht eine lineare Gleichung.

4.63 ***a)*** $y(t) = 3e^{-4t}$ ***c)*** $y(t) = \frac{5}{2} \cdot e^{6t} - \frac{1}{2}$ ***e)*** $f(t) = \frac{1}{5} - \frac{1}{5} \cdot e^{-5t}$
b) $y(t) = \frac{2}{3} \cdot e^{3t} - 2t - \frac{2}{3}$ ***d)*** $x(t) = t - 2 + 4e^{-3t}$ ***f)*** $y(t) = \frac{19}{9} \cdot e^{-3t} + \frac{1}{3} \cdot t - \frac{10}{9}$

4.64 ***a)*** $y(t) = e^t - e^{-2t}$ ***b)*** $y(t) = \frac{17}{8} \cdot e^{5t} - \frac{1}{8} \cdot e^{-3t}$

4.65 ***a)*** $f(t) = \frac{28}{5} \cdot e^{2t} - \frac{6}{5} \cdot \sin(t) - \frac{3}{5} \cdot \cos(t)$ ***c)*** $y(t) = \frac{50}{61} \cdot e^{6t} - \frac{60}{61} \cdot \sin(5t) - \frac{50}{61} \cdot \cos(5t)$
b) $y(t) = 2 - \frac{11}{5} \cdot e^{-t} + \frac{2}{5} \cdot \sin(2t) + \frac{1}{5} \cdot \cos(2t)$ ***d)*** $y(t) = \frac{1}{2} \cdot \sin(2t) + \cos(2t)$

4.66 ***a)*** $y(t) = \frac{1}{2} \cdot t^2 \cdot e^t + e^t$ ***b)*** $y(t) = \frac{1}{2} \cdot t \cdot e^t - \frac{1}{4} \cdot e^t + \frac{5}{4} \cdot e^{-t}$

4.67 ***a)*** $y(t) = \cos(t)$ ***b)*** $y(t) = 2 \cdot \cosh(2t)$ ***c)*** $x(t) = \frac{1}{2} - \frac{1}{2} \cdot e^{-2t}$ ***d)*** $y(t) = \frac{2}{3} + \frac{1}{3} \cdot e^{3t}$

4.68 ***a)*** $x(t) = e^t - e^{-3t}$ ***b)*** $x(t) = 2e^{2t} + e^{-4t}$

4.69 ***a)*** $x(t) = 2t \cdot e^{3t}$ ***b)*** $y(t) = 6t \cdot e^{-4t} + e^{-4t}$

4.70 ***a)*** $y(t) = e^{-2t} \cdot \sin(t)$ ***b)*** $y(t) = 3e^t \cdot \sin(t) + e^t \cdot \cos(t)$

4.71 ***a)*** $y(t) = \frac{5}{3} \cdot t + \frac{1}{9} - \frac{1}{9} \cdot e^{-3t}$ ***b)*** $y(t) = \frac{9}{4} \cdot e^t + \frac{3}{4} \cdot e^{-3t} - 3$

4.72 ***a)*** $y(t) = \frac{19}{32} \cdot e^{2t} + \frac{13}{32} \cdot e^{-2t} - \frac{3}{8} \cdot t$ ***b)*** $y(t) = \frac{80}{9} + 8t - 9e^t + \frac{1}{9} \cdot e^{9t}$

4.73 ***a)*** $y(t) = \frac{5}{2} + 2t - \frac{5}{2} \cdot e^{8t} + 18t \cdot e^{8t}$ ***b)*** $y(t) = 2 - 2e^{-t} \cdot \sin(t) - 2e^{-t} \cdot \cos(t)$

4.74 ***a)*** $y(t) = 4t \cdot e^{-t} + 4e^{-t} - 4 \cdot \cos(t)$ ***b)*** $y(t) = 4 - 4 \cdot \cos(2t)$

4.76 ***a) 1)*** Aufgrund der 2. Kirchhoff'schen Regel muss die Summe aller Spannungen in einem Stromkreis null sein. Die Vorzeichen ergeben sich aus der Zählrichtung.
Gleichung für den Stromverlauf: $R \cdot i + \frac{1}{C} \cdot \int_0^t i(\tau)\, d\tau = 100t$
Gleichung für den Spannungsverlauf: $R \cdot C \cdot \frac{du_C}{dt} + u_C = 100t$

2) $i(t) = U_0 \cdot C - U_0 \cdot C \cdot e^{-\frac{1}{RC} \cdot t}$, $u_C(t) = U_0 \cdot t - U_0 \cdot R \cdot C + U_0 \cdot R \cdot C \cdot e^{-\frac{1}{RC} \cdot t}$

3) $\lim_{t \to \infty}(i(t)) = U_0 \cdot C$, der Strom steigt von 0 A auf $U_0 \cdot C$.
$\lim_{t \to \infty}(u_C(t)) = \infty$, die Spannung nähert sich beginnend mit 0 V asymptotisch der linearen Funktion $y = U_0 \cdot t - U_0 \cdot R \cdot C$.

4)

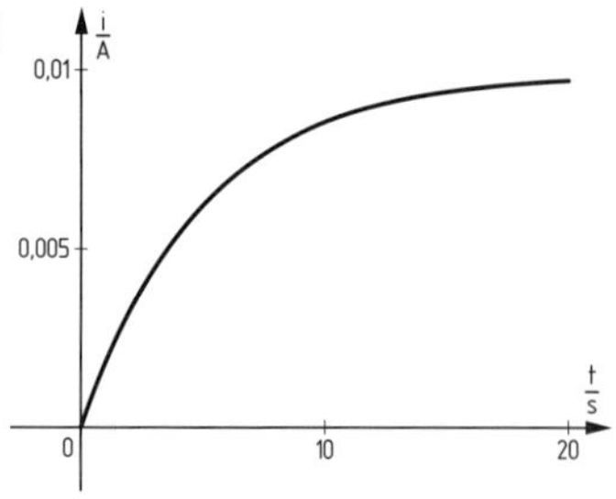

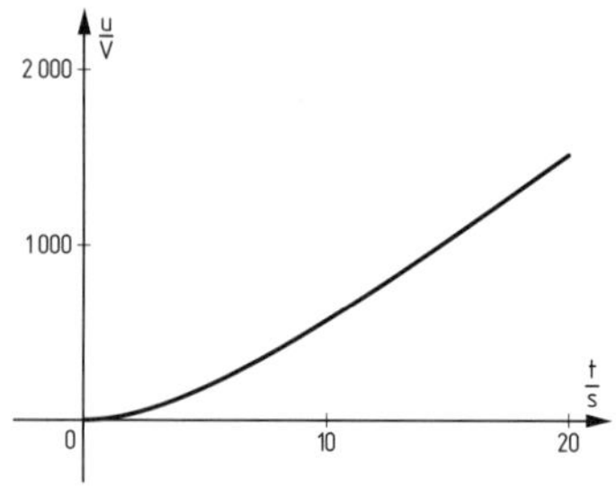

***b)* 1)** Aufgrund der 2. Kirchhoff'schen Regel muss die Summe aller Spannungen in einem Stromkreis null sein. Die Vorzeichen ergeben sich aus der Zählrichtung.

Gleichung für den Stromverlauf: $R \cdot i + \frac{1}{C} \cdot \int_0^t i(\tau)\, d\tau = 50 \cdot e^t$

Gleichung für den Spannungsverlauf: $R \cdot C \cdot \frac{du_C}{dt} + u_C = 50 \cdot e^t$

2) $i(t) = \frac{1}{RC + 1} \cdot U_0 \cdot C \cdot e^t + \frac{U_0}{RC} \cdot e^{-\frac{1}{RC} \cdot t}$, $u_C(t) = \frac{U_0}{RC + 1} \cdot e^t - \frac{U_0}{RC + 1} \cdot e^{-\frac{1}{RC} \cdot t}$

3) $\lim_{t \to \infty} (i(t)) = \infty$, der Strom nähert sich beginnend mit 0 A asymptotisch der Exponentialfunktion $y = \frac{1}{RC + 1} \cdot U_0 \cdot C \cdot e^t$.

$\lim_{t \to \infty} (u_C(t)) = \infty$, die Spannung nähert sich beginnend mit 0 V asymptotisch der Exponentialfunktion $y = \frac{U_0}{RC + 1} \cdot e^t$.

4)

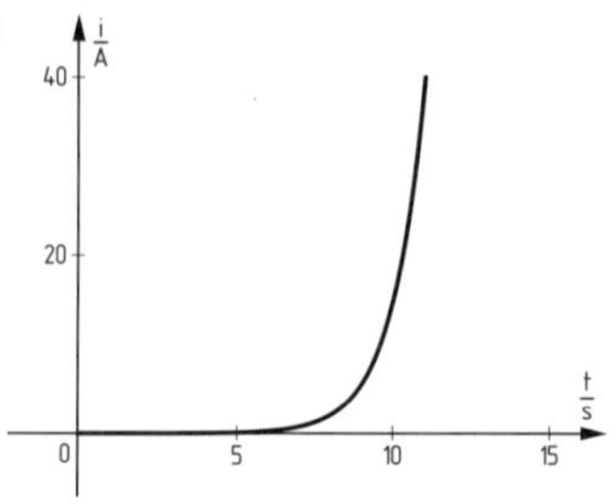

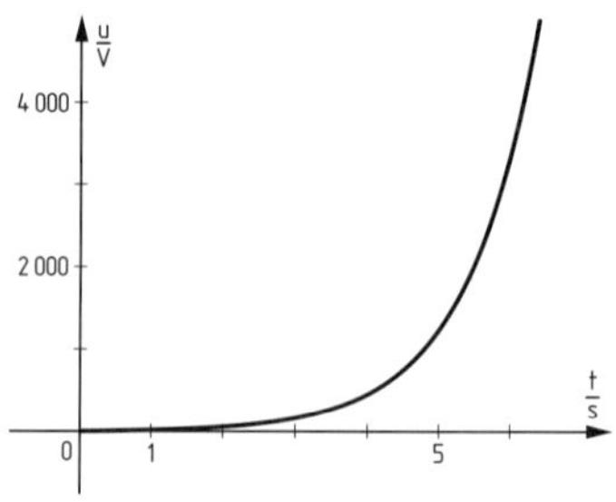

4.77 $i(t) = 4A - 4A \cdot e^{-\frac{5}{2} \cdot \frac{t}{s}}$, $\lim_{t \to \infty} (i(t)) = 4A$

Einsetzen der gegebenen Größen und Anwenden der Laplace-Transformation auf die Gleichung. Lösung im Bildbereich durch Umformen der transformierten Gleichung ermitteln. Den Lösungsterm durch Partialbruchzerlegung umformen und die entstehenden Terme rücktransformieren ergibt die Lösung der Originalfunktion.

4.79 ***1)*** Differentialgleichung:

$m := 200$ $b := 5\,000$ $k := 20\,000$ $F(t) := 5\,000 \cdot \sin(5t)$

$y(0) = 0$ $\frac{d}{dt}y(t) = 0$

$$m \cdot \frac{d^2}{dt^2}y(t) + b \cdot \frac{d}{dt}y(t) + k \cdot y(t) = F(t)$$

Transformation der Störfunktion:

$$F(t) \xrightarrow{\text{laplace, t}} \frac{25\,000}{s^2 + 25}$$

Angabe der transformierten Gleichung:

$$m \cdot (s^2 \cdot Y - s \cdot 0 - 0) + b \cdot (s \cdot Y - 0) + k \cdot Y = \frac{25\,000}{s^2 + 25} \xrightarrow{\text{solve, Y}} \frac{125}{s^4 + 25 \cdot s^3 + 125 \cdot s^2 + 625 \cdot s + 2\,500}$$

Partialbruchzerlegung der transformierten Gleichung:

$$\frac{125}{s^4 + 25 \cdot s^3 + 125 \cdot s^2 + 625 \cdot s + 2\,500} \xrightarrow{\text{parfrac}} \frac{1}{6 \cdot (s+5)} - \frac{1}{51 \cdot (s+20)} - \frac{5 \cdot s - 15}{34 \cdot (s^2 + 25)}$$

Rücktransformation:

$$\frac{125}{s^4 + 25 \cdot s^3 + 125 \cdot s^2 + 625 \cdot s + 2\,500} \xrightarrow{\text{invlaplace, s}} \frac{e^{-5 \cdot t}}{6} - \frac{5 \cdot \cos(5 \cdot t)}{34} - \frac{e^{-20 \cdot t}}{51} + \frac{3 \cdot \sin(5 \cdot t)}{34}$$

Lösungsfunktion:

$$y(t) := \frac{e^{-5 \cdot t}}{6} - \frac{5 \cdot \cos(5 \cdot t)}{34} - \frac{e^{-20 \cdot t}}{51} + \frac{3 \cdot \sin(5 \cdot t)}{34}$$

2)

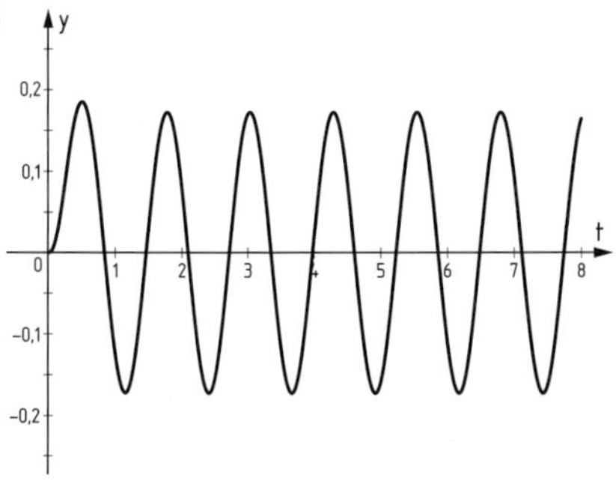

4.80 $u_C(t) = 200\text{ V} - 200\text{ V} \cdot e^{-100\frac{1}{s} \cdot t} \cdot \sin\left(100\frac{1}{s} \cdot t\right) - 200\text{ V} \cdot e^{-100\frac{1}{s} \cdot t} \cdot \cos\left(100\frac{1}{s} \cdot t\right)$

4.83 ***a) 1)*** $u_a(t) = 10 \cdot e^{-10t}$ ***2)*** $u_a(t) = 1 - e^{-10t}$

b) 1) $u_a(t) = \delta(t) - 10 \cdot e^{-10t}$ ***2)*** $u_a(t) = e^{-10t}$

4.84 ***a)*** $G(s) = \frac{RC \cdot s}{RC \cdot s + 1}$ ***b)*** $G(s) = \frac{LC \cdot s^2}{LC \cdot s^2 + 1}$

4.85 ***1)*** Für das dargestellte Übertragungsglied gilt: $U_e(s) = \left(\frac{1}{C \cdot s} + R + L \cdot s\right) \cdot I(s)$ und $U_a(s) = L \cdot s \cdot I(s)$.
Daher gilt für die Übertragungsfunktion

$$G(s) = \frac{U_a(s)}{U_e(s)} = \frac{L \cdot s \cdot I(s)}{\left(\frac{1}{C \cdot s} + R + L \cdot s\right) \cdot I(s)} = \frac{L \cdot s}{\frac{1 + RC \cdot s + LC \cdot s^2}{C \cdot s}} = \frac{LC \cdot s^2}{LC \cdot s^2 + RC \cdot s + 1}$$

2) $u_a(t) = e^{-60t} \cdot \cos(80t) - \frac{3}{4} \cdot e^{-60t} \cdot \sin(80t)$

3) $u_a(t) = \frac{1}{195} \cdot (64 \cdot \cos(40t) - 112 \cdot \sin(40t) - 64 \cdot \cos(80t) \cdot e^{-60t} + 398 \cdot \sin(80t) \cdot e^{-60t})$

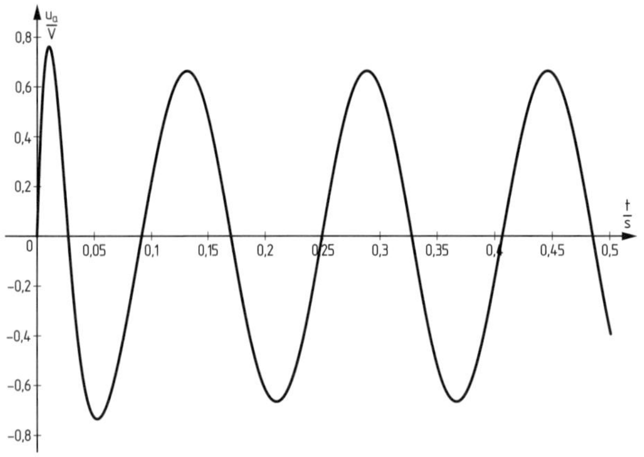

4.86 ***a)***

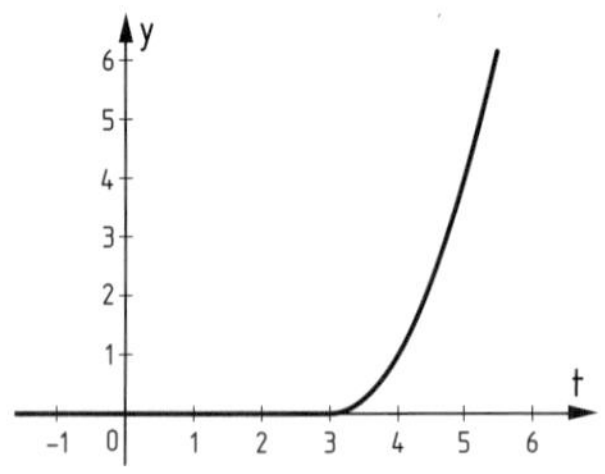

b)

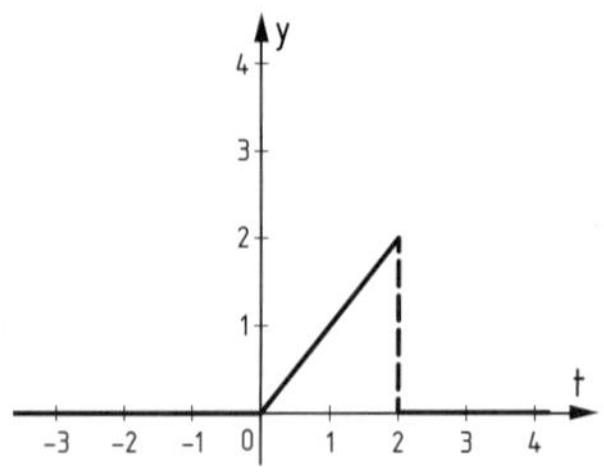

c)

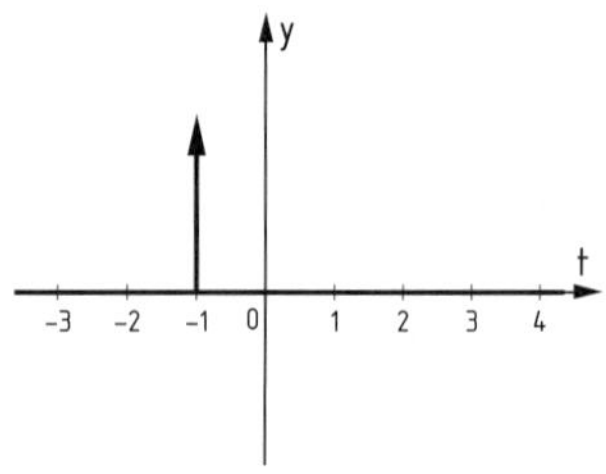

4.87 ***a)***

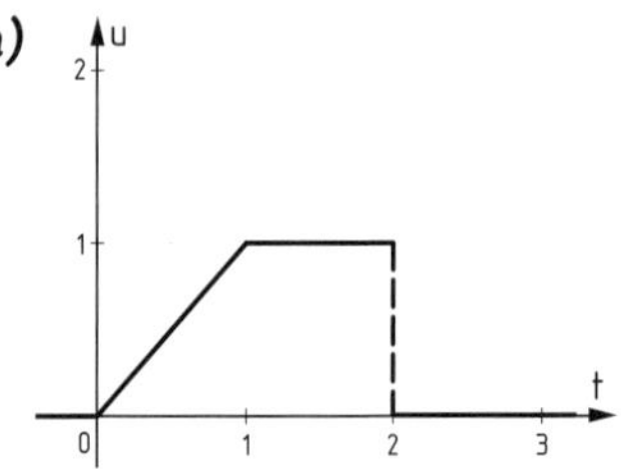

$u(t) = t \cdot (\sigma(t) - \sigma(t-1)) + \sigma(t-1) - \sigma(t-2)$

b)

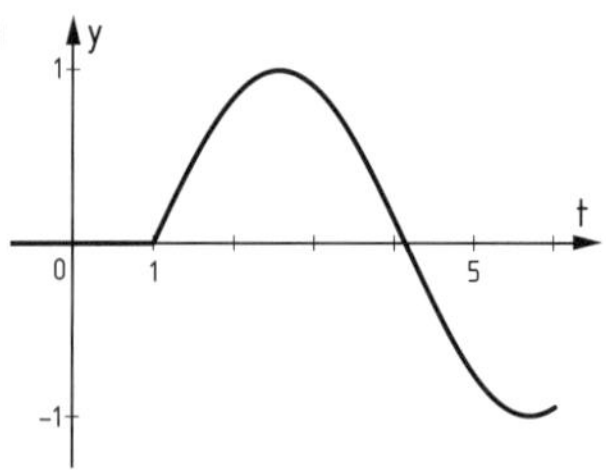

$f(t) = \sigma(t-1) \cdot \sin(t-1)$

4.88 **a)** ***1)*** $c(n) = -\frac{1}{2} \cdot T \cdot \frac{\cos\left(\frac{4n\pi}{T}\right) - \cos\left(\frac{2n\pi}{T}\right)}{n^2\pi^2}$

2) $T = 4$:

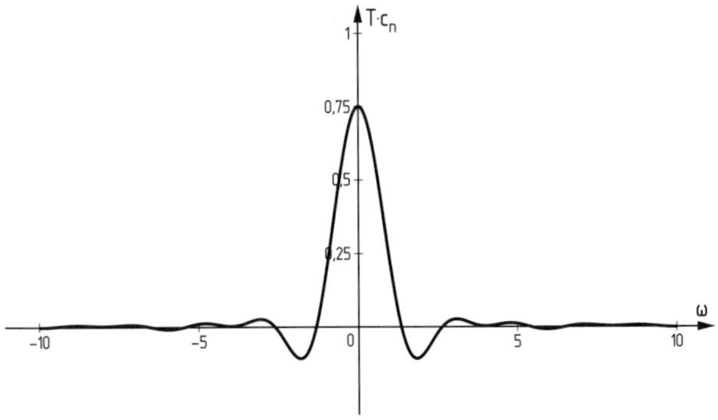

$T = 16$:

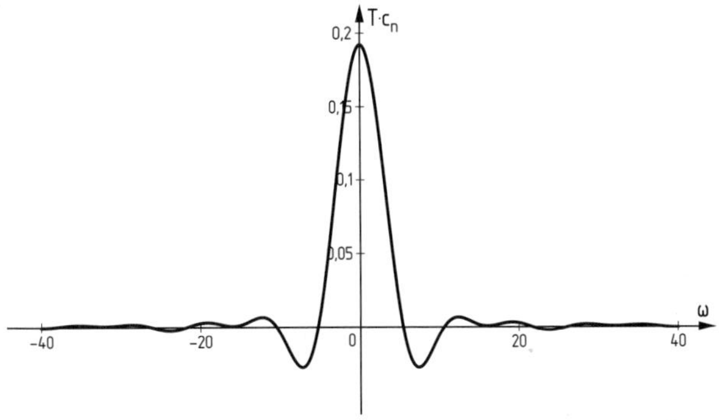

Die Koeffizienten $T \cdot c_n$ liegen auf einer Kurve. Eine Vergrößerung von T zieht die Kurve in die Breite.

3) $F(\omega) = \begin{cases} \frac{2 + 2 \cdot \cos(\omega) - 4 \cdot \cos^2(\omega)}{\omega^2} & \text{für } \omega \neq 0 \\ 3 & \text{für } \omega = 0 \end{cases}$

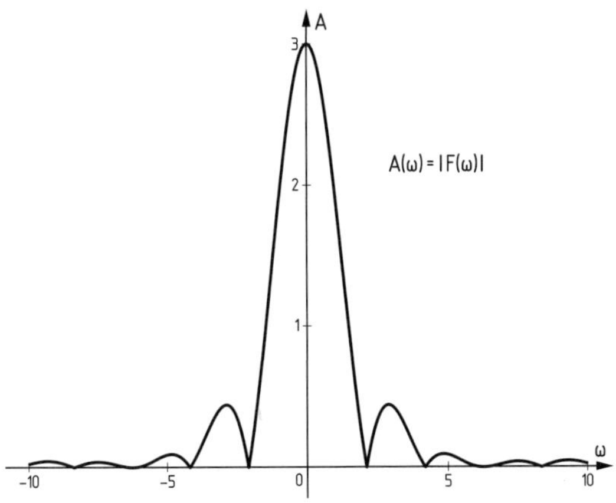

b) 1) $c(n) = \frac{1}{T} \cdot \left[\left(\frac{1}{2} \cdot i \cdot n \cdot \pi + \frac{1}{4} \cdot T\right) \cdot \frac{T}{n^2 \cdot \pi^2} \cdot e^{(-2) \cdot i \cdot n \cdot \frac{\pi}{T}} + \left(\frac{1}{2} \cdot i \cdot n \cdot \pi - \frac{1}{4} \cdot T\right) \cdot \frac{T}{n^2 \cdot \pi^2} \cdot e^{2 \cdot i \cdot n \cdot \frac{\pi}{T}}\right]$

2) $T = 4$:

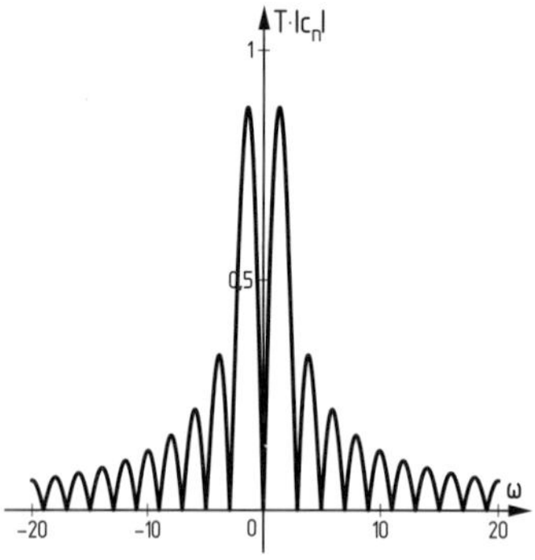

$T = 16$:

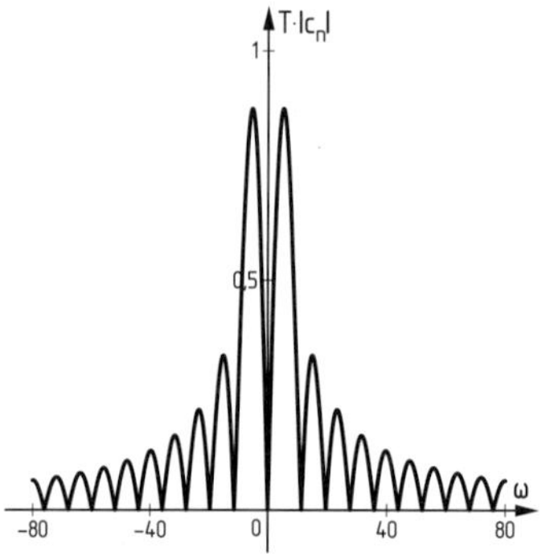

Die Koeffizienten $T \cdot |c_n|$ liegen auf einer Kurve. Eine Vergrößerung von T zieht die Kurve in die Breite.

3) $F(\omega) = \begin{cases} 2i \cdot \frac{\omega \cdot \cos(\omega) - \sin(\omega)}{\omega^2} & \text{für } \omega \neq 0 \\ 0 & \text{für } \omega = 0 \end{cases}$

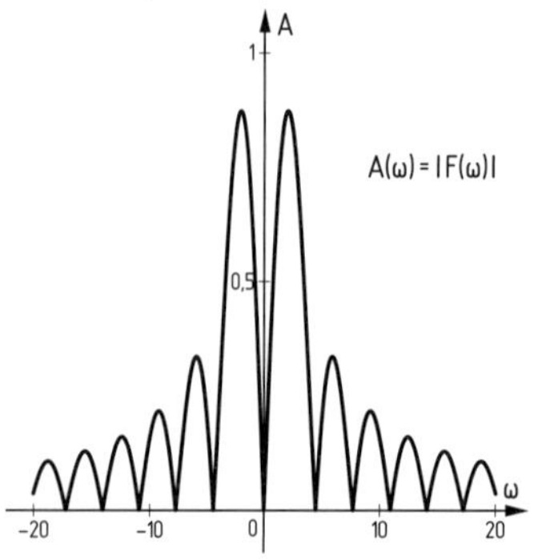

4.89 ***a)*** $F(\omega) = \frac{4}{\omega^2 + 4}$ ***b)*** $F(\omega) = \begin{cases} \frac{\sin(\omega)}{\omega} - j \cdot \frac{1 - \cos(\omega)}{\omega} & \text{für } \omega \neq 0 \\ 1 & \text{für } \omega = 0 \end{cases}$

4.90 ***a)*** $F(s) = \frac{3}{s + 2}$ ***b)*** $F(s) = \frac{2}{s} - \frac{3}{s^2}$ ***c)*** $U(s) = \frac{1 - e^{-s}}{s}$ ***d)*** $U(s) = \frac{U_0}{s^2}$

4.91 ***a)*** $F(s) = \frac{4}{s^3} + \frac{4}{s^2} + \frac{2}{s}$ ***b)*** $F(s) = \frac{A \cdot \omega}{s^2 + \omega^2}$ ***c)*** $U(s) = \frac{20}{s^2 + 4s + 5}$ ***d)*** $F(s) = \frac{s^2 - 9}{s^4 + 18s^2 + 81}$

4.92 ***a)*** $s \cdot Y(s) + 2 \cdot Y(s) - 1 = \frac{2}{s^3} + \frac{2}{s^2} - \frac{3}{s}$ ***b)*** $s^2 \cdot Y(s) + 2\delta \cdot s \cdot Y(s) + \omega_0{}^2 \cdot Y(s) = 0$

4.93 ***a)*** $f(t) = 2 + 3e^{4t}$ ***e)*** $u(t) = \frac{4}{9} - \frac{4}{9} \cdot e^{-9t}$

b) $x(t) = 2t + \frac{1}{3} e^{-\frac{1}{3} \cdot t}$ ***f)*** $y(t) = \frac{1}{6} + \frac{3}{2} \cdot e^{-2t} - \frac{5}{3} \cdot e^{-3t}$

c) $f(t) = \sin(3t) + \cos(3t)$ ***g)*** $f(t) = 5e^{5t} \cdot \sin(2t)$

d) $f(t) = 2 \cdot \cos(4t) - \frac{7}{4} \cdot \sin(4t)$ ***h)*** $f(t) = 3 - 3e^{-3t} \cdot \cosh(\sqrt{5} \cdot t) - \frac{9}{\sqrt{5}} \cdot e^{-3t} \cdot \sinh(\sqrt{5} \cdot t)$

4.94 ***a)*** $y(t) = \frac{6}{5} \cdot e^{4t} - \frac{2}{5} \cdot \sin(2t) - \frac{1}{5} \cdot \cos(2t)$ ***c)*** $y(t) = \frac{3}{2} \cdot t^2 \cdot e^{-t}$

b) $y(t) = \frac{9}{5} \cdot e^{-5t} + 5t^2 - 2t + \frac{1}{5}$ ***d)*** $y(t) = \frac{45}{4} \cdot e^{-t} - \frac{5}{36} \cdot e^{-9t} + 10t - \frac{100}{9}$

4.95 $h(t) = h_0 - \frac{g}{2} \cdot t^2$

4.96 $y(t) = \frac{2}{5}\,m - \frac{2}{15}\,m \cdot e^{-\frac{5}{2}\frac{1}{s} \cdot t} \cdot \sin\left(\frac{15}{2}\frac{1}{s} \cdot t\right) - \frac{2}{5}\,m \cdot e^{-\frac{5}{2}\frac{1}{s} \cdot t} \cdot \cos\left(\frac{15}{2}\frac{1}{s} \cdot t\right)$,
stationäre Lösung: $y_p = \frac{2}{5}\,m$

4.97 ***1)*** Die Übertragungsfunktion G(s) ist das Verhältnis der Laplace-Transformierten der Ausgangsfunktion Y(s) zur Laplace-Transformierten der Eingangsfunktion X(s):

$G(s) = \frac{Y(s)}{X(s)}$. Umformen ergibt $Y(s) = G(s) \cdot X(s)$. Durch anschließende Rücktransformation erhält man das Ausgangssignal im Zeitbereich $u_a(t)$.

2) Für das dargestellte Übertragungsglied gilt: $U_e(s) = \left(\frac{1}{C \cdot s} + L \cdot s + R\right) \cdot I(s)$ und $U_a(s) = R \cdot I(s)$.

Daher gilt für die Übertragungsfunktion

$$G(s) = \frac{U_a(s)}{U_e(s)} = \frac{R \cdot I(s)}{\left(\frac{1}{C \cdot s} + L \cdot s + R\right) \cdot I(s)} = \frac{R}{\frac{1 + LC \cdot s^2 + RC \cdot s}{C \cdot s}} = \frac{RC \cdot s}{LC \cdot s^2 + RC \cdot s + 1}.$$

3) $u_a(t) = \dfrac{20 \cdot \sqrt{2} \cdot \sinh(350 \cdot \sqrt{2} \cdot t) \cdot e^{-500 \cdot t}}{7}$

Es handelt sich um einen Kriechfall.

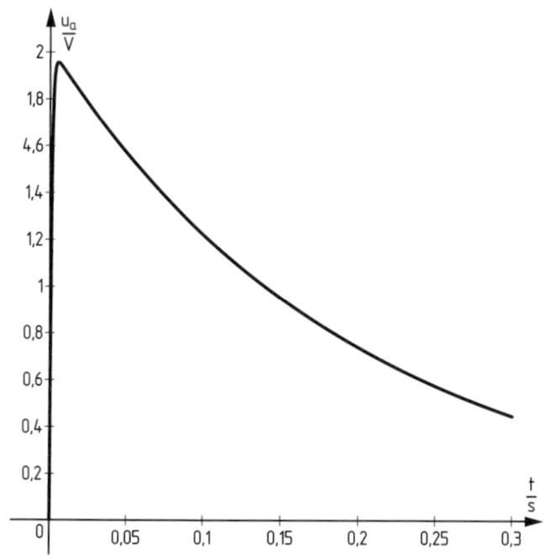

4.98 $F(s) = \frac{s + 1}{(s + 1)^2 + 4} + \frac{8}{(s - 2)^3}$

4.99 $f(t) = 4 \cdot \cosh(\sqrt{3} \cdot t) \cdot e^{-2 \cdot t} - \dfrac{8 \cdot \sqrt{3} \cdot \sinh(\sqrt{3} \cdot t) \cdot e^{-2 \cdot t}}{3}$

4.100 $y(t) = \frac{13}{25} \cdot e^{5t} - \frac{3}{5} \cdot t - \frac{13}{25}$

5 Funktionen in mehreren Variablen

5.1 ***1)***

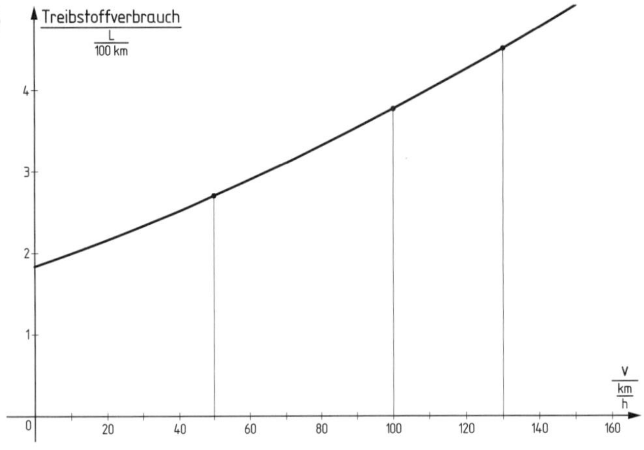

T(50) = 2,6986, T(100) = 3,7591, T(130) = 4,4914

2) $T(m, v) = 0{,}00004v^2 + 0{,}01521v + 0{,}002m + 1{,}8381$

3)

T(m, v)		**m in kg**		
		100	200	500
v in $\frac{km}{h}$	50	2,8986	3,0986	3,6986
	100	3,9591	4,1591	4,7591
	130	4,6914	4,8914	5,4914

4) Eine grafische Darstellung der Formel ist möglich, diese ist allerdings nicht 2-dimensional, sondern 3-dimensional.

5.4 ***a)*** a und b sind abhängige Größen, c ist eine Konstante.
b) v und t sind abhängige Größen, g und s_0 sind Konstanten.
c) K_0 und p sind abhängige Größen, n ist eine Konstante.
d) r und h sind abhängige Größen, π ist eine Konstante.

5.5 ***1)*** $A = \frac{e \cdot f}{2}$

2) Der Flächeninhalt der Raute verändert sich nicht.

3)

Flächeninhalt in cm²		**f in cm**			
		5	6	7	8
e in cm	5	12,5	15	17,5	20
	6	15	18	21	24
	7	17,5	21	24,5	28
	8	20	24	28	32

5.6 ***1)***

Masse in g		Dichte in $\frac{g}{cm^3}$						
		8,1	8,2	8,3	8,4	8,5	8,6	8,7
Radius in cm	1	33,929...	34,348...	34,766...	35,185...	35,604...	36,023...	36,442...
	2	271,433...	274,784...	278,135...	281,486...	284,837...	288,188...	291,539...
	3	916,088...	927,398...	938,707...	950,017...	961,327...	972,637...	983,946...
	4	2 171,468...	2 198,277...	2 225,085...	2 251,893...	2 278,701...	2 305,510...	2 332,318...
	5	4 241,150...	4 293,509...	4 345,869...	4 398,229...	4 450,589...	4 502,949...	4 555,309...
	6	7 328,707...	7 419,185...	7 509,663...	7 600,140...	7 690,618...	7 781,096...	7 871,574...
	7	11 637,715...	11 781,391...	11 925,066...	12 068,742...	12 212,417...	12 356,093...	12 499,768...
	8	17 371,750...	17 586,216...	17 800,682...	18 015,148...	18 229,614...	18 444,081...	18 658,547...
	9	24 734,387...	25 039,750...	25 345,112...	25 650,475...	25 955,838...	26 261,201...	26 566,564...
	10	33 929,200...	34 348,079...	34 766,958...	35 185,837...	35 604,716...	36 023,595...	36 442,474...

2)

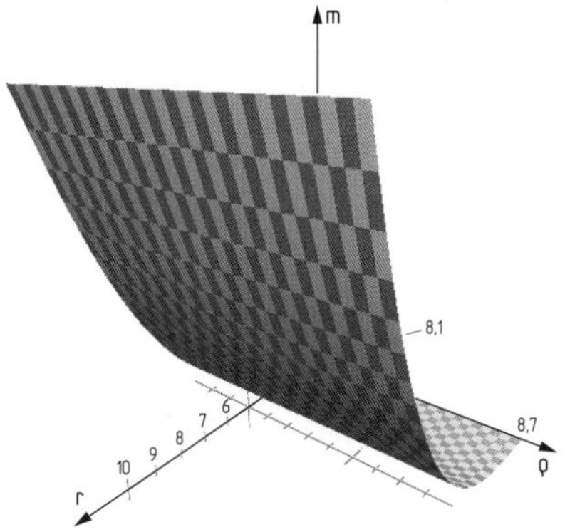

5.7 ***1)***

c in ‰ bei Männern		aufgenommene Masse Ethanol in g					
		20	40	60	80	100	120
Körpermasse in kg	50	0,571...	1,142...	1,714...	2,285...	2,857...	3,428...
	60	0,476...	0,952...	1,428...	1,904...	2,380...	2,857...
	70	0,408...	0,816...	1,224...	1,632...	2,040...	2,448...
	80	0,357...	0,714...	1,071...	1,428...	1,785...	2,142...
	90	0,317...	0,634...	0,952...	1,269...	1,587...	1,904...
	100	0,285...	0,571...	0,857...	1,142...	1,428...	1,714...

c in ‰ bei Frauen		aufgenommene Masse Ethanol in g					
		20	40	60	80	100	120
Körpermasse in kg	50	$0,\dot{6}$	$1,\dot{3}$	2	$2,\dot{6}$	$3,\dot{3}$	4
	60	$0,\dot{5}$	$1,\dot{1}$	$1,\dot{6}$	$2,\dot{2}$	$2,\dot{7}$	$3,\dot{3}$
	70	0,476...	0,952...	1,428...	1,904...	2,380...	2,857...
	80	$0,41\dot{6}$	$0,8\dot{3}$	1,25	$1,\dot{6}$	$2,08\dot{3}$	2,5
	90	$0,\dot{3}7\dot{0}$	$0,\dot{7}4\dot{0}$	$1,\dot{1}$	$1,\dot{4}8\dot{1}$	$1,\dot{8}5\dot{1}$	$2,\dot{2}$
	100	$0,\dot{3}$	$0,\dot{6}$	1	$1,\dot{3}$	$1,\dot{6}$	2

2) Männer mit 50 kg Körpermasse dürfen weniger als 20 g Ethanol aufnehmen, und Männer mit 60 kg bis 100 kg Körpermasse 20 g Ethanol, um der 0,5-‰-Grenze zu genügen.
Männer mit 50 kg bis 70 kg Körpermasse dürfen 20 g Ethanol aufnehmen und Männer mit 80 kg bis 100 kg Körpermasse 40 g Ethanol, um der 0,8-‰-Grenze zu genügen.
Frauen mit 50 kg bis 60 kg Körpermasse dürfen weniger als 20 g Ethanol aufnehmen und Frauen mit 70 kg bis 100 kg Körpermasse 20 g Ethanol, um der 0,5-‰-Grenze zu genügen.
Frauen mit 50 kg bis 80 kg Körpermasse dürfen 20 g Ethanol aufnehmen und Frauen mit 90 kg bis 100 kg Körpermasse 40 g Ethanol, um der 0,8-‰-Grenze zu genügen.

5.8 **a)** eine Ebene, parallel zur yz-Ebene durch den Punkt P(4|0|0)

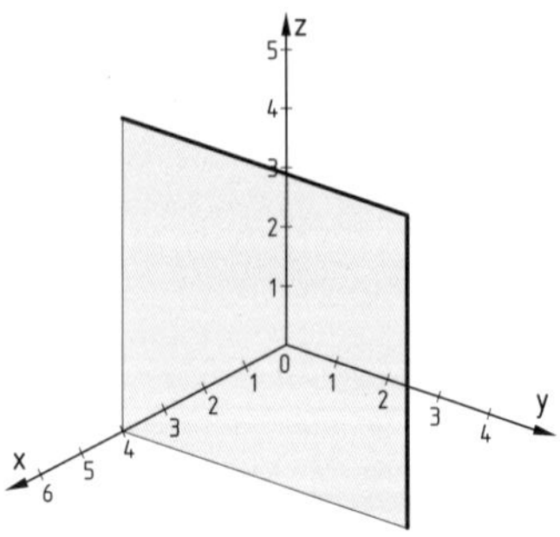

c) eine Ebene, parallel zur xy-Ebene durch den Punkt P(0|0|3)

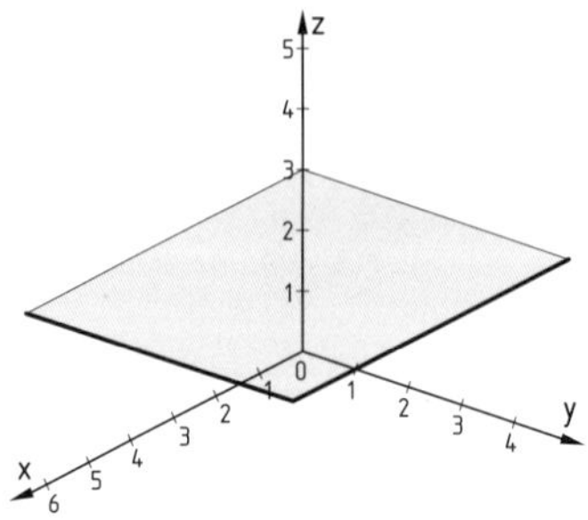

b) eine Ebene, parallel zur xz-Ebene durch den Punkt P(0|2|0)

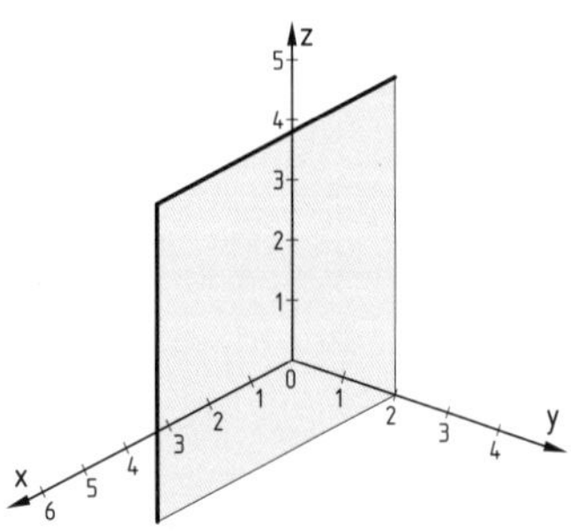

d) eine Ebene, festgelegt durch die y-Achse und den Punkt P(1|0|1)

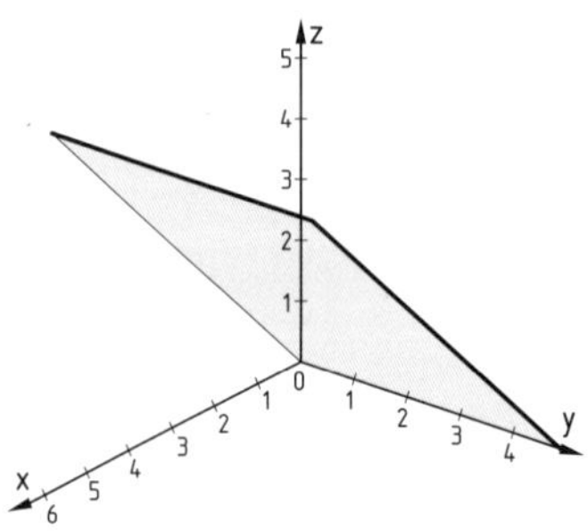

5.9 ***a)***

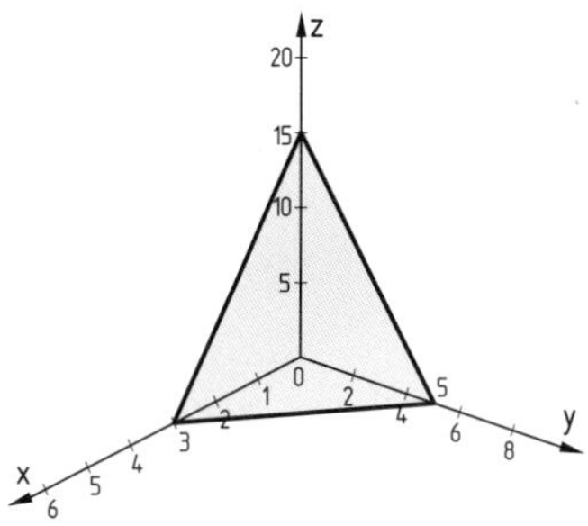

c)

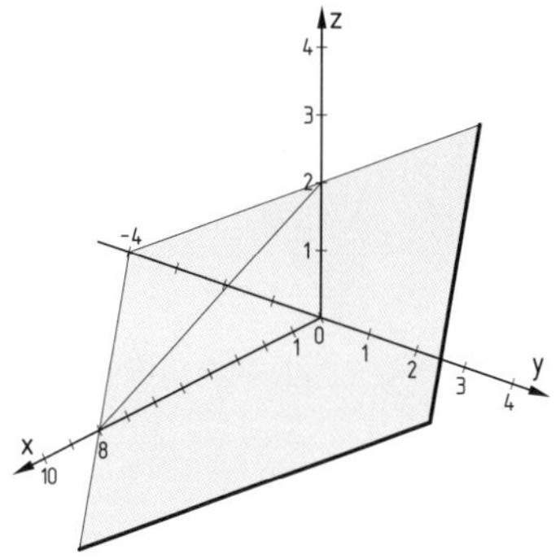

b)

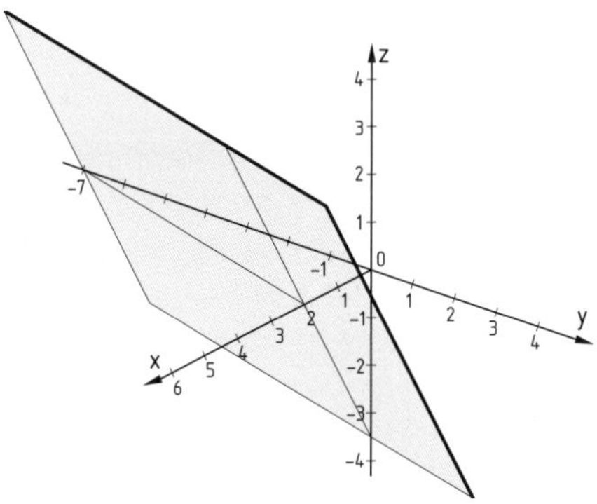

5.10

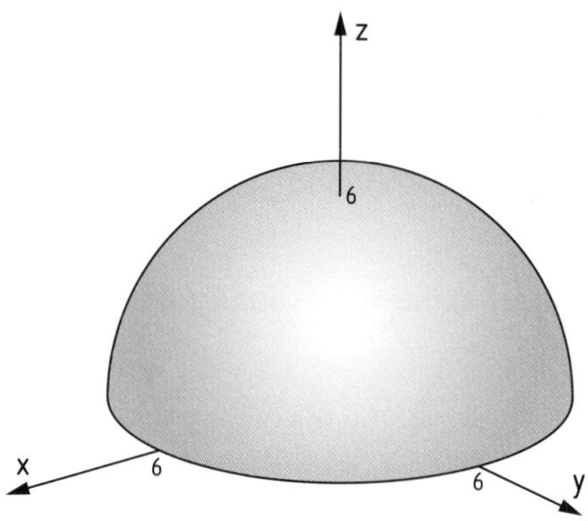

5.11

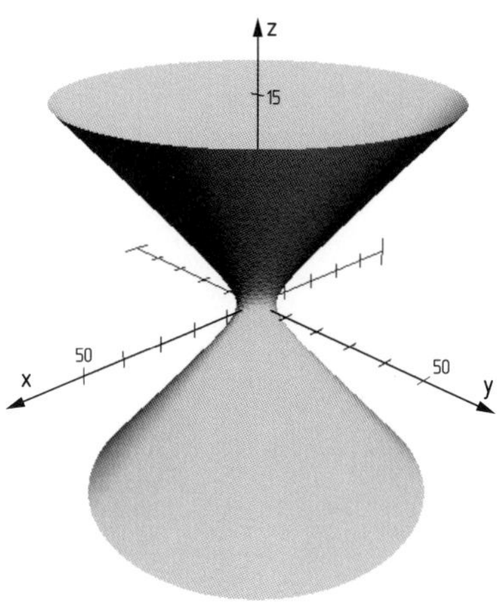

Die Fläche ist die Oberfläche eines einschaligen Hyperboloids.

5.12 ***a)***

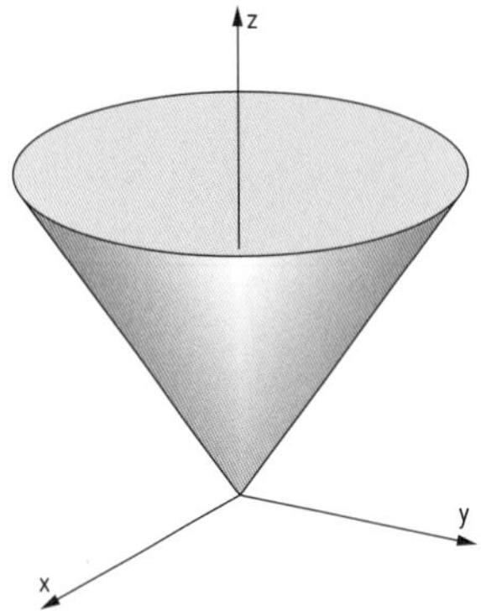

c)

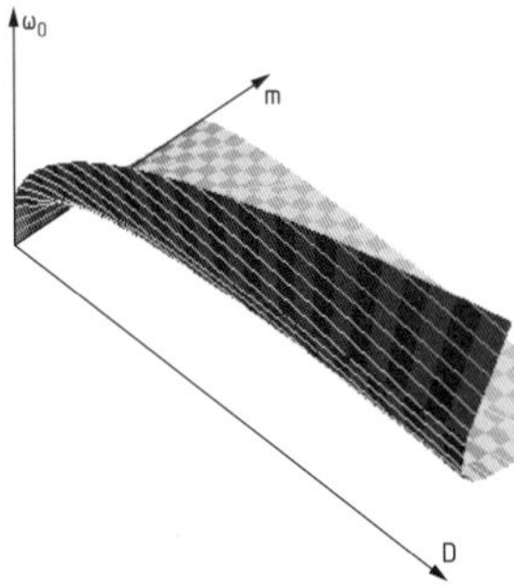

b)

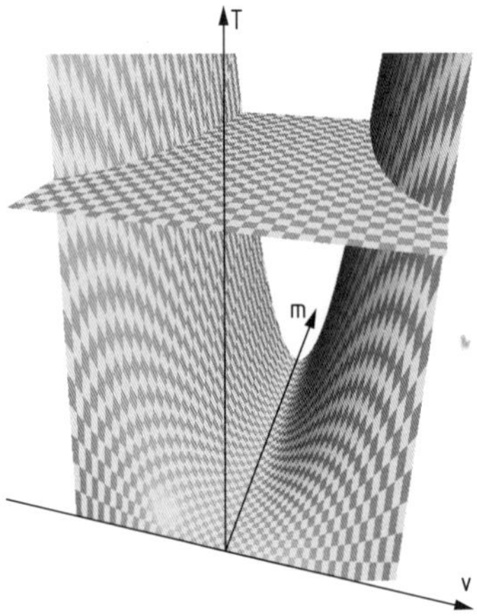

d)

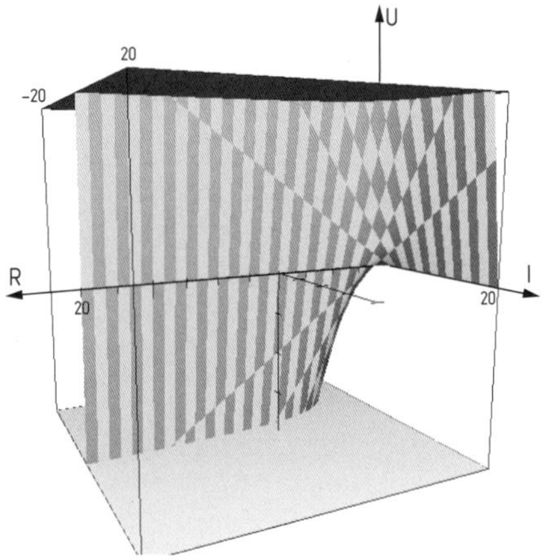

5.13 1 ⟶ C 2 ⟶ B 3 ⟶ D 4 ⟶ A

5.14 ***1)*** $f'(1) = -4$ ***2)*** $f'(1)$ entspricht der Steigung der Tangente an den Graphen der Funktion f(x) im Punkt P(1|f(1)).

5.17 ***1)*** τ: z = −5 Die Tangentialebene ist parallel zur xy-Ebene und schneidet die z-Achse im Punkt (0|0|−5).

2) τ_1: x = 7 Die Tangentialebene ist parallel zur yz-Ebene und schneidet die x-Achse im Punkt P_1(7|0|0).

τ_2: x = −7 Die Tangentialebene ist parallel zur yz-Ebene und schneidet die x-Achse im Punkt P_2(−7|0|0).

τ_3: y = 7 Die Tangentialebene ist parallel zur xz-Ebene und schneidet die y-Achse im Punkt P_3(0|7|0).

τ_4: y = −7 Die Tangentialebene ist parallel zur xz-Ebene und schneidet die y-Achse im Punkt P_4(0|−7|0).

5.18 Ernst hat das zweite und das dritte Monom nicht nach der Variablen x, sondern nach der Variablen y abgeleitet.
$f_x = 6x - 6y^2$

5.19 **a)** $f_x = 4, f_y = -3$ **c)** $f_x = 5y - 12xy^2, f_y = 5x + 12y^3 - 12x^2y$
b) $f_x = -4x + 6y, f_y = 12y^2 + 6x$

5.20 **a)** $f_x = -15x^2y^2 + 7y - 6xy, f_y = -10x^3y + 7x - 3x^2$
b) $f_x = -\frac{12}{x^4} - 6xy^4, f_y = -12x^2y^3 - \frac{5}{y^2}$
c) $f_x = 4 - \frac{y^2}{x^2}, f_y = \frac{2y}{x} + \frac{6}{y^2}$

5.21 **a)** $f_x = -\sin(x + y^3), f_y = -3y^2 \cdot \sin(x + y^3)$
b) $f_x = (3y - 8xy) \cdot \cos(3xy - 4x^2y), f_y = (3x - 4x^2) \cdot \cos(3xy - 4x^2y)$
c) $f_x = \frac{10xy^3 - 2y^2}{(\cos(5x^2y^3 - 2xy^2))^2}, f_y = \frac{15x^2y^2 - 4xy}{(\cos(5x^2y^3 - 2xy^2))^2}$

5.22 **a)** $f_x = 3e^{-2x} \cdot (3 \cdot \cos(3x + y) - 2 \cdot \sin(3x + y)), f_y = 3e^{-2x} \cdot \cos(3x + y)$
b) $f_x = \frac{e^{3xy} \cdot (6xy + 9y^2 - 2)}{(2x + 3y)^2}, f_y = \frac{3e^{3xy} \cdot (2x^2 + 3xy - 1)}{(2x + 3y)^2}$
c) $f_x = \frac{3xy + y^2}{\sqrt{3x^2y + 2xy^2}}, f_y = \frac{3x^2 + 4xy}{2 \cdot \sqrt{3x^2y + 2xy^2}}$

5.23 **a)** $\frac{\partial E}{\partial m} = gh + \frac{v^2}{2}$ $\frac{\partial E}{\partial v} = mv$
b) $\frac{\partial W}{\partial v} = \frac{2v \cdot \sin(2\alpha)}{g}$ $\frac{\partial W}{\partial \alpha} = \frac{2v^2 \cdot \cos(2\alpha)}{g}$
c) $\frac{\partial p}{\partial V} = -\frac{n \cdot R \cdot T}{V^2}$ $\frac{\partial p}{\partial T} = \frac{n \cdot R}{V}$

5.24 **a)** $\tau : z = 8x + 18y - 31$ **b)** $\tau : z = -24x - 80y + 176$

5.25 **a)** $\tau : z = -\sqrt{5} \cdot \left(\frac{x}{10} + \frac{y}{5} - 5\right)$ **b)** $\tau : z = \frac{1}{\sqrt{31}} \cdot (x - 2y + 36)$

5.26 **a)** $f_x = 8xyz^3 - z^4, f_y = 4x^2z^3 + 18y^2z, f_z = 12x^2yz^2 + 6y^3 - 4xz^3$
b) $f_x = 4y \cdot \cos(4xy), f_y = 4x \cdot \cos(4xy) - 6z \cdot \sin(6yz), f_z = -6y \cdot \sin(6yz)$

5.27 **1)** $f_x = 9x^2y^2 - 2y^3 + 4y, f_y = 6x^3y - 6xy^2 + 4x - 5$
2) $f_{xx} = 18xy^2, f_{yy} = 6x^3 - 12xy$
3) $f_{xy} = 18x^2y - 6y^2 + 4, f_{yx} = 18x^2y - 6y^2 + 4$
4) Die Ergebnisse sind gleich.

5.28 **a)** $f_{xx} = 6x, f_{yy} = 4$
b) $f_{xx} = 8y^3 + 60x^2y^2, f_{yy} = 24x^2y + 10x^4$
c) $f_{xx} = -2, f_{yy} = 42xy$

5.29 **a)** $f_{xx} = -4x^2y^2 \cdot \sin(x^2y) + 2y \cdot \cos(x^2y), f_{yy} = -x^4 \cdot \sin(x^2y)$
b) $f_{xx} = -16y^4 \cdot \cos(4xy^2), f_{yy} = -64x^2y^2 \cdot \cos(4xy^2) - 8x \cdot \sin(4xy^2)$
c) $f_{xx} = (450x^4y^2 \cdot \tan(5x^3y) + 30xy) \cdot (1 + \tan^2(5x^3y)),$
$f_{yy} = 50x^6 \cdot \tan(5x^3y) \cdot (1 + \tan^2(5x^3y))$

5.30 **a)** $f_{xx} = e^{3xy} \cdot ((9y^2 - 4y^4) \cdot \cos(2xy^2) - 12y^3 \cdot \sin(2xy^2))$
$f_{yy} = e^{3xy} \cdot ((9x^2 - 16x^2y^2) \cdot \cos(2xy^2) - (24x^2y + 4x) \cdot \sin(2xy^2))$
b) $f_{xx} = 56e^{-2y} \cdot (\cos(4x^2 + y^2) - 8x^2 \cdot \sin(4x^2 + y^2))$
$f_{yy} = 14e^{-2y} \cdot ((1 - 4y) \cdot \cos(4x^2 + y^2) + (2 - 2y^2) \cdot \sin(4x^2 + y^2))$

c) $f_{xx} = (8 - 4x^2) \cdot \cos(x + y) - 16x \cdot \sin(x + y)$
$f_{yy} = -4x^2 \cdot \cos(x + y)$

5.31 Anna hat mithilfe der Technologie die Aufgabe richtig gelöst. Sebastian hat beim Eingeben der Funktion beim zweiten Summanden einen Malpunkt vergessen. xy ist daher eine weitere Variable, die beim Ableiten nach y als Konstante den Wert null ergibt.

5.32 **a) 1)** $f_{xx}(-2, 3) = 6$, $f_{yy}(-2, 3) = -216$ **2)** $f_{xy} = f_{yx} = 4y^3$

b) 1) $f_{xx}\left(\frac{\pi}{3}, \frac{\pi}{4}\right) = 27{,}712...$, $f_{yy}\left(\frac{\pi}{3}, \frac{\pi}{4}\right) = 0$ **2)** $f_{xy} = f_{yx} = 0$

c) 1) $f_{xx}(1, 4) = \frac{40}{27}$, $f_{yy}(1, 4) = \frac{4}{27}$ **2)** $f_{xy} = f_{yx} = \frac{2xy + x + y}{(x - y)^3}$

d) 1) $f_{xx}(\pi, -3) = -3$, $f_{yy}(\pi, -3) = 0$ **2)** $f_{xy} = f_{yx} = e^{\sin(x)} \cdot \cos(x)$

5.33 **a)** 1. Ableitung nach x: $f_x = 2xyz + 4yz^3 - 3x^2y^2z$
2. Ableitung nach y: $f_{xy} = 2xz + 4z^3 - 6x^2yz$
3. Ableitung nach z: $f_{xyz} = 2x + 12z^2 - 6x^2y$

bzw. 1. Ableitung nach z: $f_z = x^2y + 12xyz^2 - x^3y^2$
2. Ableitung nach x: $f_{zx} = 2xy + 12yz^2 - 3x^2y^2$
3. Ableitung nach y: $f_{zxy} = 2x + 12z^2 - 6x^2y$

bzw. 1. Ableitung nach y: $f_y = x^2z + 4xz^3 - 2x^3yz$
2. Ableitung nach z: $f_{yz} = x^2 + 12xz^2 - 2x^3y$
3. Ableitung nach x: $f_{yzx} = 2x + 12z^2 - 6x^2y$

b) Vorgehensweise analog zu **a)** $f_{xyz} = f_{zxy} = f_{yzx} = 60xy^2z$

5.34 **1)** Sie stellen Geländepunkte dar, die gleiche Höhe haben.
2) mit keiner Steigungsänderung (k = 0) **3)** mit einem Gefälle

5.35 **1)** Bei einer Funktion in einer Variablen liegt dann ein Sattelpunkt vor, wenn sowohl die erste als auch die zweite Ableitung an dieser Stelle null sind und die dritte Ableitung ungleich null ist. Ein Sattelpunkt ist ein Wendepunkt mit waagrechter Tangente.
2) Genau in der Mitte. In diesem Punkt gibt es mindestens eine Schnittkurve, die ein Maximum hat und mindestens eine Schnittkurve, die ein Minimum hat.

5.38 Die vorletzte Aussage ist richtig.

5.39 **a)** T(0|0|3) **b)** H(0|0|−6)

5.40 **a)** T(1|−1|−3) **b)** T(0|0|−8), H(2|2|−20)

5.41 **a)** S(−4|1|8) **b)** H(0|−2|16), S_1(0|2|−16), $S_2\left(2|-2|\frac{44}{3}\right)$, $T\left(2|2|-\frac{52}{3}\right)$

5.42 **a)** $S_1\left(-1|-\frac{1}{2}|2\right)$, $H\left(-1|\frac{1}{2}|-6\right)$, $S_2\left(1|\frac{1}{2}|-2\right)$ **b)** S(−3|2|−6)

5.43 **a)** T(2|2|−52), H(−2|0|48) **b)** Entscheidung mit den angegebenen Kriterien nicht möglich.

5.44 $a = b = c = \frac{100}{3}$

Für die zweite partielle Ableitung der Hauptbedingung $f(a, b) = (100 - a - b)^2 + a^2 + b^2$ zB nach a gilt $f_{aa} = 4 > 0$, der berechnete Extremwert ist daher ein Minimum.

5.45 **1)** $x = y = 6{,}694...$ dm, $z = 3{,}347...$ dm
2) und **3)** τ: $z = 134{,}442...$

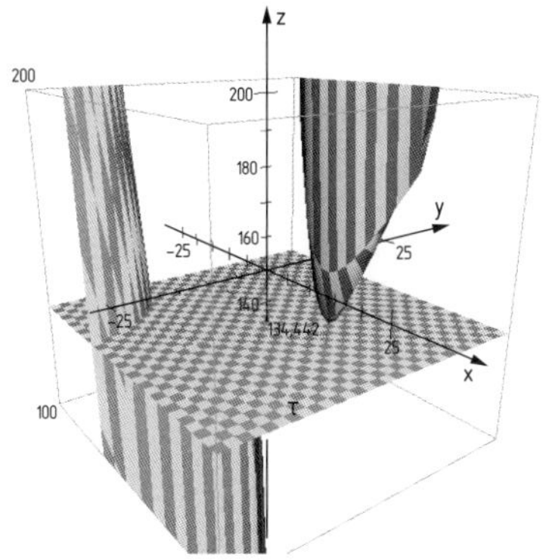

5.46 $a = b = 12$ cm

5.47 **1)** $\alpha \in [0°; 90°]$
2)

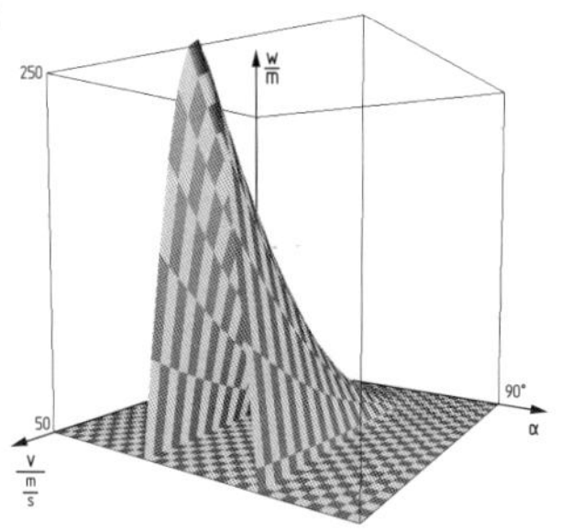

3) Eine bestimmte Geschwindigkeit bzw. ein bestimmter Winkel wird grafisch durch eine vertikale Ebene veranschaulicht.
Der Schnitt der Grafik mit der Ebene ergibt eine ebene Kurve, deren Hochpunkt der maximalen Wurfweite entspricht.
4) Ist die Geschwindigkeit konstant, muss für die maximale Wurfweite $w(\alpha) = \frac{v^2}{g} \cdot \sin(2\alpha)$ ein Maximum werden.
Ableiten nach α und null setzen ergibt die Gleichung $2 \cdot \frac{v^2}{g} \cdot \cos(2\alpha) = 0$.
Umformen ergibt den Winkel $\alpha = 45°$.

5.48 $h = a = 0$

5.49 **1)** [97,560... V; 102,564... V] **2)** 1,794... V

5.51 **a)** $dz = 8x \cdot dx + 6y \cdot dy$
b) $dz = (6x^2y + 6y^2 + 3) \cdot dx + (2x^3 + 12xy - 4) \cdot dy$
c) $dz = \left(2x \cdot \sqrt{y} + \frac{3y}{2 \cdot \sqrt{x}}\right) \cdot dx + \left(\frac{x^2}{2 \cdot \sqrt{y}} + 3 \cdot \sqrt{x}\right) \cdot dy$

5.52 **a)** $dz = 2 \cdot \cos(x) \cdot \cos(y) \cdot dx - 2 \cdot \sin(x) \cdot \sin(y) \cdot dy$
b) $dz = \frac{y^2}{\cos^2(x)} \cdot dx + 2y \cdot \tan(x) \cdot dy$
c) $dz = (y \cdot \cos(x) + 2x \cdot \cos(y)) \cdot dx + (\sin(x) - x^2 \cdot \sin(y)) \cdot dy$

5.53 ***1)*** ursprünglich: $A = x \cdot y$, neu: $A = x \cdot y + x \cdot \Delta y + y \cdot \Delta x + \Delta x \cdot \Delta y$
2) Die tatsächliche Flächenänderung beträgt $\Delta A = x \cdot \Delta y + y \cdot \Delta x + \Delta x \cdot \Delta y$.
Das vollständige Differential $dA = A_x(x, y) \cdot dx + A_y(x, y) \cdot dy = y \cdot dx + x \cdot dy$ ergibt
$\Delta A \approx x \cdot \Delta y + y \cdot \Delta x$.
Dem Unterschied entspricht daher die rot dargestellte Fläche $\Delta x \cdot \Delta y$.

5.54

	a)	***b)***	***c)***
m_{min} in kg	0,478...	0,0656...	0,0198...
m_{max} in kg	0,523...	0,0717...	0,0216...

5.55 $u = (60{,}451... \pm 1{,}942...)\ m$; $\frac{\Delta u_{max}}{u_0} = 0{,}032... = 3{,}213...\ \%$

5.56 $a = (149{,}879... \pm 0{,}672...)\ cm$; $\frac{\Delta a_{max}}{a_0} = 0{,}004... = 0{,}448...\ \%$

5.57 ***1)*** $b = (60{,}355... \pm 0{,}205...)\ mm$; $\frac{\Delta b_{max}}{b_0} = 0{,}003... = 0{,}339...\ \%$
2) $A = (1\,038{,}445... \pm 9{,}179...)\ cm^2$; $\frac{\Delta A_{max}}{A_0} = 0{,}008... = 0{,}883...\ \%$

5.58 ***1)*** 52,470... kg ***2)*** 0,020... = 2,019... %

5.59 ***1)*** maximale Länge der Rampe 3,514... m bzw. minimale Länge der Rampe 2,515... m
2) Der maximale Platzbedarf für die Rampe beträgt 3,50 m und die minimale Länge des Zugangsbereichs beträgt 2,48 m. Ob die Rampe errichtet werden kann, hängt von der tatsächlichen Länge der Rampe und von der tatsächlichen Länge des Eingangsbereichs ab.

5.60 ***1)*** $(451{,}603... \pm 4{,}982...)\ cm^2$ ***2)*** um minimal $0\ cm^2$ bzw. maximal $118{,}722...\ cm^2$

5.61 ***a)*** $f_x = 15x^2y^2$, $f_y = 10x^3y - 9y^2$, $f_{xx} = 30xy^2$, $f_{yy} = 10x^3 - 18y$, $f_{xy} = f_{yx} = 30x^2y$
b) $f_x = \frac{2x}{\sqrt{2x^2 - 3y}}$, $f_y = -\frac{3}{2 \cdot \sqrt{2x^2 - 3y}}$, $f_{xx} = -\frac{6y}{\sqrt{(2x^2 - 3y)^3}}$, $f_{yy} = -\frac{9}{4 \cdot \sqrt{(2x^2 - 3y)^3}}$, $f_{xy} = f_{yx} = \frac{3x}{\sqrt{(2x^2 - 3y)^3}}$
c) $f_x = 16x^3 + 12x - 3y^2$, $f_y = -6xy$, $f_{xx} = 48x^2 + 12$, $f_{yy} = -6x$, $f_{xy} = f_{yx} = -6y$
d) $f_x = \frac{2x}{3 \cdot \sqrt[3]{(x^2 + 5y)^2}}$, $f_y = \frac{5}{3 \cdot \sqrt[3]{(x^2 + 5y)^2}}$, $f_{xx} = -\frac{2x^2 - 30y}{9 \cdot \sqrt[3]{(x^2 + 5y)^5}}$, $f_{yy} = -\frac{50}{9 \cdot \sqrt[3]{(x^2 + 5y)^5}}$,
$f_{xy} = f_{yx} = -\frac{20x}{9 \cdot \sqrt[3]{(x^2 + 5y)^5}}$
e) $f_x = 25x^4y^3 - 6x^2$, $f_y = 15x^5y^2 + 32y^3$, $f_{xx} = 100x^3y^3 - 12x$, $f_{yy} = 30x^5y + 96y^2$, $f_{xy} = f_{yx} = 75x^4y^2$
f) $f_x = -3 \cdot \sin(2y)$, $f_y = -6x \cdot \cos(2y)$, $f_{xx} = 0$, $f_{yy} = 12x \cdot \sin(2y)$, $f_{xy} = f_{yx} = -6 \cdot \cos(2y)$

5.62 ***a)*** $z = -530x - 465y + 2\,016$
b) $z = 4\,248x - 8\,676y + 29\,824$
c) $z = -0{,}512...x + 20{,}048...y - 50{,}000...$
d) $z = \frac{7}{9}x + \frac{1}{9}y$

5.63 ***1)*** −10,581... °C

2)

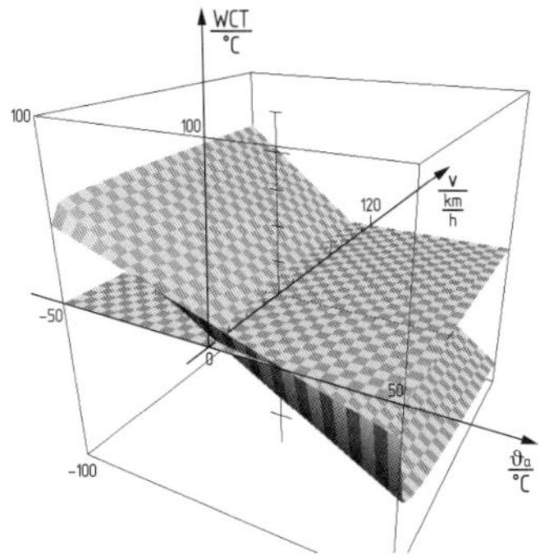

3) $\frac{\partial WCT}{\partial v} = \frac{0{,}06344 \cdot \vartheta a - 1{,}8192}{v^{0{,}84}}$

$\frac{\partial WCT}{\partial v}$ gibt an, wie stark sich die gefühlte Temperatur-abhängig von der Windgeschwindigkeit ändert.

5.64 ***a)*** Berechnen der ersten partiellen Ableitungen ergibt $f_x = 8x$ bzw. $f_y = 15y^2$. Ableiten von f_x nach y ergibt $f_{xy} = 0$, ableiten von f_y nach x ergibt $f_{yx} = 0$. Wegen $f_{xy} = f_{yx} = 0$ ist der Satz von Schwarz gültig.

b) Berechnen der ersten partiellen Ableitungen ergibt $f_x = \frac{\cos(y)}{x}$ bzw. $f_y = -\ln(x) \cdot \sin(y)$. Ableiten von f_x nach y ergibt $f_{xy} = -\frac{\sin(y)}{x}$, ableiten von f_y nach x ergibt $f_{yx} = -\frac{\sin(y)}{x}$. Wegen $f_{xy} = f_{yx} = -\frac{\sin(y)}{x}$ ist der Satz von Schwarz gültig.

c) Berechnen der ersten partiellen Ableitungen ergibt $f_x = y \cdot e^{xy} \cdot \sin(3x + y) + 3 \cdot e^{xy} \cdot \cos(3x + y)$ bzw. $f_y = x \cdot e^{xy} \cdot \sin(3x + y) + e^{xy} \cdot \cos(3x + y)$.
Ableiten von f_x nach y ergibt $f_{xy} = (xy - 2) \cdot e^{xy} \cdot \sin(3x + y) + (3x + y) \cdot e^{xy} \cdot \cos(3x + y)$, ableiten von f_y nach x ergibt $f_{yx} = (xy - 2) \cdot e^{xy} \cdot \sin(3x + y) + (3x + y) \cdot e^{xy} \cdot \cos(3x + y)$.
Wegen $f_{xy} = f_{yx} = (xy - 2) \cdot e^{xy} \cdot \sin(3x + y) + (3x + y) \cdot e^{xy} \cdot \cos(3x + y)$ ist der Satz von Schwarz gültig.

5.65 Alle drei Zahlen sind 40.

5.66 ***a)*** $P(3{,}\dot{5}|-1{,}\dot{7}|3{,}\dot{5})$ ***b)*** $P(0|0|-1)$ ***c)*** $P\left(\frac{18}{47}\middle|\frac{81}{47}\middle|-\frac{27}{47}\right)$

5.67 ***1)*** $4{,}241... \cdot 10^9$ L ≈ 4,25 Milliarden Liter ***2)*** $64{,}574... \frac{L}{m^2}$ ≈ 65 Liter pro Quadratmeter

5.68 ***1)*** E(100, 1 000, 200) = 179.765; E(60, 500, 80) = $184.840\dot{6}$
The results are almost even. To assume that a passage of words with a Flesch reading ease of E = 60 is already well understandable, passages of words with a Flesh reading ease as calculated above are extremly well understandable. Thus the differences of the numbers of words, sentences and syllables leads to little effect on results.

2) $\frac{\partial E}{\partial w} = -1.015 \cdot \frac{1}{s} + 84.600 \cdot \frac{y}{w^2}$
Rate of change of the Flesch reading ease depending on the number of words.

$\frac{\partial E}{\partial y} = -84.600 \cdot \frac{1}{w}$
Rate of change of the Flesch reading ease depending on the number of syllables.

5.69 Minimum temperature −9.3 °C at x = 2 and $y = -\frac{2}{3}$
The temperature increases with the distance from the point $P(2|-\frac{2}{3})$. The maximum temperature occurs at the edge of the plate and depends on the form of the plate.

6 Lineare Optimierung

6.1 ***1)*** $E(x, y) = 27x + 18y$

2) Die erzielten Einnahmen waren mit jeweils 27 000,00 € in allen drei Jahren gleich hoch.

3) Die Ergebnisse liegen auf einer Geraden.
ZB 400 Erwachsenenkarten und 900 Schülerkarten.

6.2 $P\left(1 \middle| \frac{7}{4}\right)$ liegt auf der Geraden. ZB P(1|2) liegt über der Geraden und zB P(1|1) liegt unter der Geraden.

6.3 **a)** 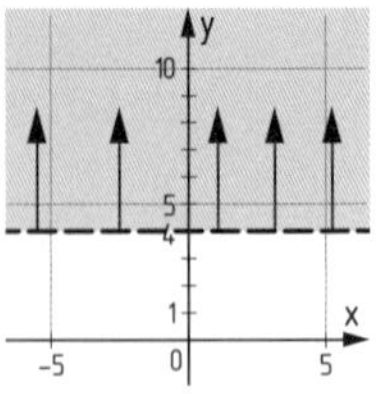 **b)** 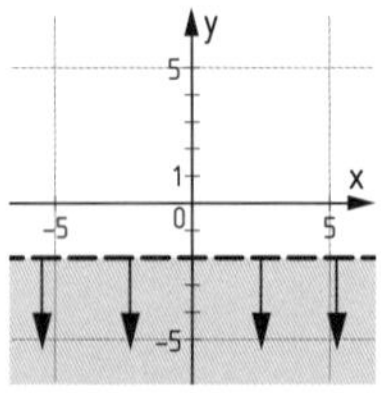 **c)** 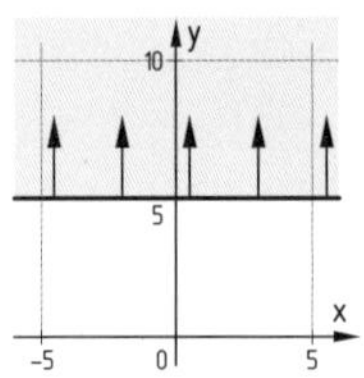 **d)** 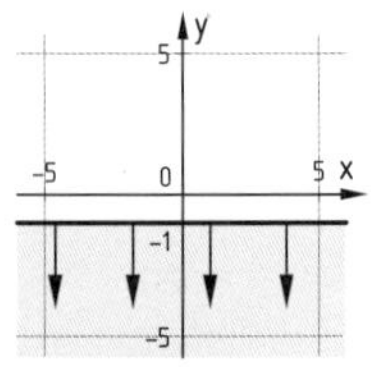

6.4 **a)** 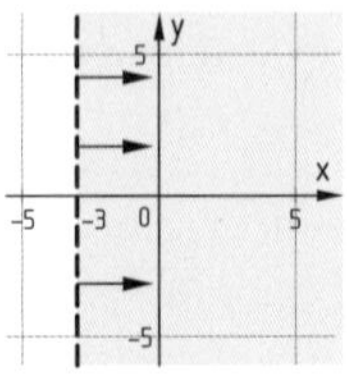 **b)** 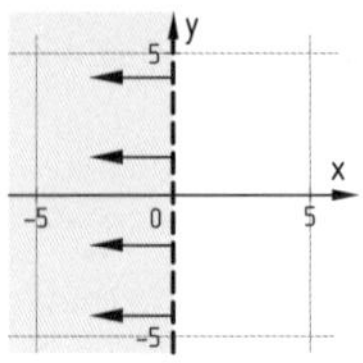 **c)** 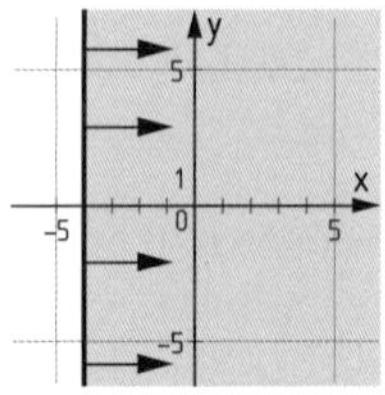 **d)** 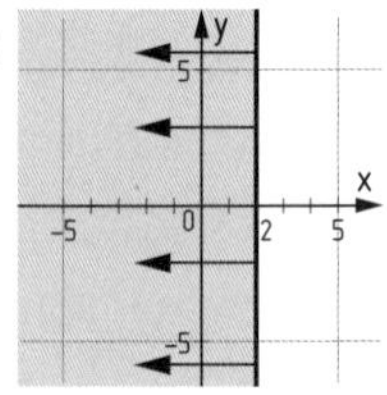

6.5 **a)** 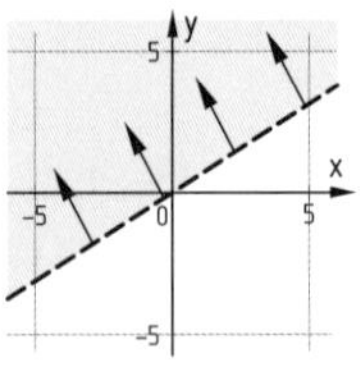 **b)** 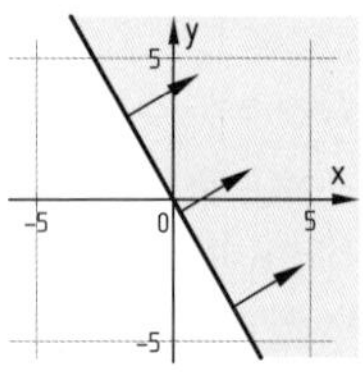 **c)** 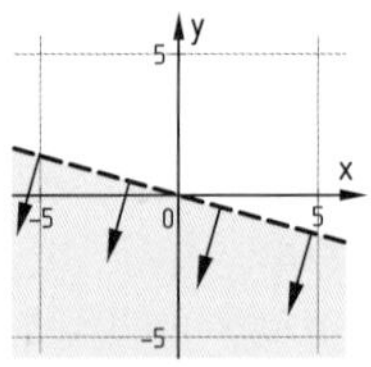 **d)** 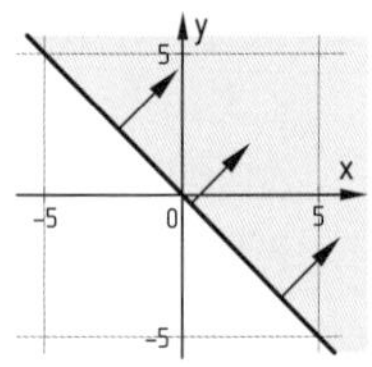

6.6 ***a)*** $y \geqslant 2$ ***b)*** $x < 2$ ***c)*** $2x - y < -1$ ***d)*** $x + y \leqslant -2$

6.8 ***a)*** 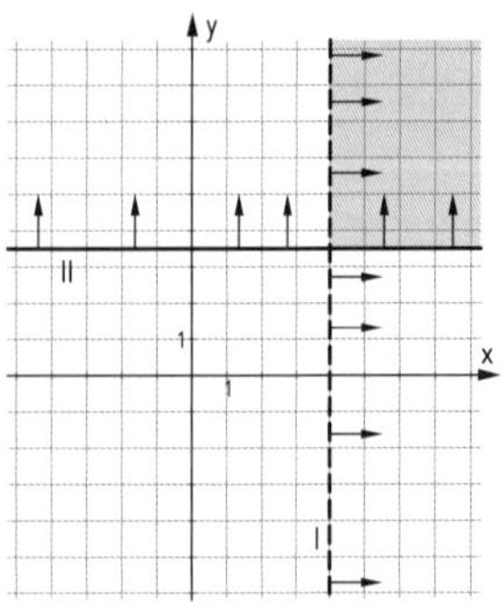

c) 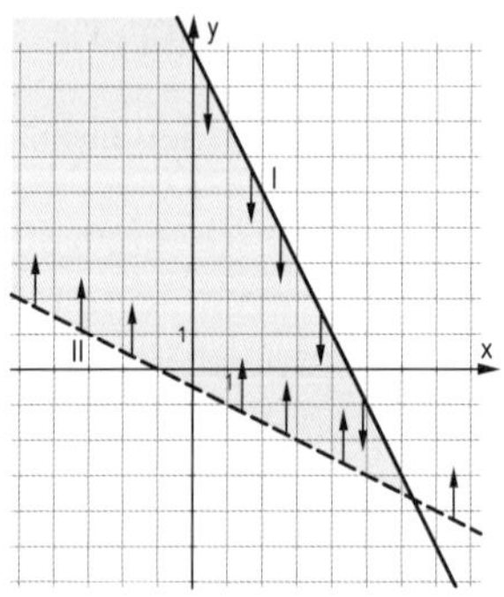

b) 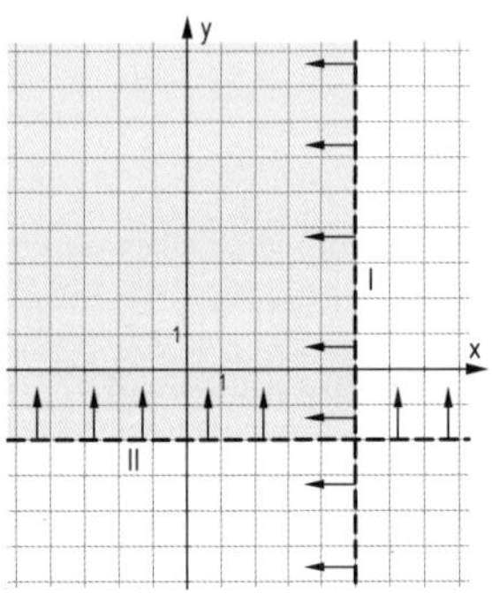

d) 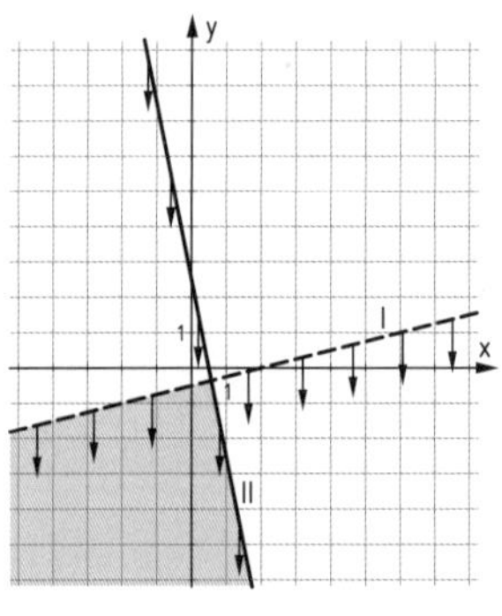

6.9 **a)**

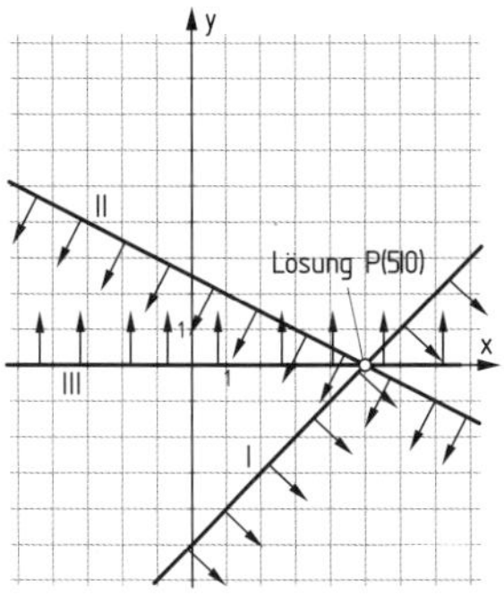

c)

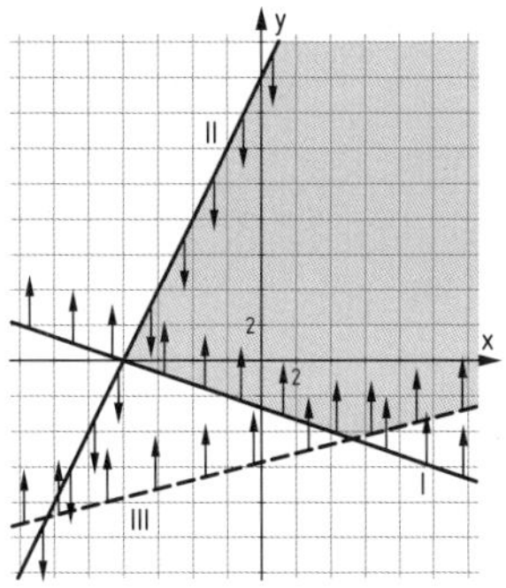

b)

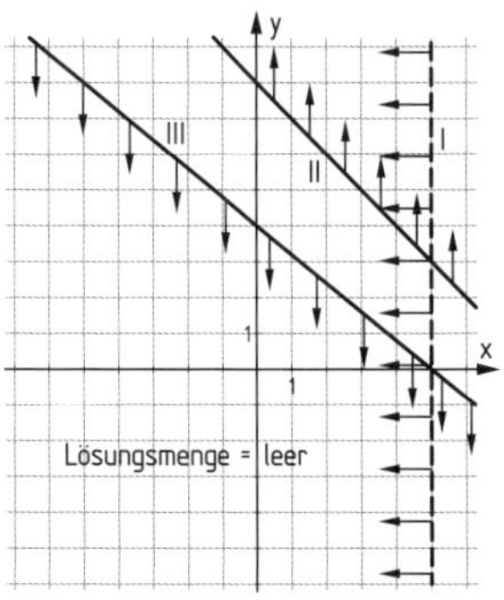

d)

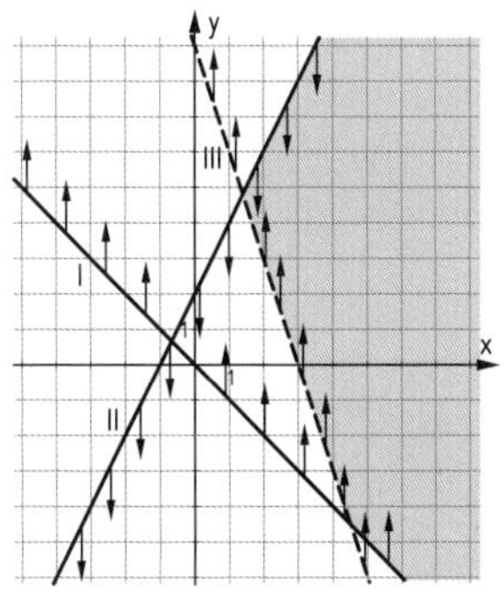

6.10 **a)**
I: $y \leqslant 2$
II: $2x + y \leqslant 3$
III: $x \geqslant 0$
IV: $y \geqslant 0$

b)
I: $x + y \geqslant 2$
II: $3x + y \geqslant 4$
III: $x \geqslant 0$
IV: $y \geqslant 0$

c)
I: $x \geqslant 1$
II: $x + 2y \leqslant 6$
III: $x - y < 1$

d)
I: $x \geqslant 0{,}5$
II: $x + 2y \leqslant 7$
III: $y \geqslant 1$
IV: $2x - y > -1$
V: $x < 3$

6.11 obere Abbildung A, untere Abbildung B

6.13 15 Werkstücke A pro Tag und null Werkstücke B pro Tag

6.14 16,956... g von der ersten Mischung und 21,739... g von der zweiten Mischung; 3 094,382... $\frac{€}{kg}$

6.15 300 Motoren täglich mit 54 kW und 400 Motoren täglich mit 67 kW; 910 000,00 €

6.16 **1)**
I: $3x + 3y \geqslant 27$
II: $x + 3y \geqslant 15$
III: $5x + 2y \geqslant 24$
IV: $x \geqslant 0$
V: $y \geqslant 0$

2) 6 kg der ersten Sorte und 3 kg der zweiten Sorte

3) $11{,}\dot{6}\,\frac{€}{kg}$

6.17 **1)** minimale Zustellkosten 875,00 €

2) minimale Zustellkosten 987,00 €

Die Zustellung für die Filialen F1 bis F3 ändert sich gegenüber **1)** nicht. Für die vierte Filiale F4 werden alle 15 Lieferungen von Zentrallager Z1 durchgeführt.

6.18 **a)** 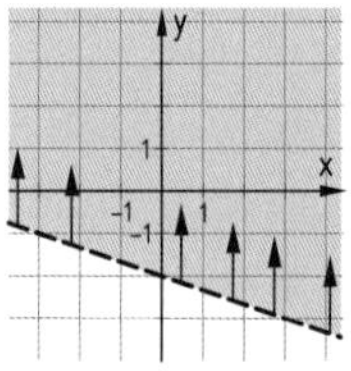

b) 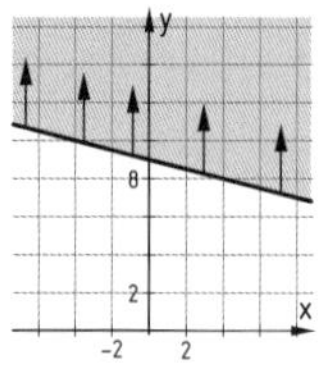

c) 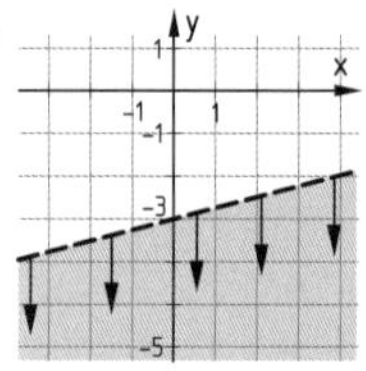

d) 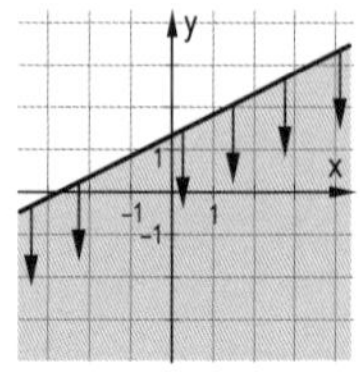

6.19 **a)** 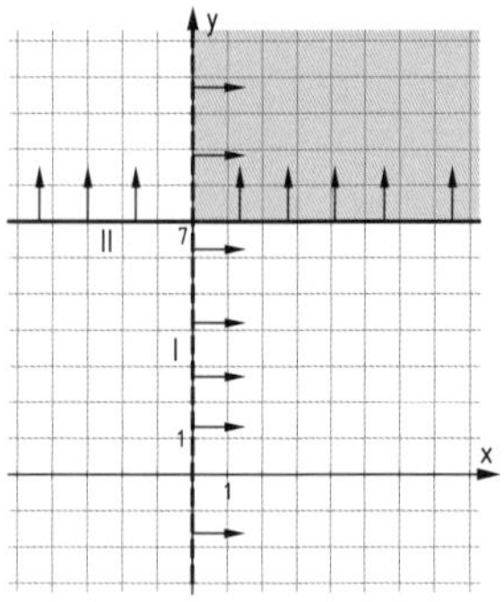

c) 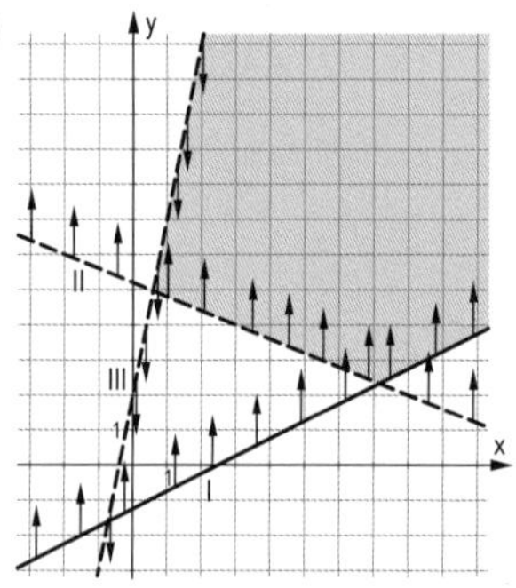

b) 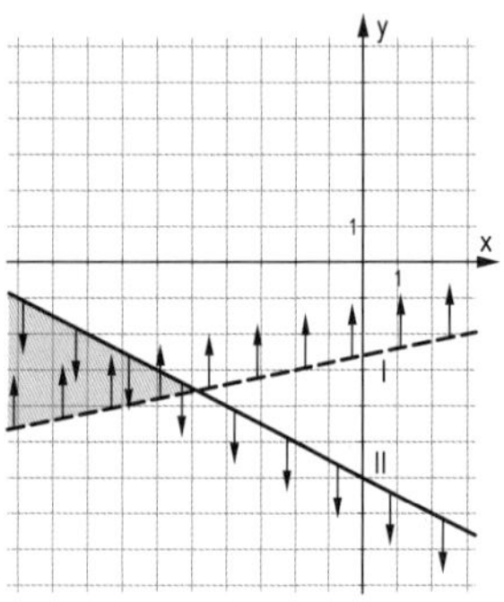

d) 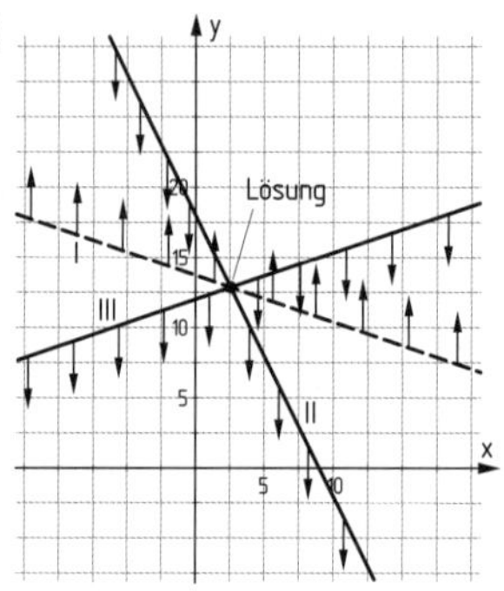

6.20 **a)** I: $x - y \geqslant -5$
II: $3x + 2y \leqslant 25$
III: $x \geqslant 0$
IV: $x \leqslant 5$
V: $y \geqslant 1$

b) I: $x + 3y \leqslant 15$
II: $x + y \leqslant 7$
III: $2x + y \leqslant 12$
IV: $x \geqslant 0$
V: $y \geqslant 0$

c) I: $x + 2y > 8$
II: $4x - 7y < 32$
III: $5x + 6y < 99$
IV: $6x - 7y > -9$

6.21 ***1)*** Für 650 g der neuen Legierung müssen 75,301... g der ersten Legierung und 574,698... g der zweiten Legierung verwendet werden.
2) 2 036,607... $\frac{€}{kg}$

6.22 ***1)*** Sie kann die 250 Overalls und die 150 Schlosseranzüge nicht einkaufen, da sie 10 250,00 € kosten.
2) 267 Overalls und 133 Schlosseranzüge
3) 14 660,00 €

6.23

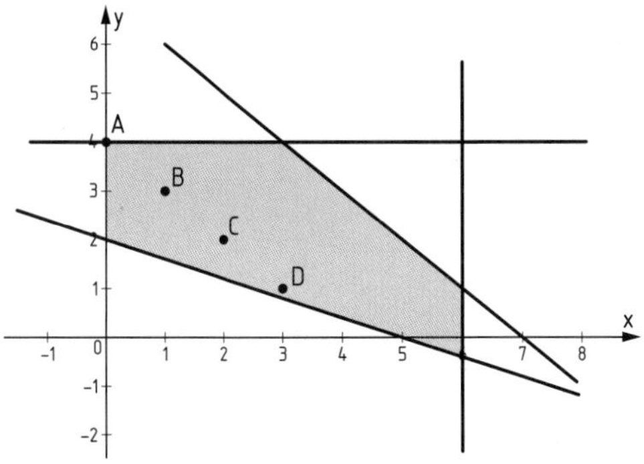

A(0|4), B(1|3), C(2|2), D(3|1)

6.24 I: $x > 0$
II: $y > 0$
III: $x > y$
IV: $x + y > 200$
V: $x \leqslant 400$
VI: $y \leqslant 200$

A siutable function for optimizing is $y = -\frac{16}{11}x$.

To minimise the costs she should buy 101 red roses and 100 yellow roses with costs of 135,80 €.

6.25

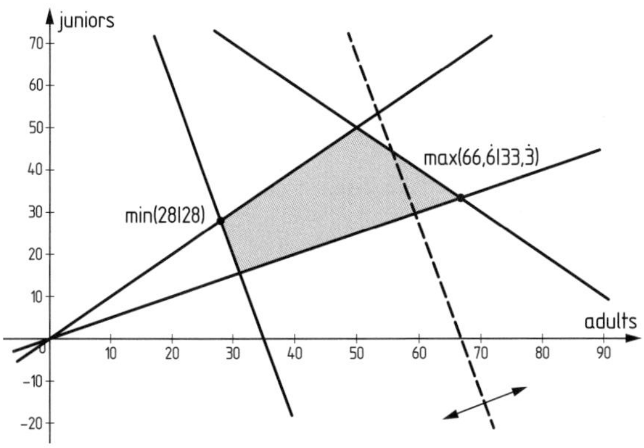

66 adults and 34 juniors will raise the most money, 7 450,00 €.
28 adults and 28 juniors is the largest total membership which will just cover the costs.

7 Graphentheorie

7.1 ***1)*** Die Figur kann nicht ohne Absetzen gezeichnet werden.
2) zB AHFEGFBEDCBAC oder AHFBEGFEDCABC

7.3 ***a) 1)*** A: 3, B: 3, C: 3, D: 3, E: 2
2) einfacher Graph
3)

	A	B	C	D	E
A	0	1	1	0	1
B	1	0	1	1	0
C	1	1	0	1	0
D	0	1	1	0	1
E	1	0	0	1	0

b) 1) A: 3, B: 2, C: 4, D: 3, E: 4, F: 0
2) kein einfacher Graph
3)

	A	B	C	D	E	F
A	0	1	2	0	0	0
B	1	0	0	0	0	0
C	2	0	0	1	1	0
D	0	1	1	0	1	0
E	0	0	1	1	2	0
F	0	0	0	0	0	0

c) 1) A: 4, B: 3, C: 4, D: 4, E: 3
2) kein einfacher Graph
3)

	A	B	C	D	E
A	0	1	1	2	0
B	1	0	1	0	1
C	0	1	0	1	1
D	2	0	1	0	1
E	0	1	1	1	0

7.4 ***a)***

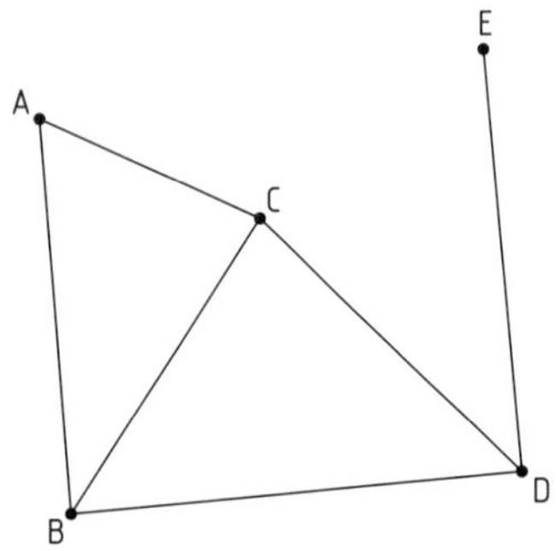

b)

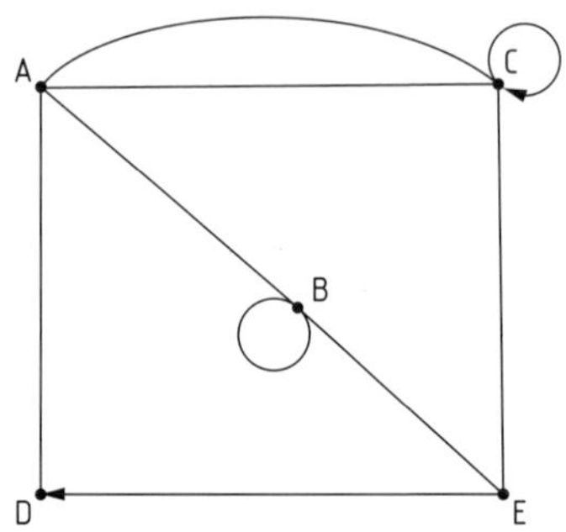

7.5 ***1)*** Kein Baum, da der Zyklus A-B-C enthalten ist.
2) Baum, da der Graph einfach und zusammenhängend ist und keine Zyklen enthält.
3) Kein Baum, da der Graph nicht zusammenhängend ist.

7.6 ***a)***

	A	B	C	D	E	F
A	0	1	0	0	0	0
B	1	0	1	1	0	0
C	0	1	0	0	1	1
D	0	1	0	0	1	1
E	0	0	1	1	0	1
F	0	0	1	1	1	0

zB B-C-E-F-D-B, C-E-F-C, D-E-F-D

zB 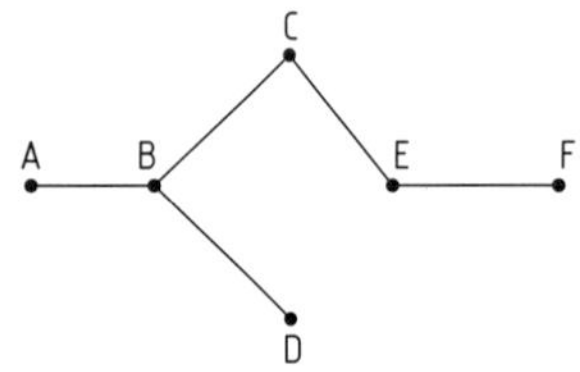

b)

	A	B	C	D	E	F
A	0	1	1	1	0	0
B	1	0	0	1	0	0
C	1	0	0	1	0	0
D	1	1	1	0	1	1
E	0	0	0	1	0	1
F	0	0	0	1	1	0

zB A-D-C-A, A-B-D-A, D-E-F-D

zB 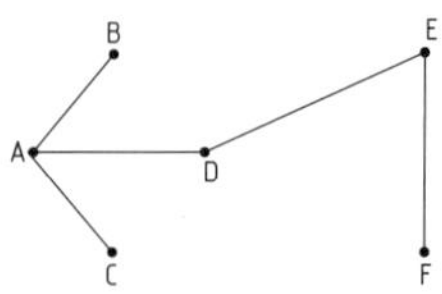

7.7

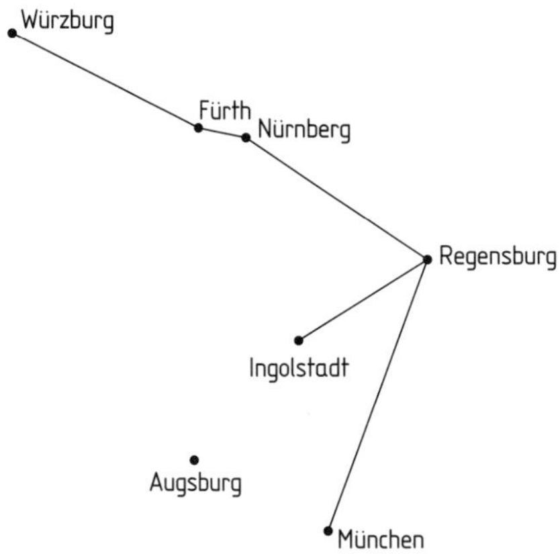

Es handelt sich nicht um einen zusammenhängenden Graphen, da der Knoten „Augsburg" isoliert ist.

7.8

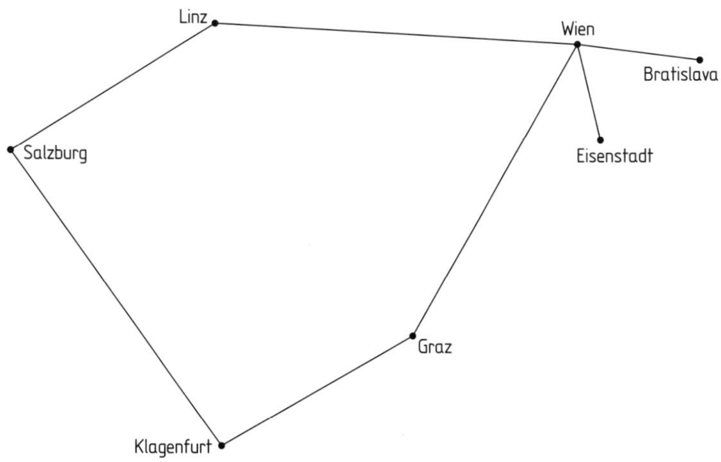

7.9 ***1)*** Für diesen Graphen gibt es einen geschlossenen Eulerweg, da alle Knoten einen geraden Grad haben.
ZB A-C-E-F-G-C-D-G-H-I-D-B-A

2) Die Knoten A und F haben einen ungeraden Grad, alle anderen Knoten haben einen geraden Grad. A bzw. F bilden Anfangs- und Endpunkt eines Eulerwegs.
ZB A-B-C-A-D-C-F-E-D-F

3) Für diesen Graphen gibt es keinen Eulerweg, da nur die Knoten A und H einen geraden Grad haben, alle anderen Knoten haben einen ungeraden Grad.

7.10 ***1)*** Da der Graph kein minimal spannender Baum ist, können Straßenverbindungen eingespart werden.

2)

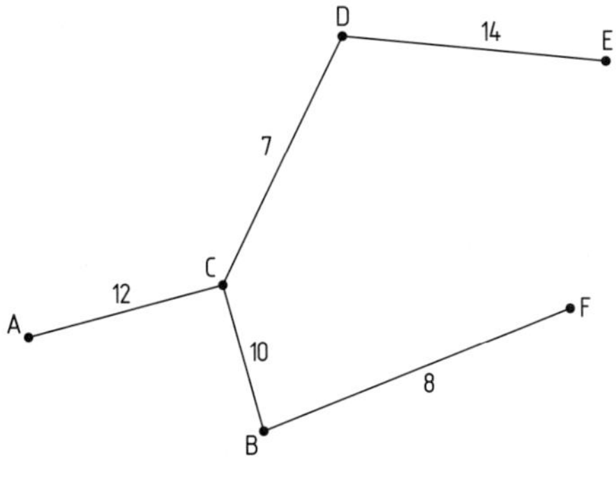

Gesamtlänge 51 km

7.11 – 7.14

7.11 **1)**

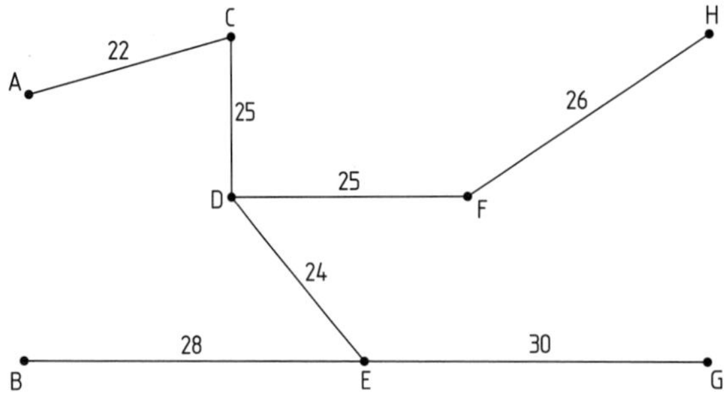

2) Minimale Kosten 180,00 €

7.12 **1)**

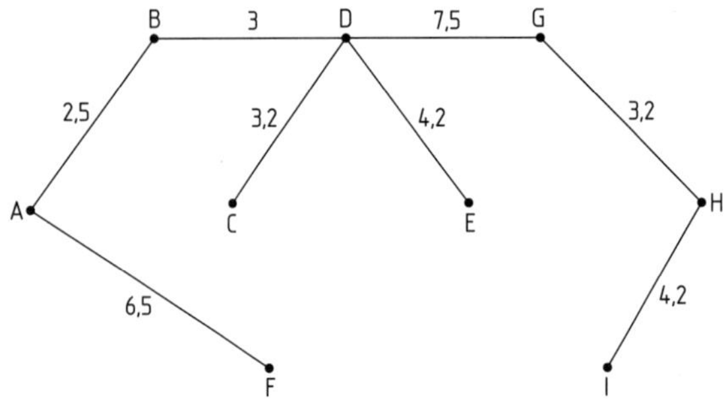

2) A-B-D-E-H
3) 13,4 km

7.13 **1)** A-B-C-F-G
2) 95 Minuten

7.14 **1)**

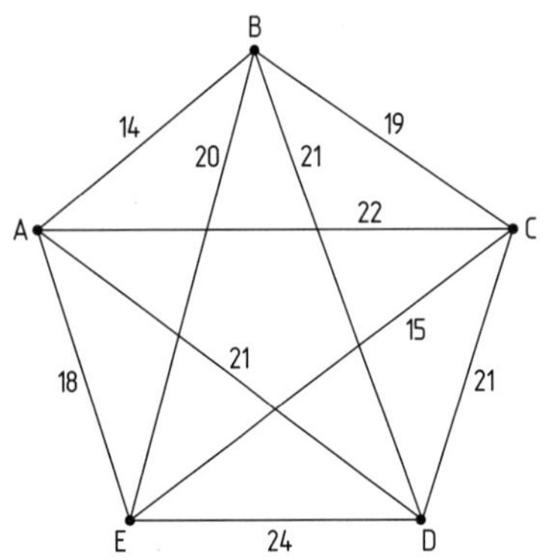

2)

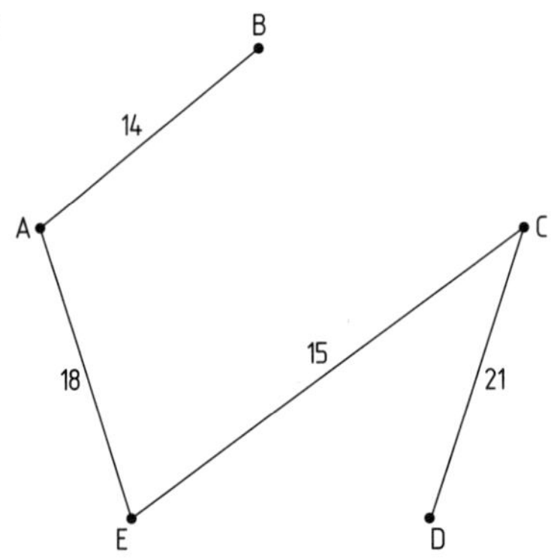

3) 68 km

7.15 ***1)*** Linie Central → Umsteigen in Holborn → Linie Piccadilly
Linie District → Umsteigen in Earl's Court → Linie Piccadilly
Linie Circle → Umsteigen in South Kensington → Linie Piccadilly
Linie Circle → Umsteigen in King's Cross → Linie Piccadilly
Linie Circle → Umsteigen in Embankment → Linie Bakerloo

2) und ***3)***

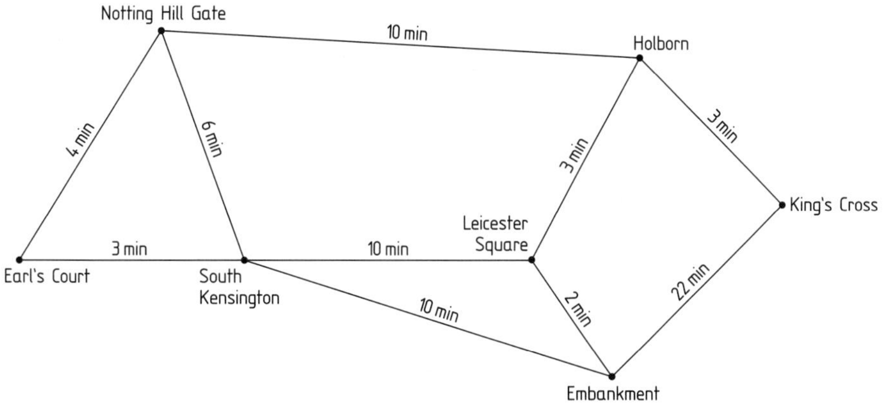

4) Linie Central → Umsteigen in Holborn → Linie Piccadilly, 13 Minuten Fahrzeit

7.16 ***1)***

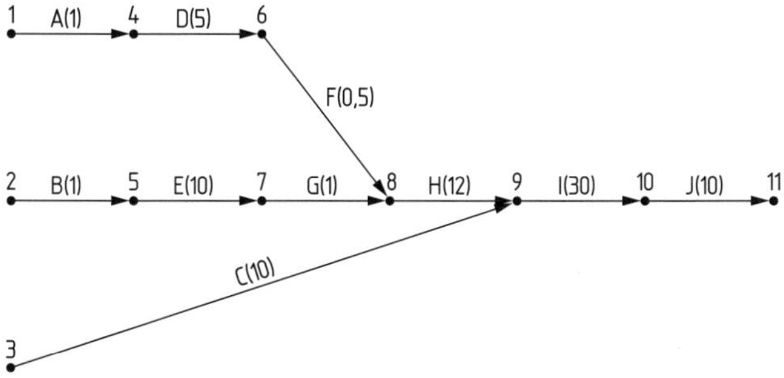

2) 2 → 5 → 7 → 8 → 9 → 10 → 11, Gesamtdauer mindestens 55 Minuten

7.17 ***1)***

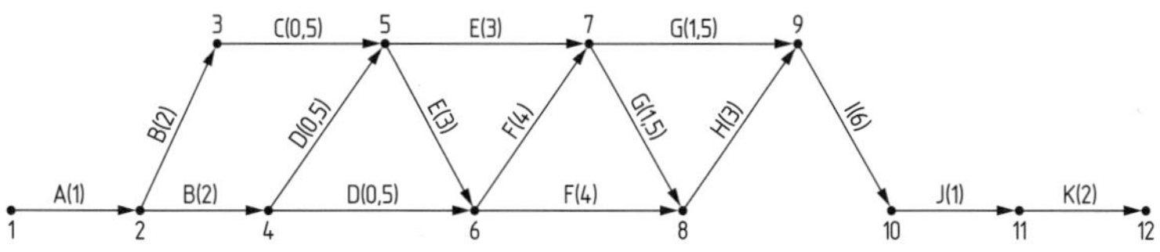

2) 1 → 2 → 3 → 5 → 6 → 7 → 8 → 9 → 10 → 11 → 12 bzw.
1 → 2 → 4 → 5 → 6 → 7 → 8 → 9 → 10 → 11 → 12
Gesamtdauer mindestens 24 Stunden

7.18

	A	B	C	D	E	F
A	0	1	0	1	0	0
B	1	0	1	0	0	0
C	0	1	0	1	1	1
D	1	0	1	0	1	1
E	0	0	1	1	0	1
F	0	0	1	1	1	0

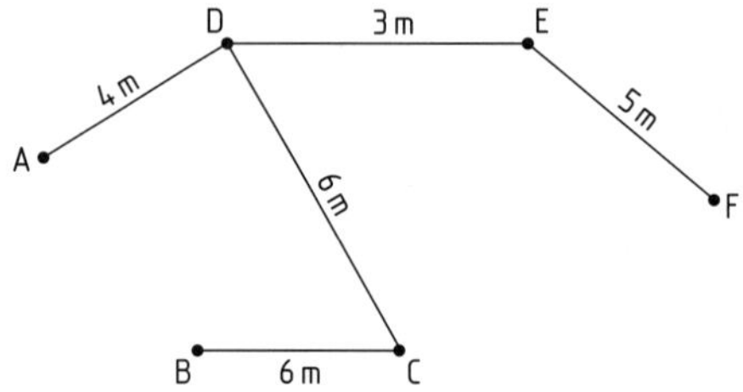

7.19 A-B-E-F, 78 km

7.20 A-B-C-D-E-F, 19 miles

7.21

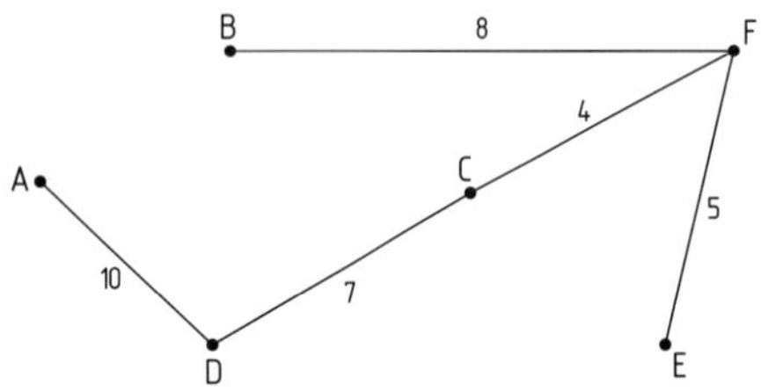

34 miles

7.22 S → 1 → 2 → 4 → 3 → 6 → T, minimum 51 days

8.1 Auf jede der beiden Ausführungen kann jeder der vier speziellen Sättel montiert werden. Es können $2 \cdot 4 = 8$ verschiedene Zusammenstellungen gebildet werden.

8.3 362 880

8.4 $2{,}432... \cdot 10^{18}$ Sitzordnungen, $6{,}665... \cdot 10^{15}$ Jahre

8.5 Im geparkten Auto hat die erste Person fünf Sitzplätze zur Auswahl, die zweite vier usw. Die fünf Personen können daher auf $5 \cdot 4 \cdot 3 \cdot 2 \cdot 1 = 120$ Arten im Auto Platz nehmen. Wird das Auto in Betrieb genommen, muss die Person mit dem Führerschein am Fahrersitz Platz nehmen. Von den verbleibenden vier Personen hat die erste alle vier weiteren Sitzplätze zur Auswahl, die zweite Person drei der weiteren Sitzplätze usw. Die fünf Personen können daher auf $1 \cdot 4 \cdot 3 \cdot 2 \cdot 1 = 24$ Arten im Auto Platz nehmen.

8.6 ***1)*** A-A-B-B
B-B-A-A
A-B-B-A
B-A-A-B
A-B-A-B
B-A-B-A

2) $P_W = \frac{4!}{2! \cdot 2!} = 6$

8.7 168 168

8.8 $5{,}166... \cdot 10^{38}$ Sitzplatzanordnungen
Man geht davon aus, dass 36 Elemente anzuordnen sind, die sechs leeren Plätze stellen gleiche Elemente dar.

8.9 ***1)*** $3{,}537... \cdot 10^{60} - 1$
2) „Annulo cingitur, tenui plano, nusquam cohaerente, ad eclipticam inclinato." (Er ist von einem Ring umgeben, welcher dünn und flach ist, nirgends mit ihm zusammenhängt und gegen die Ekliptik geneigt ist.)

8.10 70

8.11 ***a)*** 720 ***b)*** 6 ***c)*** 48

8.12 362 880

8.13 ***1)*** 64 864 800 ***2)*** 960

8.14 6 720

8.17 720

8.18 60

8.19 Die nicht ausgewählten Elemente können als gleiche Elemente aufgefasst werden. Eine Variation ohne Wiederholung kann daher auch als Permutation mit Wiederholung interpretiert werden.

8.20 1 000 000

8.21 192

8.22 1 594 323

8.23 ***1)*** 55 440 ***2)*** 15 120

8.24 64

8.25 $3{,}656... \cdot 10^{15}$ (26 Buchstaben, 10 Ziffern)

8.26 $3{,}226... \cdot 10^{21}$

8.27 $6{,}76 \cdot 10^{16}$

8.28 165

8.30 161 700

8.31 ***a)*** 1 287 ***b)*** 286 ***c)*** 657 800

8.32 465

8.33 84

8.34 21

8.35 ***1)*** 1 140 ***2)*** 25,087... %

8.36 ***1)*** Permutation mit Wiederholung; $n = 24$, $r = s = t = 8$
2) Variation ohne Wiederholung; $n = 18$, $k = 6$
3) Variation mit Wiederholung, um aus den 10 Ziffern 4 auszuwählen; $n = 10$, $k = 4$
26 Möglichkeiten, einen Buchstaben auszuwählen, 5 Möglichkeiten, den Buchstaben anzuordnen
4) Kombination ohne Wiederholung; $n = 20$, $k = 3$

8.37 13 983 816

8.38 5 040

8.39 126

8.40 $1{,}307... \cdot 10^{12}$

8.41 ***1)*** 95 040 ***2)*** 792

8.42 ***1)*** 625 ***2)*** 120

8.43 Es sind individuell verschiedene Ergebnisse möglich.

8.44 Aus einer Urne mit drei verschiedenen Kugeln wird eine gezogen und wieder zurück gelegt. Der Vorgang wird viermal wiederholt.

8.45 153

8.46 1 023

8.47 ***1)*** 40 320
2) 576, unter der Annahme, dass laut Angabe ein Mann beginnen soll. 1 152 unter der Annahme, dass es egal ist, ob eine Frau oder ein Mann beginnt.
3) 576

8.48 6 Fünfer mit Zusatzzahl, 228 Fünfer ohne Zusatzzahl und 11 115 Vierer

8.49 $a^2 + 2ab + b^2$ und $a^3 + 3a^2b + 3ab^2 + b^3$

8.50 1, 18, 153, 816, 3 060

8.51 ***a)*** $a^5 + 5a^4b + 10a^3b^2 + 10a^2b^3 + 5ab^4 + b^5$
b) $x^7 - 7x^6 + 21x^5 - 35x^4 + 35x^3 - 21x^2 + 7x - 1$
c) $16a^4 - 160a^3 + 600a^2 - 1\,000a + 625$
d) $y^6 + 18y^5 + 135y^4 + 540y^3 + 1\,215y^2 + 1\,458y + 729$

8.52 167 960

8.53 n = 13; c = 1 287

8.54 **a)** $\binom{7}{5} = \frac{7!}{2! \cdot 5!} = \frac{7!}{5! \cdot 2!} = \binom{7}{2}$, $\binom{n}{k} = \frac{n!}{(n-k)! \cdot k!} = \frac{n!}{(n-k)! \cdot (n-(n-k))!} = \binom{n}{n-k}$

b) $\binom{8}{8} = \frac{8!}{0! \cdot 8!} = 1$, $\binom{n}{n} = \frac{n!}{(n-n)! \cdot n!} = \frac{1}{0!} = 1$

c) $\binom{6}{1} = \frac{6!}{5! \cdot 1!} = 6$, $\binom{n}{1} = \frac{n!}{(n-1)! \cdot 1!} = \frac{(n-1)! \cdot n}{(n-1)! \cdot 1!} = n$

8.55 LS: $\frac{n!}{k! \cdot (n-k)!} + \frac{n!}{(k+1)! \cdot (n-(k+1))!} = \frac{n!}{k! \cdot (n-k-1)! \cdot (n-k)} + \frac{n!}{k! \cdot (k+1) \cdot (n-k-1)!} =$

$= \frac{n! \cdot (k+1) + n! \cdot (n-k)}{k! \cdot (k+1) \cdot (n-k-1)! \cdot (n-k)} = \frac{n! \cdot (k+1+n-k)}{(k+1)! \cdot (n-k)!} = \frac{(n+1)!}{(k+1)! \cdot (n-k)!} = \binom{n+1}{k+1}$

RS: $\binom{n+1}{k+1}$; LS = RS

Die Binomialkoeffizienten $\binom{n}{k}$ und $\binom{n}{k+1}$ stehen im Pascal'schen Dreieck in der n-ten Zeile nebeneinander. Die Summe $\binom{n}{k} + \binom{n}{k+1}$ ergibt laut der angegebenen Aussage den Binomialkoeffizienten $\binom{n+1}{k+1}$, also jenen Koeffizienten, der im Pascal'schen Dreieck zwischen und unterhalb der Koeffizienten $\binom{n}{k}$ und $\binom{n}{k+1}$ steht.

8.56 ***1)*** LS: $2^5 = 32$

RS: $\binom{5}{0} + \binom{5}{1} + \binom{5}{2} + \binom{5}{3} + \binom{5}{4} + \binom{5}{5} = 1 + 5 + 10 + 10 + 5 + 1 = 32$

LS = RS

2) zu zeigen: $2^n = \sum_{k=0}^{n} \binom{n}{k}$

1. Schritt: $n = 1 \Rightarrow 2^1 = 2 = \binom{1}{0} + \binom{1}{1}$

3. Schritt: $2^{n+1} = 2^1 \cdot 2^n = 2 \cdot \sum_{k=0}^{n} \binom{n}{k} = 2 \cdot \left[\binom{n}{0} + \binom{n}{1} + \ldots + \binom{n}{n}\right] =$

$= \binom{n}{0} + \binom{n}{0} + \binom{n}{1} + \binom{n}{1} + \binom{n}{2} + \ldots + \binom{n}{n} + \binom{n}{n} =$

$= \binom{n+1}{0} + \binom{n+1}{1} + \binom{n+1}{2} + \ldots + \binom{n+1}{n} + \binom{n+1}{n+1}$

Für den letzten Schritt wird $\binom{n}{0} = 1 = \binom{n+1}{0}$, $\binom{n}{n} = 1 = \binom{n+1}{n+1}$ bzw. der in der Lösung zu Aufgabe 8.55 angegebene Zusammenhang verwendet.

8.57 – 8.82

8.57 bei Claudias Schulball

8.61 ***1)*** 12 % ***2)*** 88 %

8.62 ***1)*** $\frac{4}{9}$ ***2)*** $\frac{5}{9}$

8.63 ***1)*** $\frac{1}{8}$ ***2)*** $\frac{3}{8}$ ***3)*** $\frac{1}{8}$ ***4)*** $\frac{7}{8}$

8.64 ***a)*** $\frac{3}{4}$ ***b)*** $\frac{1}{2}$ ***c)*** $\frac{1}{4}$ ***d)*** 1

8.65 ***a)*** „Die Karte zeigt keinen Mann.“ → D; „Die Karte zeigt eine Zahl.“ → C
b) $P(E) = \frac{1}{16} \rightarrow$ A; $P(E) = \frac{1}{4} \rightarrow$ B

8.66 ***1)*** $\frac{4}{7}$ ***3)*** $\frac{1}{14}$

2) $\frac{3}{14}$ ***4)*** $\frac{5}{7}$ (bezogen auf alle Fahrgäste) bzw. $\frac{1}{7}$ (bezogen auf alle Jahreskartenbesitzer)

8.67 ***a)*** $\frac{1}{216}$ ***b)*** $\frac{3}{216}$ ***c)*** $\frac{1}{6}$ ***d)*** $\frac{1}{3}$ ***e)*** $\frac{1}{36}$ ***f)*** $\frac{5}{9}$

8.71 P(nach zwei Versuchen beide Flaschen gefunden) = $0{,}1\dot{6} \approx 16{,}7\,\%$
P(bei drei Personen suchen zu müssen) = $0{,}\dot{3} \approx 33{,}3\,\%$

8.72 ***1)*** „Nur den Defekt A“ bedeutet: „Den Defekt A haben und den von A unabhängigen Defekt B nicht haben.“ Für die Berechnung mit dem Multiplikationssatz gilt daher:
$P(A \text{ und } \neg B) = P(A) \cdot P(\neg B) = P(A) \cdot (1 - P(B)) = 0{,}02 \cdot (1 - 0{,}03) = 0{,}0194 = 1{,}94\,\%$
2) 0,9506 = 95,06 %
3) 0,0488 = 4,88 %

8.73 ***1)*** 0,260... ≈ 26,1 % ***3)*** 0,205... ≈ 20,6 % ***5)*** 0,708... ≈ 70,8 %
2) 0,739... ≈ 73,9 % ***4)*** 0,706... ≈ 70,7 % ***6)*** 0,397... ≈ 39,7 %

8.74 ***1)*** 0,605... ≈ 60,6 % ***2)*** $0{,}\overline{315} \approx 31{,}5\,\%$ ***3)*** 0,551... ≈ 55,1 %

8.75 99,9992 %

8.76 ***1) a)*** 0,936341= 93,63 % ***b)*** 0,063659 ≈ 6,37 % ***c)*** 0,0494 = 4,94 % ***d)*** 0,0488 = 4,88 %
2) Es wird die Wahrscheinlichkeit berechnet, dass ein untersuchtes Ei
a) nicht frisch genug und zu leicht ist.
b) zu leicht ist oder eine beschädigte Schale hat.
c) frisch genug und nicht zu leicht ist und eine beschädigte Schale hat.

8.78 ***1)*** 0,9999999757 = 99,99999757 % ***2)*** 5,656... Lampen (theoretisch) ***3)*** 98,107... %

8.79 ***1)*** 12 % ***2)*** 73 %

8.81 obere Abbildung → B; untere Abbildung → D

8.82 ***a)***

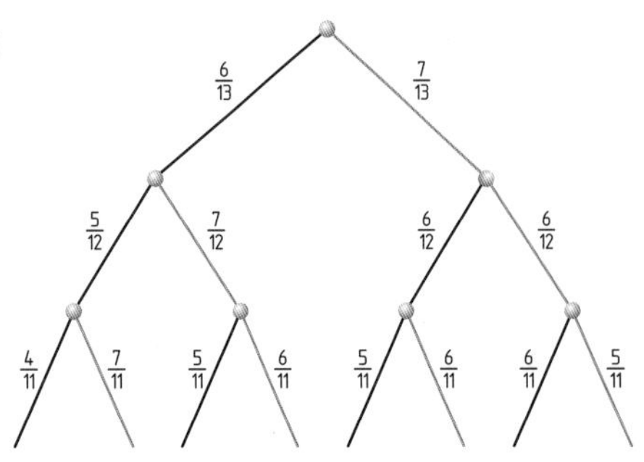

b)

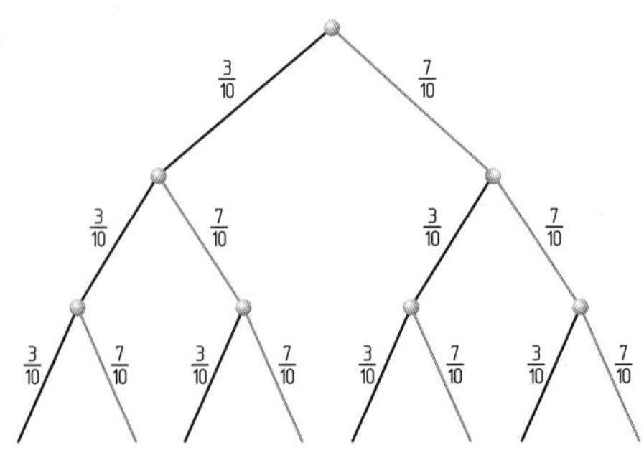

8.83 ***1)*** 0,01590... ≈ 1,6 % ***2)*** 0,0000480... ≈ 0,005 % ***3)*** 0,01595... ≈ 1,6 %

8.84 ***1)***

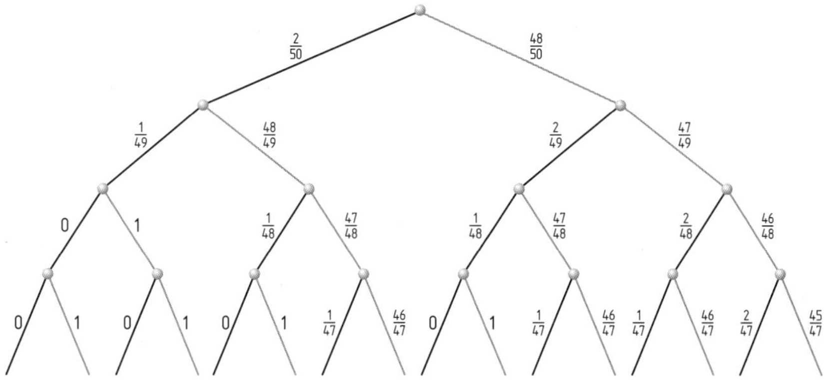

2) 0,00489... ≈ 0,5 %

8.85 ***1)*** Der Nenner der angegebenen Wahrscheinlichkeiten gibt jeweils an, wie viele Früchte insgesamt in der Obstschale sind. Da dieser kleiner wird, stellt das angegebene Baumdiagramm „Ziehen ohne Zurücklegen" dar.

2) Die Angabe müsste richtig lauten: $P(E_1) = \frac{3}{8} \cdot \frac{5}{7} \cdot \frac{4}{6} + \dots$.
$P(E_1)$ ist dann die Wahrscheinlichkeit, dass unter drei aus der Obstschale genommenen Früchten genau eine Zwetschke ist.
$P(E_2)$ ist die Wahrscheinlichkeit, dass unter drei aus der Obstschale genommenen Früchten mindestens eine Orange ist.

8.86 ***1) i)*** 0,214... ≈ 21,4 % ***ii)*** 0,171... ≈ 17,1 % ***iii)*** 0,319... ≈ 31,9 %

2) Wird die Sockenanzahl jeder Farbe verdoppelt, verdoppelt sich auch die Gesamtzahl der Socken. Dies entspricht einem Erweitern des die Wahrscheinlichkeit beschreibenden Bruchs mit dem Faktor zwei. Der Wert des Bruchs und damit der Wert der Wahrscheinlichkeit ändert sich dadurch nicht.

8.87 ***1)***

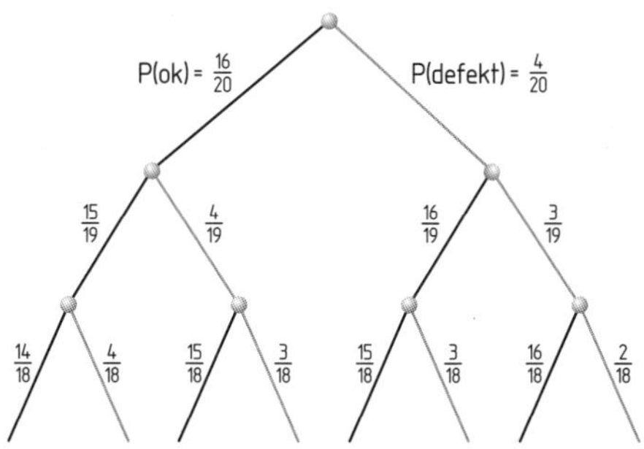

2) Es gibt drei Pfade, die das Ziehen von genau zwei defekten Glühbirnen darstellen. Die Wahrscheinlichkeiten entlang eines Pfads werden multipliziert (Anwenden der 1. Pfadregel). Der Vorgang wird für alle drei Pfade durchgeführt. Anschließend werden die drei Pfadwahrscheinlichkeiten miteinander addiert (Anwenden der 2. Pfadregel).

8.88 ***1) i)*** 0,117 = 11,7 % ***ii)*** 0,883 = 88,3 % ***iii)*** 0,012 = 1,2 % ***iv)*** 0,102... ≈ 10,3 %

2) In ***iii)*** sind die beiden Ereignisse „von A stammen" und „unbrauchbar sein" voneinander unabhängig.
In ***iv)*** wird die bedingte Wahrscheinlichkeit „von A stammen" unter der Voraussetzung „unbrauchbar sein" berechnet.

8.89 ***1)*** $0,\dot{1} \approx 11,1\ \%$ ***2)*** $0,13\dot{8} \approx 13,9\ \%$ ***3)*** $0,97\dot{2} \approx 97,2\ \%$

8.90 Die Werte 0, 1, 2, 3, 4 und 5.

8.92 ***1)*** Petra geht davon aus, dass „Kopf“ und „Zahl“ gleich oft eintreten und sie daher weder einen Gewinn noch einen Verlust macht.
2) Petra verliert dreimal mehr Euro als sie gewinnt.

8.94 ***1)*** Diskret; die Augensumme von Würfeln ergibt sich durch Abzählen.
2) Stetig; die Abmessungen eines Bauteils ergeben sich durch „Abmessen“.
3) Diskret; es gibt abzählbar viele Kleidergrößen.
4) Stetig; die Niederschlagsmenge wird gemessen.

8.95 ***a)*** Anzahl der Würfel mit gerader Augenzahl mit den möglichen Werten 0, 1, 2 oder 3.

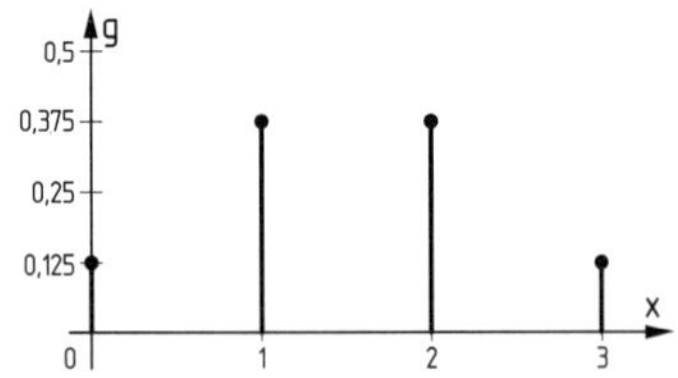

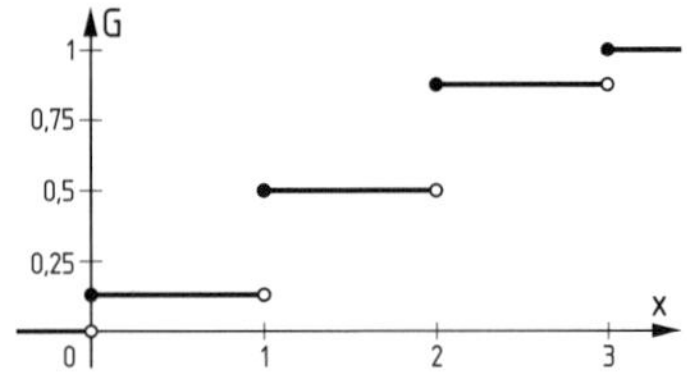

b) Anzahl von „Wappen“ beim Werfen einer Münze mit den möglichen Werten 0, 1, 2, 3 oder 4.

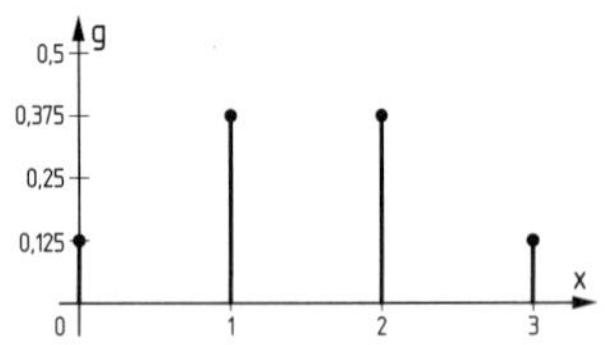

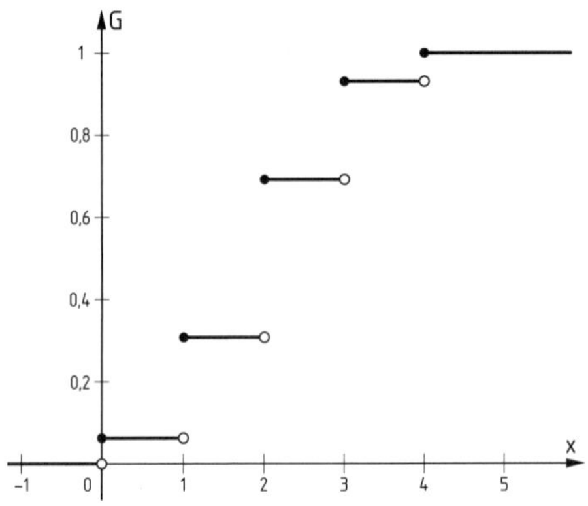

8.96 ***a)*** E(X) = 7, σ = 2,415... ***b)*** E(X) = 1,5, σ = 0,866...

8.97 ***a)*** E(X) = 0,8, σ = 0,709 ... ***b)*** E(X) = 2, σ = 0,755...

8.98 E(X) = –54 Cent, σ = 19,99 € (19,992...)

8.99 Verteilungsfunktion
Von allen Müttern eines Lands haben 35 % ein Kind, 27 % zwei Kinder, 19 % drei Kinder, 15 % vier Kinder und 4 % fünf oder mehr Kinder.

8.100 ***1)*** 10 ***2)*** 0,016... ≈ 1,6 %

8.103 ***1) a)*** 0,002... = 0,243 % ***b)*** 0,831... = 83,193 % ***c)*** 0,360... = 36,015 % ***d)*** 0,836... = 83,692 %
2) Die Wahrscheinlichkeit, dass von den fünf gezogenen Kugeln genau drei grün sind.

8.104 ***1)*** Jede der zehn Fragen kann als Zufallsexperiment aufgefasst werden. Da jede Frage nur entweder richtig oder falsch beantwortet werden kann, gibt es für den Ausgang jeweils genau zwei Möglichkeiten. Jede Frage wird unabhängig von den anderen beantwortet. Da jeweils eine der vier vorgegebenen Antworten richtig ist, bleibt die Wahrscheinlichkeit konstant $\frac{1}{4} = 0,25 = 25\ \%$. Die Eigenschaften der Binomialverteilung sind daher erfüllt.

2) 9,536... · 10^{-7} ≈ 0,95 · 10^{-6} %

3) 0,003... ≈ 0,35 %

4)

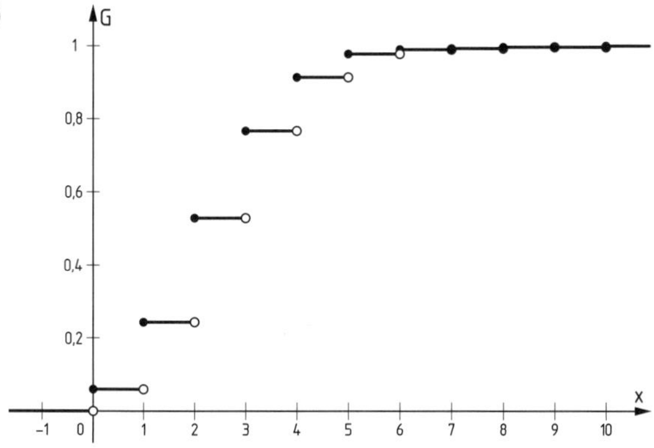

8.105 ***1)*** ***a)*** 0,188... ≈ 18,87 % ***b)*** 0,516... ≈ 51,69 % ***c)*** 0,981... ≈ 98,17 % ***d)*** 0,212... ≈ 21,21 %

2) ***i)*** Wahrscheinlichkeit, dass höchstens zwei Tische frei bleiben.

ii) Wahrscheinlichkeit, dass genau zwei Tische frei bleiben.

iii) Wahrscheinlichkeit, dass mindestens drei Tische frei bleiben.

3)

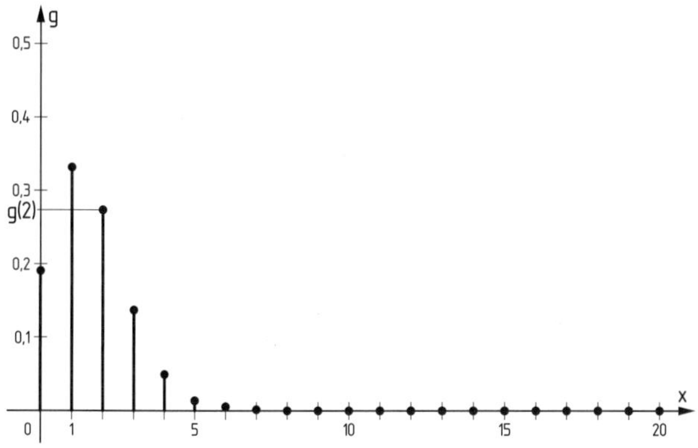

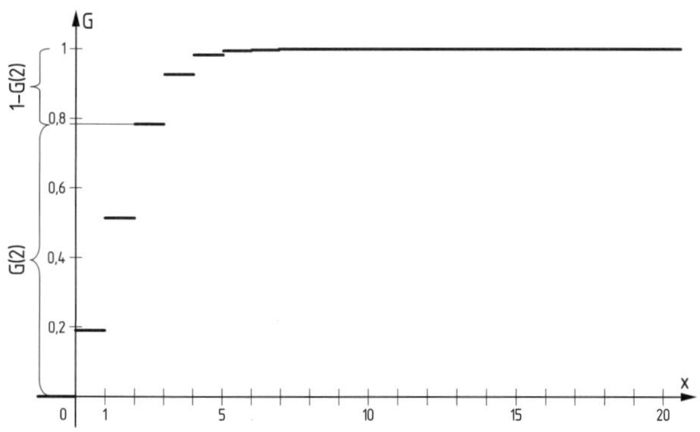

8.106 ***1)*** 0,263... ≈ 26,37 % ***2)*** 0,747... ≈ 74,71 % ***3)*** 7,5 Fasern

4) Wahrscheinlichkeit, dass von 12 entnommenen Fasern mindestens 9, aber höchstens 10 kürzer als 45 mm sind.

8.107 ***1)*** 0,555... ≈ 55,51 %

2) $1 - \left[\binom{7}{5} \cdot 0{,}25^5 \cdot 0{,}75^2 + 7 \cdot 0{,}25^6 \cdot 0{,}75 + 0{,}25^7\right]$

3) mindestens 11-mal

8.108 ***1)*** Jede der 25 Karten kann als Zufallsexperiment interpretiert werden. Da jede Karte nur entweder markiert oder nicht markiert ist, gibt es für den Ausgang jeweils genau zwei Möglichkeiten. Die Karten sind voneinander unabhängig. Da ein Achtel aller Karten markiert wurde, bleibt die Wahrscheinlichkeit bei einer ausreichend großen Grundgesamtheit konstant $\frac{1}{8}$ = 0,125 = 12,5 %. Die Eigenschaften der Binomialverteilung sind daher erfüllt.

2) 0,804... = 80,47 %

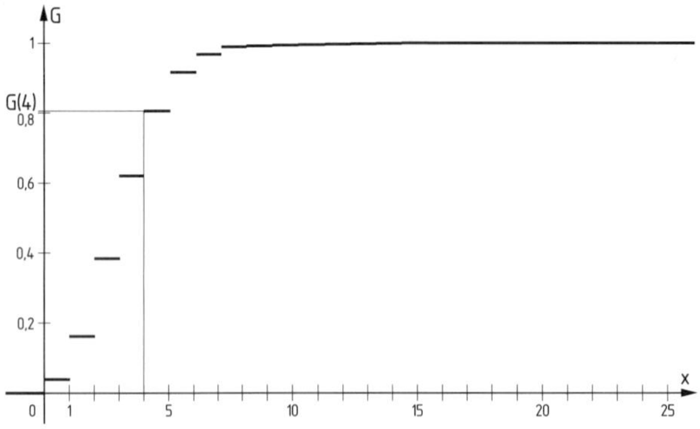

3) Die Summe in den eckigen Klammern berechnet die Wahrscheinlichkeit, dass höchstens eine Person eine markierte Karte erhält. Mit dem angegebenen Ausdruck wird daher die Wahrscheinlichkeit berechnet, dass mehr als eine Person eine markierte Karte erhält.

4) ab 6 Karten (5,190...)

8.109 ***1)*** Jede der 5 Entnahmen kann als Zufallsexperiment interpretiert werden. Da jedes Gummibärchen entweder grün oder nicht grün ist, gibt es für den Ausgang jeweils genau zwei Möglichkeiten. Jedes Gummibärchen wird unabhängig von den anderen entnommen. Der 10-kg-Sack enthält so viele Gummibärchen, dass sich die Wahrscheinlichkeit durch die Entnahme eines Gummibärchens nur vernachlässigbar ändert. Die Eigenschaften der Binomialverteilung sind daher erfüllt.

2) ***a)*** 0,099... ≈ 9,95 % ***b)*** 0,751... ≈ 75,16 % ***c)*** 0,968... ≈ 96,87 %

3) mindestens 22 Gummibärchen (21,511...)

4) 2 bis 3 (2,6)

5) 20,567... %

8.110 ***1)*** 0,028... ≈ 2,81 %

2) g(2) gibt die Wahrscheinlichkeit an, in einer Stichprobe genau zwei defekte Lötstellen zu finden. G(2) gibt die Wahrscheinlichkeit an, in einer Stichprobe höchstens zwei defekte Lötstellen zu finden.

3) mindestens 94 Lötstellen (93,904...)

8.111 ***1)*** 0,135... ≈ 13,52 % ***2)*** 0,035... ≈ 3,51 % ***3)*** 0,038... ≈ 3,88 %

8.112 ***1)*** 99,980... % ***2)*** 32 Kugeln (31,764...)

8.113 0,014... ≈ 1,46 %

8.114 ***a)*** 0,243... ≈ 24,40 % ***b)*** $P(X \geqslant x) = \sum_{k=x}^{F} \left(\binom{F}{k} \cdot \left(\frac{1}{200}\right)^k \cdot \left(\frac{199}{200}\right)^{F-k} \right)$

8.115 ***a)*** ***1)*** 0,297... ≈ 29,76 % ***3)*** 0,740... ≈ 74,01 % ***5)*** 0,306... ≈ 30,63 %

2) 0,259... ≈ 25,99 % ***4)*** 0,979... ≈ 97,92 % ***6)*** 0,626... ≈ 62,70 %

b) mindestens 139 202 Männer (139 201,334...)
c) mindestens 35 Männer (34,172...)

8.116 ***1)*** 0,179... ≈ 17,94 % ***2)*** 20,567... %

8.117 Bei ***A)*** werden zwei Kugeln mit Zurücklegen gezogen, bei ***B)*** ohne Zurücklegen.

8.119 ***1)*** 0,995... ≈ 99,59 % ***2)*** 0,902 ≈ 90,30 % ***3)*** 0,092 ≈ 9,29 % ***4)*** 0,004... ≈ 0,41 %

8.120 ***1)*** 0,000510... ≈ 0,05 % **2)** 0,022... ≈ 2,30 % **3)** 0,723... ≈ 72,40 % **4)** 0,252... ≈ 25,26 %

8.121 ***1)*** 0,031... ≈ 3,13 % **2)** 0,340... ≈ 34,01 % ***3)*** 0,998... ≈ 99,84 % ***4)*** 0

8.122 ***1)*** 0,09805... ≈ 9,81 % ***2)*** 0,09875... ≈ 9,88 % 3) 0,00713... ≈ 0,71 %

8.123 **a)** 0,022... ≈ 2,24 % ***b)*** 0,000000736... ≈ $73{,}66 \cdot 10^{-6}$ %

8.124

	1) hypergeometrische Verteilung (genau)	2) Binomialverteilung (näherungsweise)	3) relativer Fehler
a)	0,179... ≈ 17,98 %	0,176... ≈ 17,62 %	0,020... ≈ 2,02 %
b)	0,99998... ≈ 99,9985 %	0,99997... ≈ 99,998 %	0,00000548... ≈ 0,0005 %
c)	0,018... ≈ 1,87 %	0,020... ≈ 2,07 %	0,105... ≈ 10,54 %

8.125 ***1)*** Bei der ursprünglich verwendeten Methode ist die Wahrscheinlichkeit nach dem Ziehen der ersten Kugel – die nicht zurückgelegt wird – nicht mehr für jede Ziffer gleich. Ist die erste gezogene Zahl zB eins, so ist die Wahrscheinlichkeit für Zahlen 11... kleiner als für alle anderen mit eins beginnenden Zahlen.
2) Jede Ziffer der siebenstelligen Zahl wird durch Ziehen aus einer Trommel bestimmt, die die Ziffern 0 bis 9 enthält.
3) $8{,}341... \cdot 10^{-8}$ % mit dem ursprünglichen Verfahren, $1 \cdot 10^{-5}$ % mit dem korrigierten Verfahren. Die Wahrscheinlichkeit, dass die Gewinnzahl 0000000 lautet, ist nach dem korrigierten Verfahren ca. 100-mal größer als nach dem ursprünglichen Verfahren.

8.126 Der Mittelwert ist auf Basis eines Zufallsexperiments zu berechnen.

8.128 ***1)*** 0,146... ≈ 14,62 %
2)

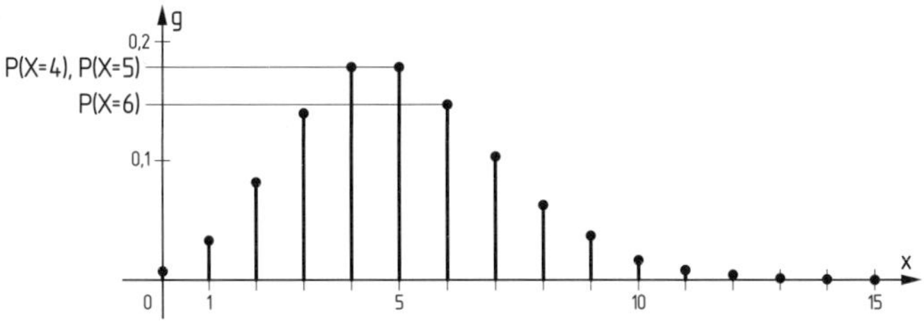

$P(4 \leqslant X \leqslant 6)$ ist die Summe der dargestellten Wahrscheinlichkeiten P(X = 4), P(X = 5) und P(X = 6).

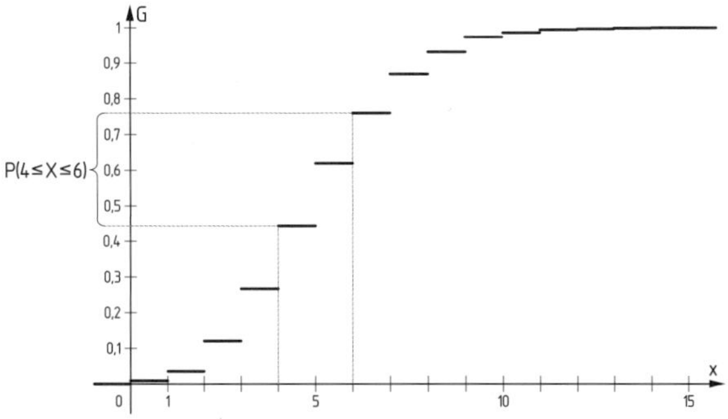

8.129 ***a)*** 0,423... ≈ 42,33 % ***b)*** 0,369... ≈ 36,94 % ***c)*** $5{,}631... \cdot 10^{-11} \approx 5{,}63 \cdot 10^{-9}$ % ***d)*** 0,000831... ≈ 0,08 %

8.130 ***1)*** 0,301... ≈ 30,12 % ***2)*** 0,120... ≈ 12,05 %

8.131 ***1)*** 0,068... ≈ 6,88 % ***2)*** 0,848... ≈ 84,88 % ***3)*** 0,848... ≈ 84,88 % ***4)*** 0,063... ≈ 6,38 %

8.132 0,964... ≈ 94,63 %

8.133 ***1)*** 0,265... ≈ 26,50 % ***2)*** 0,534... ≈ 53,43 %

3) Mit dem Ausdruck $\sum_{x=0}^{3} \frac{5^x}{5!} \cdot e^{-5}$ wird die Wahrscheinlichkeit berechnet, dass in einer Packung höchstens drei fehlerhafte Klammern sind. Mit dem angegebenen Ausdruck wird die Wahrscheinlichkeit berechnet, dass in einer Packung mehr als drei fehlerhafte Klammern sind.

8.134 ***1)*** 8 Anrufe pro Stunde ist wahrscheinlicher als 64 Anrufe in 8 Stunden.
2) P(X = 8) = 13,958... %, P(X = 64) = 4,980... %
Die erwarteten 8 Anrufe pro Stunde werden innerhalb einer Stunde mit größerer Wahrscheinlichkeit eintreten als die sich daraus (theoretisch) ergebenden 64 Anrufe innerhalb von acht Stunden.

8.135 ***1)*** 0,172... ≈ 17,30 %
2)

x	0	1	2	3	4	5	6	7	8
P(X ≤ x)	0,000911...	0,00729...	0,0296...	0,0817...	0,172...	0,300...	0,449...	0,598...	0,729...

x	9	10	11	12	13
P(X ≤ x)	0,830...	0,901...	0,946...	0,973...	0,987...

3) Berücksichtigt man bei der Planung elf Nachfragen nach einem Prozessortausch, so liegt die Wahrscheinlichkeit zu wenig eingeplant zu haben laut Tabelle bei 1 – 0,946... = 0,053... = 5,334... %, also über 5 %. Berücksichtigt man zwölf Nachfragen, so liegt die Wahrscheinlichkeit bei 1 – 0,973... = 0,026... = 2,699... %, also unter 5 %. Man muss daher zwölf Nachfragen berücksichtigen.

8.136 ***1) a)*** 0,071... ≈ 7,11 % ***b)*** 0,542... ≈ 54,29 % ***c)*** 0,007... ≈ 0,79 %
2) mindestens 29 Platinen (28,433...)

8.137 ***1)*** 0,378... ≈ 37,82 % ***2)*** 0,323... ≈ 32,33 %

8.138 0,049... ≈ 5 %

8.139 ***a) 1)*** 0,038... ≈ 3,83 % ***2)*** 0,995... ≈ 99,57 % ***3)*** 0,016... ≈ 1,69 %
b) mindestens 459 Spender (458,210...)

8.140 ***1)*** 0,006... ≈ 0,64 %

2) $P(X \geq 4) = \frac{5 \cdot \binom{95}{6} + \binom{95}{5}}{\binom{100}{10}}$

3) mindestens 27 Smartphones (Berechnung mit hypergeometrischer Verteilung), mindestens 32 Smartphones (31,377...; Näherung mit Binomialverteilung)

8.141

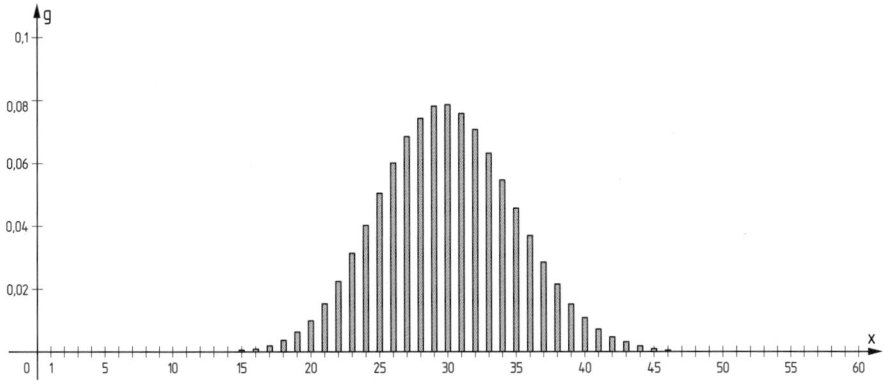

Die Höhe der einzelnen Säulen ist so, dass die Form einer Glocke entsteht. Der größte Wert tritt bei x = 30 Brillenträgern auf.

8.142 ***1)*** $\mu = 2$ ***2)***

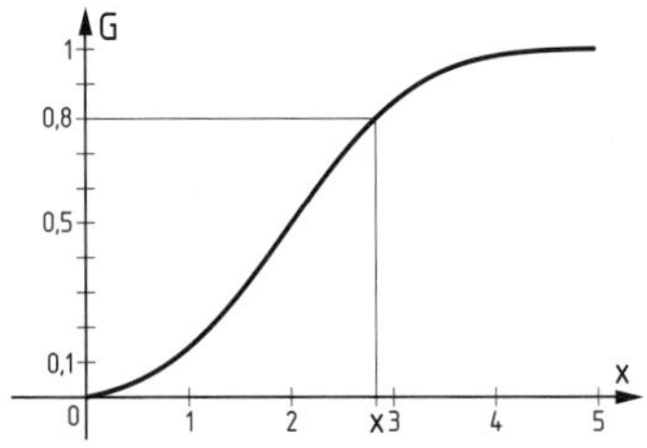

8.143 ***a)*** ... der waagrechten Entfernung zwischen Extremstelle und Wendestelle.
b) ... bleibt der Flächeninhalt unter der Kurve gleich.

8.144 ***1)*** $\mu_1 = 0$, $\mu_2 = 1$, $\mu_3 = 0$ ***2)*** $g_1 \rightarrow D$, $g_2 \rightarrow E$, $g_3 \rightarrow F$

8.145 ***a)*** $f(x) = \sqrt{\frac{2}{\pi}} \cdot e^{-2 \cdot (x-2)^2}$, $D_f = \mathbb{R}$, symmetrisch bezüglich x = 2, keine Nullstellen,
$H(2|0{,}797...)$, $W_1(1{,}5|0{,}483...)$, $W_2(2{,}5|0{,}483...)$

b) $f(x) = \frac{1}{\sqrt{18 \cdot \pi}} \cdot e^{-\frac{1}{18} \cdot (x-100)^2}$, $D_f = \mathbb{R}$, symmetrisch bezüglich x = 100, keine Nullstellen,
$H(100|0{,}132...)$, $W_1(97|0{,}080...)$, $W_2(103|0{,}080...)$

c) $f(x) = \frac{1}{\sqrt{1{,}28 \cdot \pi}} \cdot e^{-\frac{1}{1{,}28} \cdot (x+1{,}5)^2}$, $D_f = \mathbb{R}$, symmetrisch bezüglich x = −1,5, keine Nullstellen,
$H(-1{,}5|0{,}498...)$, $W_1(-2{,}3|0{,}302...)$, $W_2(-0{,}7|0{,}302...)$

Aufgaben 8.147 – 8.149: Es wurde die im Buch auf Seite 310 angegebene Tabelle verwendet.

8.147 ***1)*** 0,99180 ***2)*** 0,0082 ***3)*** 0,59483 ***4)*** 0,40517

8.148 ***a)*** 1,07 ***b)*** 1,52 ***c)*** −0,20 ***d)*** −0,85

8.149 ***a)*** 0,09176 = 9,176 % ***b)*** 0,14686 = 14,686 % ***c)*** 0,63... = 63 % ***d)*** 0,94520 = 94,52 %

8.151 ***1)*** der Mittelwert μ ***2)*** 95 % ***3)*** $\mu \pm 1{,}65 \cdot \sigma$ ***4)*** die Wendepunkte

8.152 ***1)*** Die Wahrscheinlichkeit, dass die Abfüllmenge höchstens 0,7 L beträgt.
2) Die Wahrscheinlichkeit, dass die Abfüllmenge mindestens 0,7 L beträgt.
3) Die Wahrscheinlichkeit, dass die Abfüllmenge mindestens 0,7 L und höchstens 0,85 L beträgt.
4) Die Wahrscheinlichkeit, dass die Abfüllmenge weniger als 0,7 L oder mehr als 0,85 L beträgt.

8.153 ***1)*** Die Verteilungsfunktion ist die Fläche zwischen dem Graph der Dichtefunktion und der x-Achse und es gilt daher $G(x) = \int_{-\infty}^{x} g(t)d(t)$.

2)

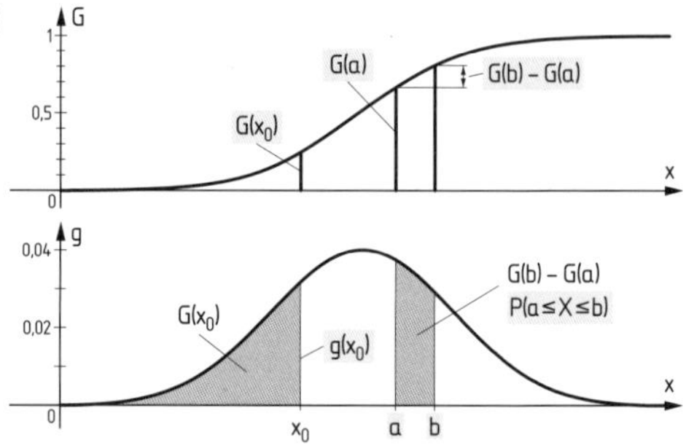

8.154 $\mu = 5{,}4$

8.155 Der Graph der normalverteilten Zufallsvariable ist symmetrisch bezüglich der senkrechten Geraden durch $\mu = 24$. Laut Angabe liegen 5 % aller Werte im Intervall $]-\infty; 20[=]-\infty; 24-4[$. Wegen der Symmetrie des Graphen müssen daher im Intervall $]24+4; \infty[=]28; \infty[$ ebenfalls 5 % aller Werte liegen. Die größten 5 % aller Werte überschreiten den Wert 28.

8.156 Teilt man die Strecke von 410 bis 440 in drei gleiche Teile und zeichnet man durch die Teilungspunkte senkrechte Geraden, so geht die Gerade bei 430 durch den höchsten Punkt der Kurve. Es gilt daher $\mu = 430$. Juttas Schätzung für μ ist exakter.
An der Stelle $x = 440$ hat die Kurve eine Wendestelle und wegen $\mu = 430$ gilt daher $\sigma = 440 - 430 = 10$. Die färbig markierte Fläche ist daher links durch den Wert $410 = 430 - 2 \cdot 10 = \mu - 2 \cdot \sigma$ und rechts durch $440 = 430 + 10 = \mu + \sigma$ begrenzt. Der färbig markierte Prozentsatz beträgt daher in etwa $\frac{1}{2} \cdot 95\,\%$ für den Teil links von μ bzw. $\frac{1}{2} \cdot 68\,\%$ für den Teil rechts von μ und insgesamt $\frac{1}{2} \cdot 95\,\% + \frac{1}{2} \cdot 68\,\% = 81{,}5\,\%$. Theos Schätzung für die Fläche ist exakter.

8.157 ... 2,5 % aller Fische.

8.158 ***1)*** 0,620... % ***3)*** 0,008... % ***5)*** 99,379... %
2) 93,319... % ***4)*** 99,999... % ***6)*** 50 %

8.159 ***1)*** 0,620... % ***2)*** 33,316... cm ***3)*** [31,710... cm; 38,289... cm]
4) Die Grafik zeigt die Verteilungsfunktion G für die Länge x der Holzscheite. Der Wendepunkt der Kurve liegt bei x = 35 cm, das ist der Erwartungswert μ der Länge der Holzscheite.
Dargestellt ist weiters, dass 0,4 = 40 % der Holzscheite eine Länge von höchstens 34,5 cm bzw. 0,8 = 80 % der Holzscheite eine Länge von höchstens 36,7 cm aufweisen.

8.160 ***a)*** ***1)*** 0,057... % ***2)*** 30,853... % ***3)*** 46,483... %
b) [6,084... L; 8,715... L]

8.161 ***1)*** $\mu = 233{,}664... \frac{N}{mm^2}$ ***2)*** $\left[167{,}870... \frac{N}{mm^2}; 299{,}458... \frac{N}{mm^2}\right]$

8.162 0,455... μm

8.163 ***1)*** Wegen $P(X \geqslant 5\,990\text{ L}) \geqslant 0{,}95$ müsste $P(X < 5\,990\text{ L}) < 0{,}05$ gelten. Die Berechnung ergibt aber $P(X < 5\,990\text{ L}) = 0{,}158... > 0{,}05$.
2) Verbessern der Standardabweichung auf $\sigma \leqslant 6{,}079...$ L oder Erhöhen des Erwartungswerts auf $\mu \geqslant 6\,006{,}448...$ L.

8.164 0,00603... %

8.165 ***1)*** 0,269... % ***2)*** $\sigma = 0{,}053...$ mm

8.166 ***1)*** 4,550... % ***2)*** μ = 1,516... kg ***3)*** σ = 1,289... dag
4) Die rosa markierte Fläche gibt an, wie viel Prozent der Hanteln eine Masse von mindestens 1,55 kg haben.

8.167 ***1)*** 0,269... % ***2)*** σ = 6,722... V

8.168 ***1)*** 0,085... % ***2)*** σ = 0,194... s

8.169 ***1)*** 8,075... % ***2)*** [0,969... kg, 1,170... kg] ***3)*** 1,087... kg

8.170 μ = 0,500... L, σ = 0,00563... L

8.173 0 %

8.174 Signor Lottoberti muss 21 Packungen (20,815... Packungen, normalverteilt) bestellen.

8.175 ***1)*** 2,471... % (hypergeometrisch verteilt), 2,953... % (binomialverteilt) bzw. 63,358... % (binomialverteilt), 65,944... % (normalverteilt)
Die genauen Werte sind jeweils kleiner als die Näherungswerte.
2) 462 Tickets (binomialverteilt), 460 Tickets (460,712... Tickets, normalverteilt)

8.176 Die Faktoren $p \cdot (1 - p)$ sind Teil des Produkts, das größer als 9 sein soll.
Um das Maximum von $p \cdot (1 - p)$ zu erhalten, muss die Extremwertaufgabe $(p - p^2)' = 0$ gelöst werden: $1 - 2p = 0 \Rightarrow p = 0{,}5$.
Wenn nun $p \cdot (1 - p)$ möglichst groß ist, dann kann der dritte Faktor n im selben Verhältnis kleiner sein und die Bedingung, dass das Produkt größer sein soll als 9 ist noch immer erfüllt.

8.177 ***1)*** μ = 898,464... g, σ = 4,316... g
2)

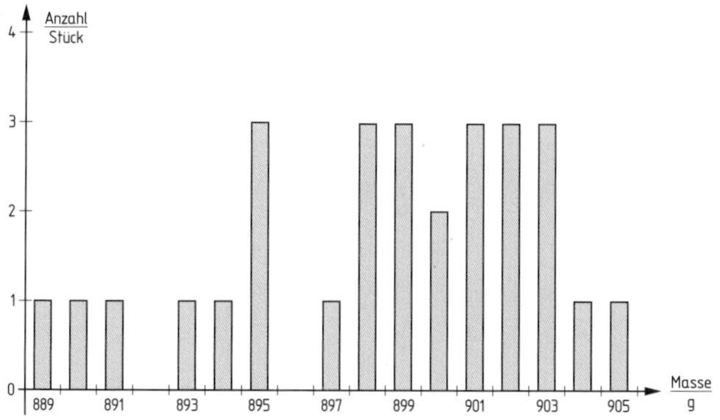

3) und ***4)***
Es ist mit selbst gewählten Daten zu arbeiten.

8.180 ***1)*** $\mu_{\bar{x}} = 20$, $\sigma_{\bar{x}} = \frac{3}{\sqrt{n}}$
a) $\sigma_{\bar{x}}$ = 0,948... ***b)*** $\sigma_{\bar{x}}$ = 1,341... ***c)*** $\sigma_{\bar{x}}$ = 1,060... ***d)*** $\sigma_{\bar{x}}$ = 0,6

2)

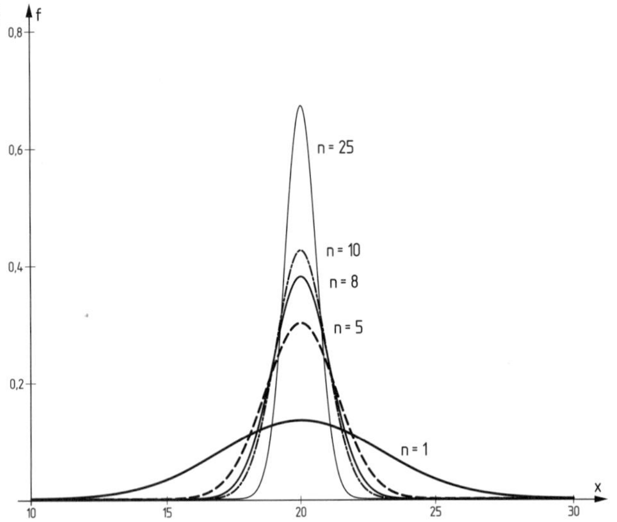

Alle Dichtefunktionen haben denselben Mittelwert und die Fläche zwischen Dichtefunktion und x-Achse hat den Wert 1. Je größer n ist, desto höher und schmäler wird die Glockenkurve.

8.181 Der Mittelwert der beiden Verteilungen ist gleich. Die Standardabweichung der neuen Verteilung ist um den Faktor $\frac{1}{\sqrt{10}}$ kleiner. Damit wird die Dichtefunktion höher und schmäler.

8.182

... normalverteilt mit $\mu_{\bar{x}} = 0$ und $\sigma_{\bar{x}} = 9$.	☐
... normalverteilt mit $\mu_{\bar{x}} = 80$ und $\sigma_{\bar{x}} = 9$.	☐
... normalverteilt mit $\mu_{\bar{x}} \neq 80$ aber $\sigma_{\bar{x}} = 9$.	☐
... normalverteilt mit $\mu_{\bar{x}} = 80$ und $\sigma_{\bar{x}} = 1{,}5$.	☒
... normalverteilt mit $\mu_{\bar{x}} = 80$ und $\sigma_{\bar{x}} = 0{,}25$.	☐

8.183 Die Aussage ist richtig, da ein größerer Stichprobenumfang wegen $\sigma_{\bar{x}} = \frac{\sigma}{\sqrt{n}}$ eine engere, aber höhere Glockenkurve bedingt.

8.184 ***1)*** 18,554... % ***2)*** 202,865... kg

8.185 ***1)*** $\mu_{\bar{x}} = 38\ \frac{N}{mm^2}$, $\sigma_{\bar{x}} = 0{,}4\ \frac{N}{mm^2}$ ***2)*** 37,342... $\frac{N}{mm^2}$

8.186 ***1)*** 46,307... % ***2)*** 2,848... g

8.187 ***1)*** 28,332... % ***2)*** 30,391... $\frac{\text{Lumen}}{\text{Watt}}$

8.188 ***1)*** 1 020,758... g ***2)*** [5 046,194... g; 5 161,389... g]

8.189 ***a)*** 40 320 ***b)*** 20 160

8.190 ***1)*** 5 ***2)*** 34

8.191 ***1)*** 67 600

2) Nein, die Anzahl der Möglichkeiten bleibt gleich. Bei der ersten Variante wird 26 · 26 · 10 · 10 gerechnet und bei der zweiten 26 · 10 · 26 · 10. Da die Multiplikation kommutativ ist, sind beide Ergebnisse gleich.

3) 52

8.192 ***1)*** $\frac{B!}{(B-A)!}$ ***2)*** $\binom{B+A-1}{A}$

8.193 ***1)*** Bulgarien 0,000308... %

2) In einem einwohnerstärkeren Land sind mehr abgegebene Lotto-Tipps zu erwarten. Um eine niedrige Gewinnchance für den Hauptgewinn beizubehalten, erhöht man die Anzahl der möglichen Lotto-Tipps.

8.194 ***1)*** 40 320 ***2)*** 5 040 ***3)*** 604 800

8.195 ***a)*** $0,1\dot{6} \approx 16,7\ \%$ ***b)*** $0,1\dot{6} \approx 16,7\ \%$ ***c)*** $0,0\dot{5} \approx 5,6\ \%$ ***d)*** $0,08\dot{3} \approx 8,3\ \%$ ***e)*** $0 = 0\ \%$ ***f)*** $1 = 100\ \%$

8.196

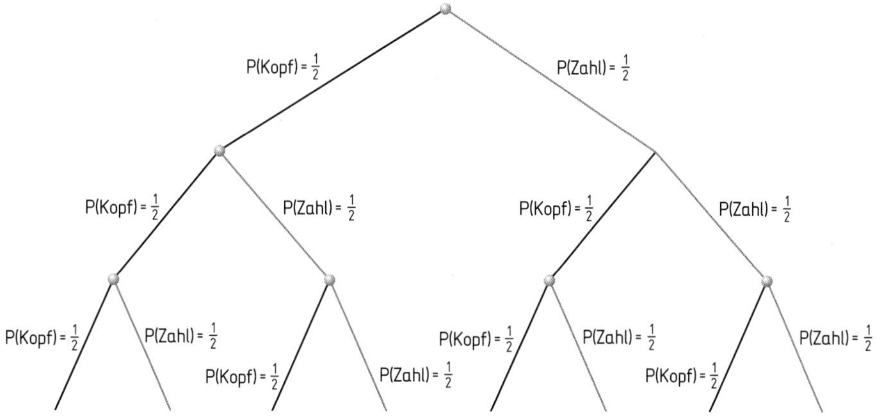

a) 12,5 % ***b)*** 12,5 % ***c)*** 50 % ***d)*** 87,5 % ***e)*** 50 % ***f)*** 25 %

8.197

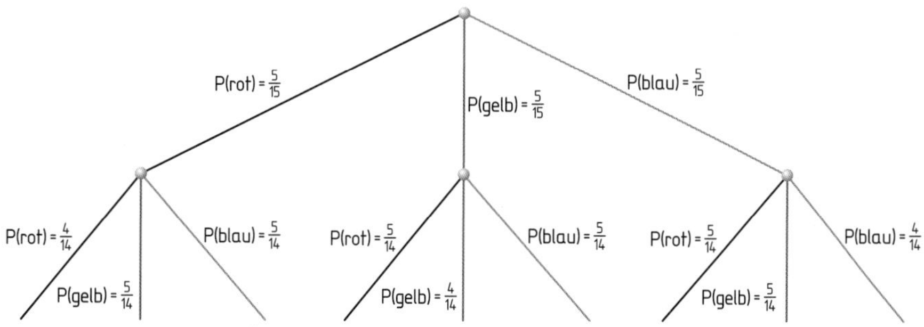

1) 11,904... % ***2)*** 9,523... % ***3)*** 23,809... % ***4)*** 42,857... %

8.198 ***a)*** 0,075 % ***b)*** 27,325 % ***c)*** 12,825 % ***d)*** 24,725 %

8.199 ***a)*** 72,9 % ***b)*** 8,1 %

8.200 ***a)*** 42,5 % ***b)*** 57,5 % ***c)*** 12,5 % ***d)*** 87,5 % ***e)*** 40 % ***f)*** 57,142... % ***g)*** 86,956... % ***h)*** 11,764... %

8.201

$\left(\frac{5}{9}\right)^2 \cdot \frac{4}{9}$	☐
$3 \cdot \frac{5}{9} \cdot \frac{4}{9}$	☐
$3 \cdot \frac{5}{9} \cdot \left(\frac{4}{9}\right)^2 + 3 \cdot \frac{4}{9} \cdot \left(\frac{5}{9}\right)^2$	☐
$1 - \left(\frac{5}{9}\right)^3$	☒
$1 - \left(\frac{4}{9}\right)^3$	☐

Das Ereignis "höchstens zweimal grün" kann in folgende Einzelereignisse zerlegt werden: "kein mal grün" oder "einmal grün" oder "zweimal grün". Einfacher lässt sich das mit der Gegenwahrscheinlichkeit berechnen: Dazu muss zuerst das Gegenereignis von "höchstens zweimal grün" formuliert werden: "dreimal grün". Die Wahrscheinlichkeit von "höchstens zweimal grün" ist gleich 1 minus die Wahrscheinlichkeit von "dreimal grün".

8.202 ***a)*** 87,842... % ***b)*** 29 Schülerinnen oder Schüler (28,433...)

8.203 ***1)***

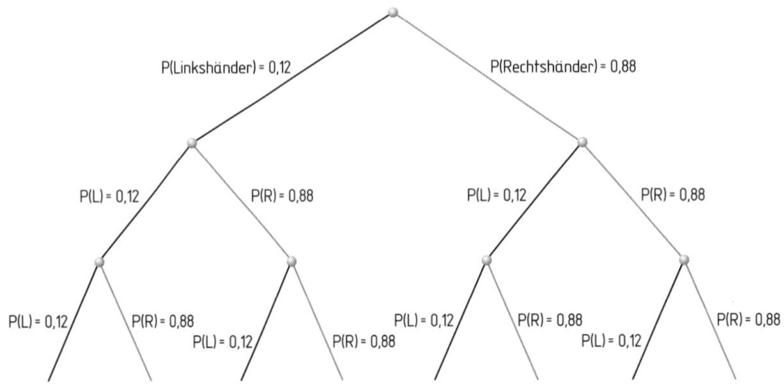

31,8528 %

2) 24 Menschen (23,434...)

8.204 Aufgabe ***A)*** lässt sich mithilfe des dargestellten Baumdiagramms lösen. Für die Lösung der Aufgabe ***B)*** müsste die linke Seite des Baumdiagramms identisch zur rechten Seite ausgeführt sein.

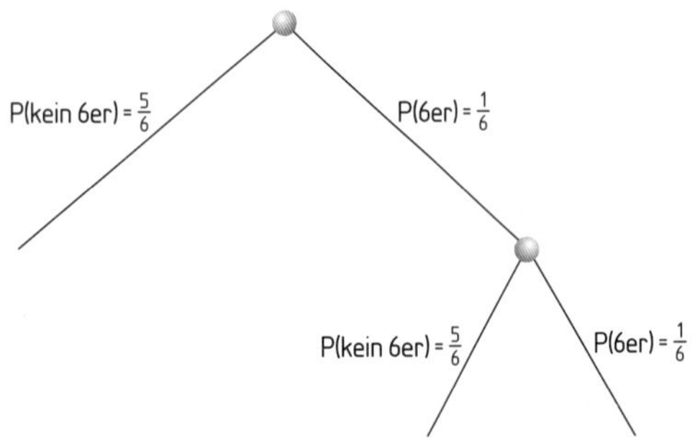

8.205 ***a)*** 36,428... % ***c)*** 51,601... % ***e)*** 99,968... % ***g)*** 48,398... %
b) 84,827... % ***d)*** 0,357... % ***f)*** 0,00192... %

8.206 ***1)*** $P(X \geqslant 4) = \sum_{x=4}^{30} \binom{30}{x} \cdot 0{,}08^x \cdot 0{,}92^{30-x}$ ***2)*** 193 Personen

8.207 ***1)*** Es wird die Wahrscheinlichkeit berechnet, dass bei einer Stichprobengröße von 100 Stück mindestens 90 Stück Ausschuss enthalten sind.
2) 1,755... %

8.208 ***1)*** 30,961... % ***2)*** 93,794... % bzw. 25,072... %

8.209 ***1)*** Poisson-Verteilung: Die Kenntnis von μ reicht aus, um die Wahrscheinlichkeit für eine bestimmte Fehleranzahl pro Einheit anzugeben. Sind in einem Produktionsprozess die Merkmale pro Einheit mit einem Erwartungswert μ Poisson-verteilt und werden diese Einheiten zu Packungen von n Einheiten zusammengefasst, dann ist die Anzahl der Fehler pro Packung ebenfalls Poisson-verteilt mit dem Erwartungswert $n \cdot \mu$ (Additionssatz der Poisson-Verteilung).

$$P(X = x) = \begin{cases} \frac{\mu^x}{x!} \cdot e^{-\mu} & \text{für } x \in \mathbb{N} \\ 0 & \text{sonst} \end{cases}$$

2) a) 12,245... % ***b)*** 87,754... % ***c)*** 37,961... %

8.210 4,978... %

8.211 ***1)*** und ***2)***

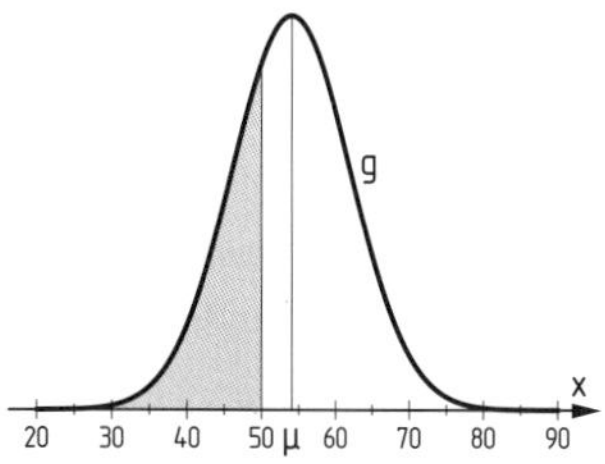

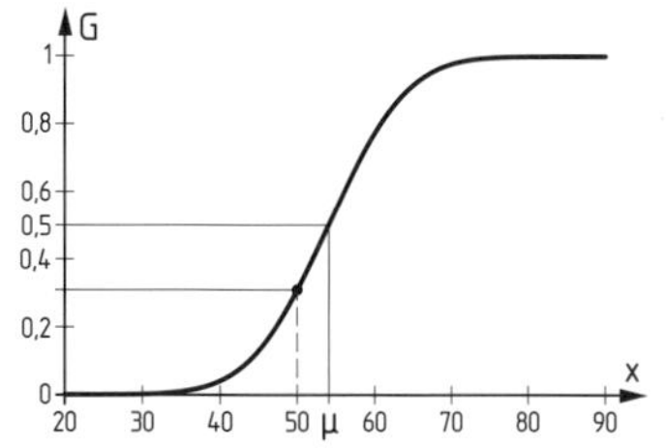

8.212 ***1) a)*** 81,525... % ***b)*** 1,464... % ***c)*** 4,777... %
2) a) mindestens 3 849,805... g ***b)*** höchstens 2 945,790... g
3) [2 850,194... g; 3 849,805... g]

8.213 ***1)*** 25,592... μm ***2)*** 3,039... μm

8.214 μ = 1,987... mm, σ = 0,074... mm

8.215 19,945... L

8.216 ***1)*** 0,931... % bzw. 11,970... % ***2)*** 91,359... %

8.217 ***a)*** 1,775... % ***b)*** 17,255... % ***c)*** 1 032,815... ml ***d)*** 13,666... % ***e)*** 1 021,281... ml

8.218 ***1)*** 91,928... % ***3)*** 804 Stück (803,022..., normalverteilt) ***5)*** 3,097... %
2) 67,248... % ***4)*** 15 Druckfehler

8.219 ***1)*** 16 ***2)*** 12

8.220 ***1)*** 24 numbers ***2)*** 12 numbers ***3)*** 18 numbers ***4)*** 6 numbers

8.221 ***1)*** 50 % ***2)*** 25 % ***3)*** 7.692... % ***4)*** 15.384... % ***5)*** 38.461... %

8.222 ***1)*** 144 ***2)*** 720

8.223 ***1)*** 12.96 % ***2)*** 15.36 % ***3)*** 97.44 %

8.224 45.385... % (binomial)

8.225 ***1)*** 24.650... % ***2)*** 0.0447... % ***3)*** 92.220... %

8.226 $-1,4\dot{2}$ and $0,3\dot{5}$

9 Beurteilende Statistik

9.1 [498,407... g; 541,592... g]

9.4 ***1)*** [49,020... mm; 50,979... mm] ***2)***]−∞; 50,232... g]

9.5 ***1)*** 21,129... %

2) [6,802... cm; 7,197... cm]

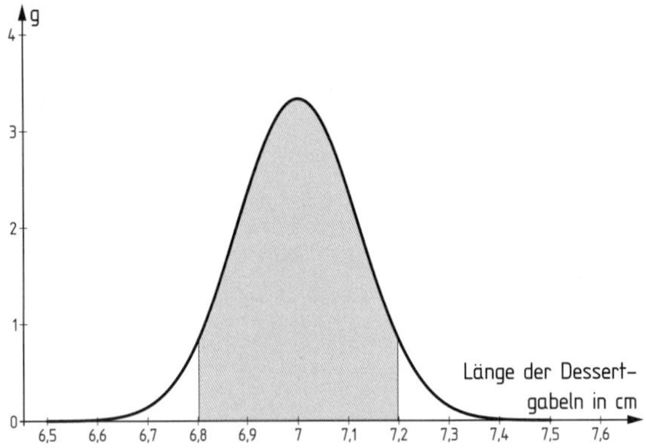

3) Wird die Irrtumswahrscheinlichkeit α erhöht, wird der Zufallsstreubereich kürzer, da eine höhere Irrtumswahrscheinlichkeit eine geringere Wahrscheinlichkeit für den Zufallsstreubereich bedingt.

9.6 Der zweiseitige Zufallsstreubereich für die Druckdauer für $\alpha = 5\ \%$ beträgt [5,428... s; 5,571... s]. Der Mittelwert der Druckdauer aus der Stichprobe liegt weit darunter. Daher ist die Behauptung des Herstellers über die Druckdauer des neuen Druckermodells mit an Sicherheit grenzender Wahrscheinlichkeit falsch.

9.7 ***1)*** [4,884... cm; 5,915... cm]

2) mindestens 5,071... cm bzw. höchstens 5,728... cm

3) mindestens 5,295... cm bzw. höchstens 5,504... cm

9.8 ***1)*** 0 bis 10 fehlerhafte Stoffballen

2) Die untere Bereichsgrenze vergrößert sich und die obere Bereichsgrenze verkleinert sich, da der Zufallsstreubereich bei einer Wahrscheinlichkeit von 95 % insgesamt kleiner wird, verglichen mit einer Wahrscheinlichkeit von 99 %.

3) a) höchstens 7 fehlerhafte Stoffballen ***b)*** mindestens 1 fehlerhafter Stoffballen

9.9 ***1)*** 0 bis 4 fehlerhafte USB-Sticks

2) a) und ***b)*** Beide Bereichsgrenzen werden größer. Der Zufallsstreubereich verschiebt sich nach rechts.

9.10 ***a)*** 20 Autofahrer ***b)*** 18 bis 39 Autofahrer ***c)*** 37 Autofahrer

9.11 ***1) a)*** 4 Lackfehler ***b)*** 0 Lackfehler ***2)*** 0 bis 5 Lackfehler

9.15 Das Konfidenzintervall für σ hängt nicht von μ ab.

9.16 $1{,}091...\text{ cm} \leq \mu \leq 1{,}108...\text{ cm}$

9.17 $116{,}056...\ \frac{\text{Touren}}{\text{m}} \leq \mu \leq 123{,}943...\ \frac{\text{Touren}}{\text{m}}$

9.18 ***1)*** Berechnung des Mittelwerts der Stichprobe: $\bar{x} = \frac{1}{9} \cdot \sum_{i=1}^{9} x_i$

Berechnung der Standardabweichung der Stichprobe: $s = \sqrt{\frac{1}{8} \cdot \sum_{i=1}^{9} (x_i - \bar{x})^2}$

Für einen zweiseitigen Vertrauensbereich für μ bei unbekanntem σ verwendet man die t-Verteilung: Berechnung mittels Technologieeinsatz (zB Mathcad) für $\frac{\alpha}{2}$ und $9 - 1 = 8$ Freiheitsgrade: $t_{f;\,1-\frac{\alpha}{2}} = t_{8;\,0{,}975}$

Berechnung der Bereichsgrenzen: $\mu_{o,\,u} = \bar{x} \pm t_{f;\,1-\frac{\alpha}{2}} \cdot \frac{s}{\sqrt{n}} = \bar{x} \pm t_{8;\,0{,}975} \cdot \frac{s}{3}$

2) Der Vertrauensbereich (196,247... ml $\leq \mu \leq$ 204,418... ml) schließt den Wert ein.

3) Wird der Stichprobenumfang vervierfacht, verbessert sich dadurch die Informationslage und der Vertrauensbereich wird schmäler.

9.19 ***1)*** 97,356... ml $\leq \mu \leq$ 102,643... ml
Der vom Hersteller angegebene Erwartungswert liegt außerhalb dieses Bereichs.
2) 1,857... ml $\leq \mu \leq$ 8,411... ml
3) Das Konfidenzintervall für μ bzw. σ wird größer, wenn α verkleinert wird und umgekehrt.

9.20 ***1)*** 20,333... $\frac{\text{mg}}{\text{L}} \leq \mu \leq$ 21,466... $\frac{\text{mg}}{\text{L}}$, vorausgesetzt $\sigma = 1{,}12\ \frac{\text{mg}}{\text{L}}$ ändert sich durch den Einbau des Filters nicht.
Der Zinkgehalt hat sich mit einer Irrtumswahrscheinlichkeit von 2,5 % geändert, da der ursprüngliche Erwartungswert nicht im 95%igen Konfidenzintervall für den Erwartungswert liegt.

9.21 95%iges Konfidenzintervall: 3,986... kg $\leq \mu \leq$ 4,099... kg
99%iges Konfidenzintervall: 3,961... kg $\leq \mu \leq$ 4,124... kg
Der ursprüngliche Erwartungswert von 4,10 kg liegt zwar nicht im 95-%-Vertrauensbereich, allerdings im 99-%-Vertrauensbereich. Daher muss nicht von einer Änderung der mittleren Füllmenge ausgegangen werden.

9.22 ***1)*** 19,842... kg $\leq \mu \leq$ 20,457... kg, 0,295... kg $\leq \sigma \leq$ 0,785... kg
2) 19,948... kg $\leq \mu \leq$ 20,351... kg, 0,327... kg $\leq \sigma \leq$ 0,628... kg
Bei größerem Stichprobenumfang werden die Konfidenzintervalle schmäler.
3) 101 Zementsäcke (100,916...)

9.24 [12,449... %; 20,883... %]

9.25 ***1)*** [1,655... %; 14,783... %]
2) [0,687... %; 20,270...%]; dieser Vertrauensbereich ist größer, damit ist auch die Wahrscheinlichkeit größer, dass er zutrifft.
3) [3,165... %; 10,236... %]; wenn n steigt, dann wird der Vertrauensbereich bei gleich bleibendem α kleiner.

9.26 ***1)*** 3 484 Personen (3 483,320...)
2) 13 934 Personen (13 933,282...); 4-mal so viele Personen müssen dann befragt werden.
3) Wird die Schwankungsbreite um den Faktor k verkleinert, erhöht sich die Anzahl n um den Faktor k^2.

9.27 ***1)*** [95,394...%; 99,347...%]
2) 335 Personen (334,633...)

9.28 ***1)*** Mit 95%iger Sicherheit kennen nun zwischen 27,354... % und 33,045... % den Eissalon, das entspricht einer leichten Erhöhung des Bekanntheitsgrads.
2) von 10 % bis 26 % (genau) bzw. von 10,470... % bis 25,529... % (näherungsweise)

9.29 68,512... %

9.30 Die Aussage ist richtig, falls $n(\hat{p}) = \left(\frac{u_{1-\frac{\alpha}{2}}}{b}\right)^2 \cdot \hat{p} \cdot (1 - \hat{p})$ mit b als vorgegebener Breite des Vertrauensbereichs an der Stelle $\hat{p} = 0{,}5$ ein Maximum hat.
$n'(\hat{p}) = \left(\frac{u_{1-\frac{\alpha}{2}}}{b}\right)^2 \cdot (1 - 2\hat{p})$, $n'(\hat{p})$ null setzen ergibt $\hat{p} = 0{,}5$.

9.31 ***1)*** 4 bis 11 Gutscheine
2) Die Wahrscheinlichkeit, dass unter den Schülerinnen und Schülern weniger als vier Gutscheine verteilt werden, liegt unter 5 %. Entweder werden die Gutscheine nicht wirklich zufällig verteilt oder die Chance ist deutlich geringer.

9.32 $H_0: \mu = 400$ mm, $H_A: \mu \neq 400$ mm

9.33 ***1)*** $H_0: \mu \leqslant 700$ g, $H_A: \mu > 700$ g
2) Die Wahrscheinlichkeit, dass bei diesem Test die Nullhypothese zu unrecht verworfen wird, liegt bei 1 %. Mit einer Sicherheit von 99 % hat sich der Erwartungswert geändert.

9.35 Einseitiger u-Test: $u_{\text{prüf}} = 1{,}714... > u_{1-\alpha} = 1{,}644... \Rightarrow$ Die mittlere Schadstoffbelastung ist mit einer Irrtumswahrscheinlichkeit von 5 % angestiegen.

9.36 ***1)*** Zweiseitiger u-Test: $u_{\text{prüf}} = 4{,}016... > u_{1-\frac{\alpha}{2}} = 1{,}959... \Rightarrow$ Der Erwartungswert hat sich mit einer Irrtumswahrscheinlichkeit von 5 % geändert.

2) P = 0,0059... %; als P-Wert bezeichnet man jenes Signifikanzniveau, bei dem man H_0 gerade noch verwerfen würde, für das also der kritische Wert mit der Prüfgröße übereinstimmt. Ist $P \leqslant 0{,}1$ % wie im vorliegendem Fall, ist die Alternativhypothese H_A praktisch sicher (= „hochsignifikant").
3) Der P-Wert ist kleiner als 1 %, daher würde man die Nullhypothese bei $\alpha = 1$ % verwerfen.

9.37 ***1)*** Einseitiger u-Test: $u_{\text{prüf}} = -3{,}784... < u_\alpha = -2{,}326... \Rightarrow$ Mit einer Irrtumswahrscheinlichkeit von 1 % wurden die Vanillemilchpackungen zu gering befüllt. P = 0,0077... % (hochsignifikant)
2) Einseitiger u-Test: $u_{\text{prüf}} = -1{,}892... > u_\alpha = -2{,}326... \Rightarrow$ Mit einer Irrtumswahrscheinlichkeit von 1 % wurden die Vanillemilchpackungen nicht zu gering befüllt.
P = 2,924... % (schwach signifikant, H_A wahrscheinlich)

9.38 ***1)*** Hat sich die mittlere Reißfestigkeit der Paketschnüre erhöht?
2) Die Nullhypothese (Erhöhung der mittleren Reißfestigkeit der Paketschnüre) wird bei einem Signifikanzniveau von 5 % abgelehnt, denn der P-Wert beträgt laut Auswertung 0,032996 und gibt jenes Signifikanzniveau an, bei dem die Nullhypothese gerade noch verworfen wird. Die Nullhypothese wird bei einem Signifikanzniveau von 1 % angenommen.

9.39 ***1)*** Einseitiger t-Test: $t_{\text{prüf}} = -1{,}030... < t_{1-\alpha} = 1{,}761... \Rightarrow$ Mit einer Irrtumswahrscheinlichkeit von 5 % wird der Sollwert nicht überschritten.
2) P = 16,004... %, dh erst bei einem Signifikanzniveau von rund 16 % würde man die Nullhypothese verwerfen. Daher bleibt die Nullhypothese aufrecht.

9.40 Zweiseitiger t-Test: $|t_{\text{prüf}}| = 1{,}836... < t_{1-\frac{\alpha}{2}} = 3{,}249... \Rightarrow$ Mit einer Irrtumswahrscheinlichkeit von 1 % hat sich der ursprüngliche Erwartungswert nicht geändert.

9.42 Es liegt mit einer Wahrscheinlichkeit von 99,990... % ein Betrugsversuch vor. Der Annahmebereich liegt bei 9 bis 300 Packungen, die kein Untergewicht aufweisen.

9.43 21 regelmäßig lesende Schülerinnen und Schüler liegen nicht im Annahmebereich von 30 bis 51 Schülerinnen und Schüler. Deshalb wird die Nullhypothese verworfen. Der Prozentsatz hat sich verringert.

9.44 **1)** Annahmebereich: 228 bis 300 Kunden, Ablehnungsbereich: 0 bis 227 Kunden.
Liegt die Anzahl Kunden, die auf einer Fachmesse einen Katalog bestellen, im Annahmebereich, wird die Nullhypothese (= mindestens 80 % der Kunden bestellen einen Katalog auf einer Fachmesse) angenommen, im anderen Fall nicht.
2) 1,248... %, Fehler 2. Art

9.45 **1)** 82,096... %, Fehler 2. Art
2) Die vorliegenden Daten gelten für Akrobaten, nicht für Clowns. Deshalb können die Trainingsgewohnheiten nicht direkt übertragen werden.

9.46 **1)** Annahmebereich: 0 bis 31 schummelnde Studierende $\Rightarrow$ 28 bekennende schummelnde Studierende liegen im Annahmebereich. Die Behauptung des Berichts wird angenommen.
2) Der Test ist darauf abgestimmt, ob der tatsächliche Wert höher als 16 % ist (= einseitiger Test). Deshalb wird bei den angegebenen 5 % die Nullhypothese sicher nicht verworfen. Der Fehler 2. Art kann nicht berechnet werden, da keine konkrete Anzahl an schummelnden Studierenden gegeben ist.

9.47 158 Schülerinnen und Schüler liegen nicht im Annahmebereich von 161 bis 189 Schülerinnen und Schüler. Deshalb wird die Behauptung der Schulärztin verworfen. Der Prozentsatz ist niedriger.

9.48 Annahmebereich: 20 bis 39 Schülerinnen und Schüler. Sollte die Anzahl der regelmäßig Sport betreibenden Schülerinnen und Schüler in diesem Bereich liegen, dann ist die Behauptung des Gesundheitsministeriums mit einer Irrtumswahrscheinlichkeit von 5 % richtig.

9.51 Zweistichproben-F-Test, zweiseitig: $F_{\text{prüf}} = 1{,}741... < F_{9,9;\,1-\frac{\alpha}{2}} = 6{,}541... \Rightarrow$ Die Wahrscheinlichkeit, dass die Varianz der Schneidemaschine nach der Wartung eine andere als vor der Wartung ist, ist kleiner als 1 %.

9.52 **1)** Ein Zweistichproben-t-Test kann durchgeführt werden, wenn die Werte der Druckfestigkeit des an den zwei Maschinen gemischten Betons normalverteilt sind und die gleiche Varianz aufweisen. Die Stichprobengröße muss bei beiden Maschinen gleich groß sein.
2) Zweistichproben-t-Test, zweiseitig: $|t_{\text{prüf}}| = 2{,}208... < t_{1-\frac{\alpha}{2}} = 2{,}976... \Rightarrow$ Die Erwartungswerte beider Beton-Mischmaschinen sind gleich, mit einer Irrtumswahrscheinlichkeit von 1 %.
3) $\alpha = 5\,\% > P = 4{,}44\,\% \Rightarrow$ Mit einer Irrtumswahrscheinlichkeit von 5 % muss davon ausgegangen werden, dass die Erwartungswerte nicht gleich sind.

9.53 **1)** und **2)**

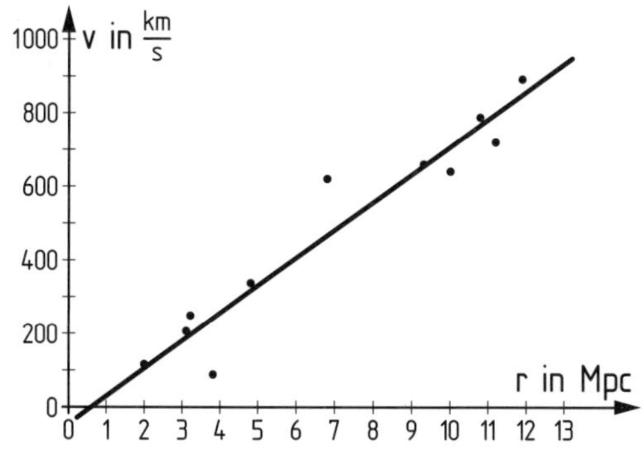

$v = 73{,}810...\,r - 31{,}456...$

3) Die Steigung entspricht annähernd der Hubble-Konstanten.

9.56

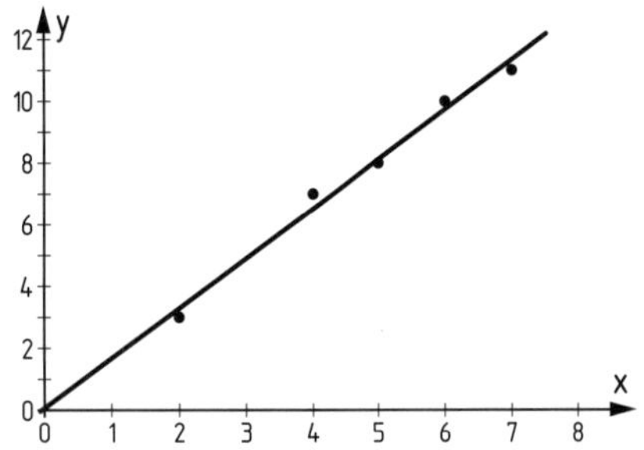

$y = 1{,}608... x + 0{,}081...$

9.57 ***a) 1)*** $y = 0{,}875x + 1{,}1875$ ***2)*** A(9|9,0625), B(10,071...|10)
b) 1) $y = 1{,}406...x + 7{,}372...$ ***2)*** A(3,290...|12), B(8|18,625)

9.58 ***1)*** $y = -1{,}\overline{144}x + 10{,}2\overline{567}$ ***2)*** 6,824...

9.59 ***1)*** $K(x) = 44{,}362... \frac{€}{m} \cdot x + 970{,}588...\ €$ ***2)*** 3 410,54 € (3 410,539...)

9.60 ***1)*** $y = 0{,}0132...x - 12{,}261...$ ***2)*** 3,641... kW

3) Die Drehzahl von 1200 Umdrehungen pro Minute liegt außerhalb des Intervalls der Messdaten.

4)

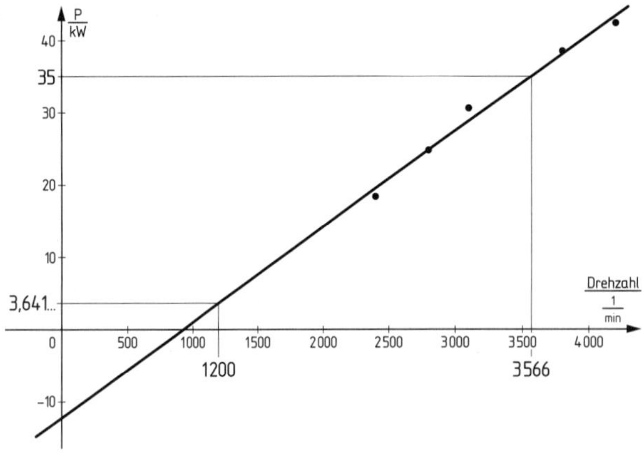

9.61 ***1)***

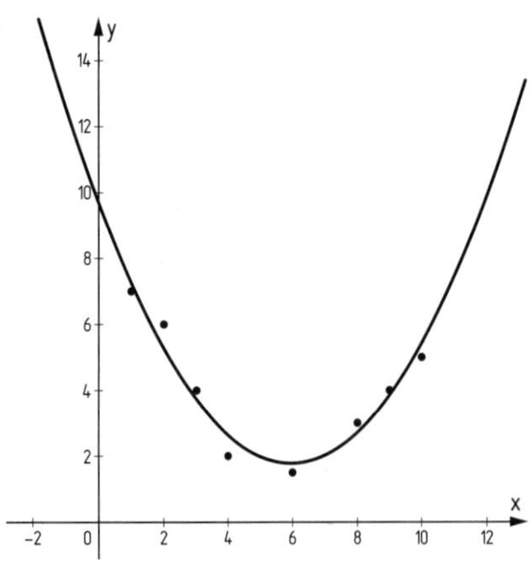

Die Punkte liegen annähernd auf einer Parabel, daher ist eine quadratische Funktion für die Regressionsfunktion am besten geeignet.

2) $y = 0{,}224...x^2 - 2{,}699...x + 9{,}837...$

3) 1,950...

4) Für jeden Punkt P_i wird die Differenz zwischen seiner y-Koordinate y_i und dem mithilfe der (noch nicht bekannten) quadratischen Funktion $\hat{y} = a \cdot x^2 + b \cdot x + c$ ermittelten Schätzwert $\hat{y}_i$ gebildet: $(\hat{y}_i - y_i)$.

Die Koeffizienten a, b und c der gesuchten Parabel werden nun so ermittelt, dass die Summe der quadrierten Differenzen $(\hat{y}_i - y_i)^2$ minimal wird: $\sum_{i=1}^{10}(\hat{y}_i - y_i)^2 \to$ minimal.

9.62 **1)** $K(x) = 18{,}602...x + 1\,973{,}703...$
2) $K(x) = -0{,}0391...x^2 + 37{,}773...x + 127{,}172...$
3) $K(x) = 0{,}000143...x^3 - 0{,}149...x^2 + 63{,}075...x - 1\,454{,}401...$
Der Kostenverlauf wird am besten mit der kubischen Regressionsfunktion beschrieben, da sich die Messpunkte am besten mit einer Kurve annähern lassen, die eine positive und eine negative Krümmung aufweist.

9.63 Es wird mit individuell erhobenen Daten gearbeitet.

9.65 r = 0,831...

9.66 **a) 1)**

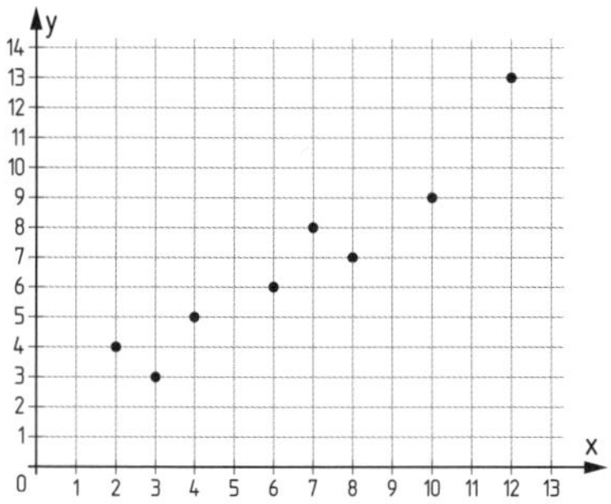

2) Die Daten korrelieren relativ gut, sie liegen beinahe auf einer Geraden.
3) r = 0,952...

b) 1)

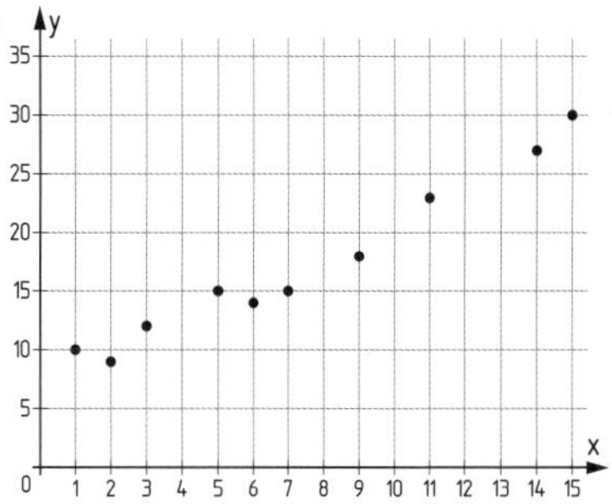

2) Die Daten korrelieren sehr gut, sie liegen beinahe auf einer Geraden.
3) r = 0,981...

9.67 **a)** r = −0,996...; es besteht eine sehr hohe negative Korrelation. Je älter ein Mann ist, desto weniger häufig bewertet er seinen Gesundheitszustand als „sehr gut".
b) r = 0,862...; es besteht eine hohe positive Korrelation. Je älter ein Mann ist, desto häufiger bewertet er seinen Gesundheitszustand als „gut".
c) r = 0,990...; es besteht eine sehr hohe positive Korrelation. Je älter ein Mann ist, desto häufiger bewertet er seinen Gesundheitszustand als „mittelmäßig".

9.68 **1)**

Männer: Höchste abgeschlossene Ausbildung 1971 bis 2008	r	Interpretation
Pflichtschule	−0,997...	Anzahl nimmt ab; ausgezeichneter negativer linearer Zusammenhang.
Höhere Schule	0,991...	Anzahl nimmt zu; ausgezeichneter linearer Zusammenhang.
Universität	0,971...	Anzahl nimmt zu; sehr guter positiver linearer Zusammenhang.

2)

Frauen: Höchste abgeschlossene Ausbildung 1971 bis 2008	r	Interpretation
Pflichtschule	−0,994...	Anzahl nimmt ab; ausgezeichneter negativer linearer Zusammenhang.
Höhere Schule	0,976...	Anzahl nimmt zu; sehr guter positiver linearer Zusammenhang.
Universität	0,939...	Anzahl nimmt zu; sehr guter positiver linearer Zusammenhang.

3)

Männer und Frauen: Höchste abgeschlossene Ausbildung 1971 bis 2008	r	Interpretation
Pflichtschule	−0,995...	Anzahl nimmt ab; ausgezeichneter negativer linearer Zusammenhang.
Höhere Schule	0,985...	Anzahl nimmt zu; sehr guter positiver linearer Zusammenhang.
Universität	0,956...	Anzahl nimmt zu; sehr guter positiver linearer Zusammenhang.

9.69 ***1)*** 314 158 Personen (314 157,96)

2) Das Jahr 2017 (2016,298...) ergibt sich aus dem Schnittpunkt der beiden Regressionsgeraden. Tatsächlich ist es aber so, dass es zwischen den Jahren 2001 und 2011 theoretisch einen Zeitpunkt gegeben haben muss, zu dem gleich viele Frauen und Männer einen Maturaabschluss als höchsten Abschluss hatten.

9.70 ***1)*** $y = 5{,}303...x + 0{,}067...$

2) $r = 0{,}987...$ Es handelt sich um einen sehr guten positiven linearen Zusammenhang.

3)

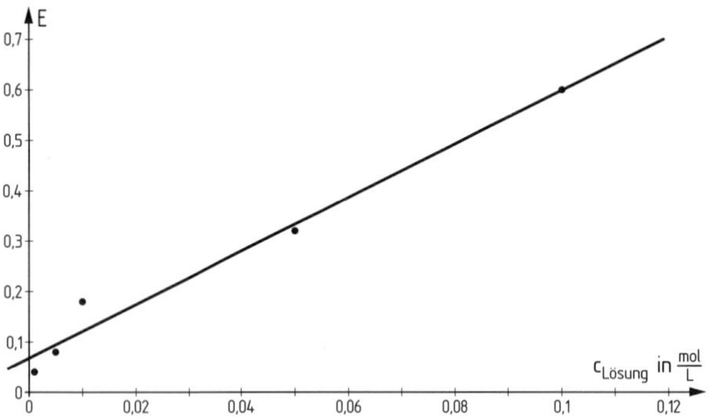

4) $0{,}0343...\ \frac{\text{mol}}{\text{L}}$

9.71 ***1)*** Siehe Buch Seite 251f

2) $K(x) = 18{,}95\ \frac{€}{\text{Stück}} \cdot x + 1\,551{,}00\ €$, $r = 0{,}999...$

3) 12 921,00 €

4) Ein Korrelationskoeffizient $r = -1{,}3$ ist aus zwei Gründen nicht möglich:
Der Absolutbetrag von r kann nicht größer sein als 1. Bei $|r| = 1$ liegen alle Messpunkte auf der Regressionsgerade.
Ist r negativ, liegt ein negativer linearer Zusammenhang vor. Das bedeutet im Sachzusammenhang, dass mit steigender Produktion die Gesamtkosten sinken. Das ist nicht realistisch.

9.72 ***1)***

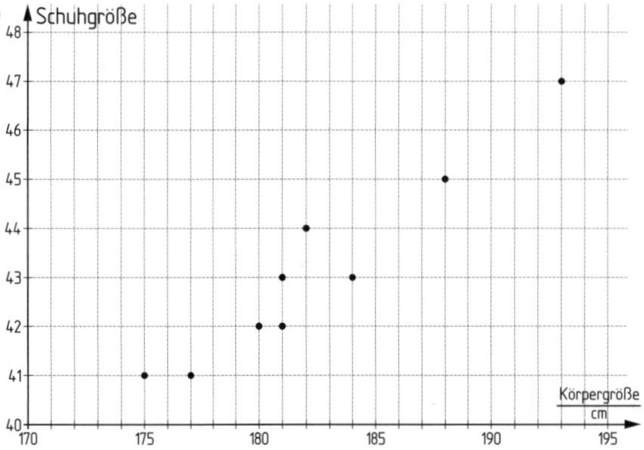

2) $y = 0{,}343...x - 19{,}480...$
3) $r = 0{,}963...$ Es handelt sich um einen sehr guten positiven linearen Zusammenhang.
4) 42 (41,961...)
5)

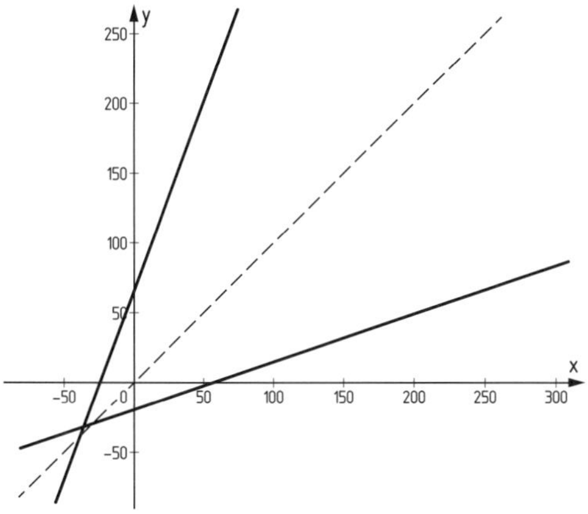

$y = 2{,}706...x + 65{,}697...$
Die zweite Regressionsgerade entspricht nahezu einer Spiegelung der ersten Regressionsgeraden an der 1. Mediane.

9.73 **1)** 95,344... %, 56,812... %, 37,478... %
2)

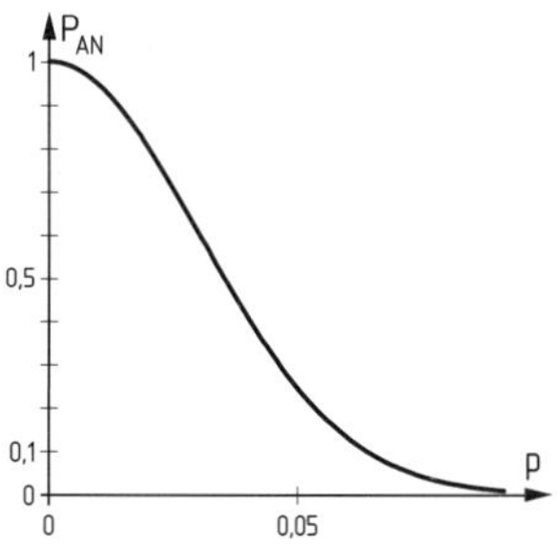

Die Annahmewahrscheinlichkeit ist bei einem Schlechtanteil von p = 0 gleich 1. Sie sinkt mit steigendem Schlechtanteil zuerst langsam, dann schneller. Die Kurve hat ihren Wendepunkt bei ca. p = 0,03. Mit steigendem p nähert sich die Kurve asymptotisch der waagrechten Achse.
3) $p_{AOQL} = 2{,}809...$ %, $D_{max} = 1{,}711...$ %

9.74 **1)** 92,016... % **2)** 32,332... % **3)** 23,514... %

9.75

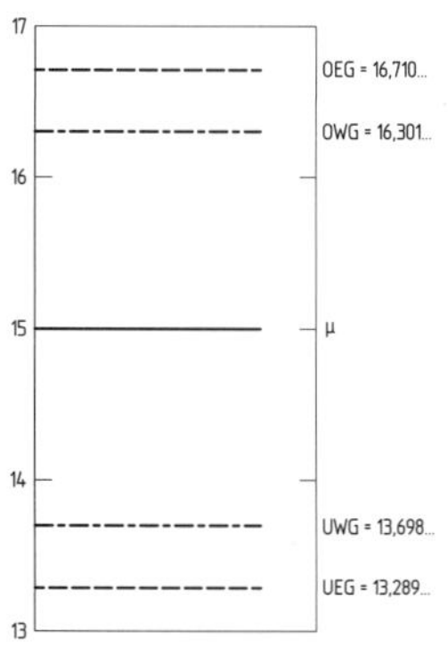

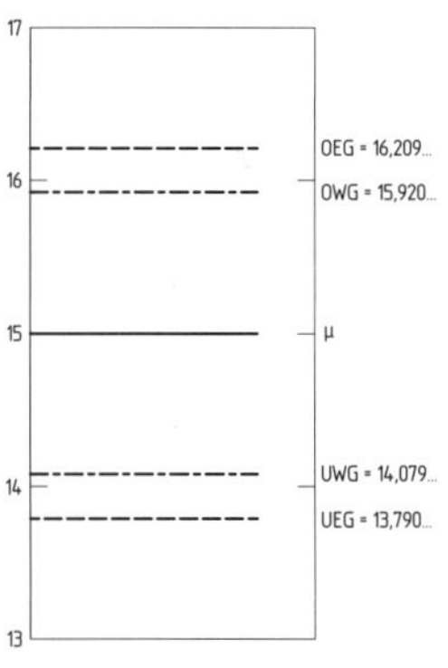

Bei größerem n rücken die Eingriffs- und Warngrenzen näher zum Mittelwert, da die Standardabweichung der Stichprobenmittelwerte kleiner wird.

9.76 ***1)*** und ***2)***

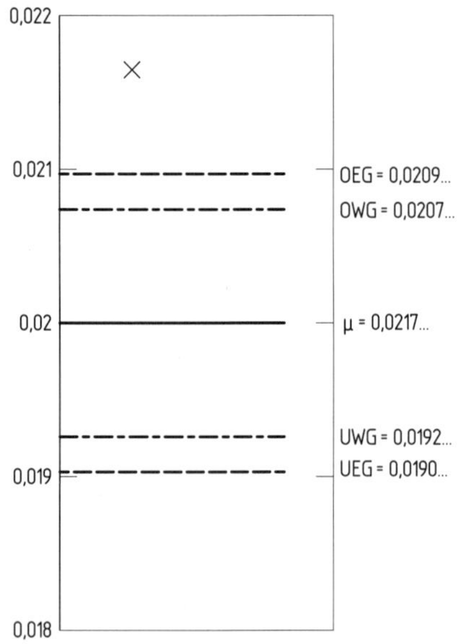

Der Stichprobenmittelwert $\bar{x}$ = 0,0217... mm liegt oberhalb der oberen Eingriffsgrenze. Die Produktion muss gestoppt und die Einstellung der Maschine überprüft bzw. geändert werden.

9.77 ***a)*** 0,497... mm ***b)*** $0,\dot{3}$ mm ***c)*** 0,256... mm

9.78 ***a)*** 0,128... ***b)*** 16,025... ***c)*** 0,00641...

9.79 [3,211... $\frac{N}{mm^2}$; 11,843... $\frac{N}{mm^2}$]

9.80 [3,327... %; 21,813... %]

9.81 ***1)*** zweiseitiger t-Test: $t_{prüf} = -1{,}898... < t_{\frac{\alpha}{2}} = -1{,}833 \Rightarrow$ Mit einer Sicherheit von 90 % hat sich der Mittelwert nicht verändert. Die Einstellung muss nicht geändert werden.
2) Wenn man die Standardabweichung der Grundgesamtheit kennt.
3) [3,291... ml; 12,137... ml]
4) P = 4,502... % (= schwach signifikant, dh die Alternativhypothese ist wahrscheinlich);
$P \geqslant 5$ % ... H_0 bleibt aufrecht,
$1\,\% \leqslant P < 5\,\%$ ... schwach signifikant, H_A ist wahrscheinlich,
$0{,}1\,\% \leqslant P < 1\,\%$ ... signifikant, H_A ist sehr wahrscheinlich,
$P \leqslant 0{,}1\,\%$ ... hochsignifikant, H_A ist praktisch sicher.

9.82 ***1)*** 128,592... cm^3
2) Zweiseitiger u-Test: $u_{prüf} = -4{,}427... < u_{\frac{\alpha}{2}} = -1{,}959... \Rightarrow$ Mit einer Sicherheit von 95 % hat sich der Erwartungswert nicht geändert.
3) $123{,}677...\ cm^3 \leqslant \mu \leqslant 130{,}322...\ cm^3$
4) 95-%-Niveau: $2{,}357...\ cm^3 \leqslant \sigma \leqslant 4{,}527...\ cm^3$;
99-%-Niveau: $2{,}175...\ cm^3 \leqslant \sigma \leqslant 5{,}165...\ cm^3$
Mit einer Irrtumswahrscheinlichkeit von 5 % ist die neue Maschine besser eingestellt, mit einer Irrtumswahrscheinlichkeit von 1 % nicht.
Sicher sein kann man sich aber in keinem der beiden Fälle.

9.83 ***1)*** und ***2)***

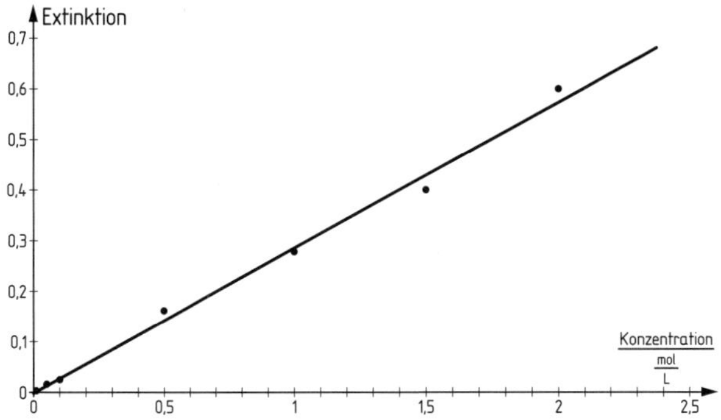

y = 0,288...x – 0,000542...

3) r = 0,996... Es handelt sich um einen ausgezeichneten positiven linearen Zusammenhang.

9.84 [39.878...; 48.121...]

9.85 [33.263...; 34.336...]

9.86 [248.757...; 258.922...]
The mean weight is in between the confidence intervall. Therefore the manager's assumption is at a 5 % significance level correct.

9.87 ***1)*** y = 0.923...x + 35.107...
2) r = 0.993...
3) 48.95 £

10 Algebra und Zahlentheorie

10.1 ***1)*** $p \wedge q$ ***2)*** $p \Rightarrow \neg q$ ***3)*** $p \vee q$ ***4)*** $\neg p \wedge \neg q$

10.3 **a)**

a	b	$a \Rightarrow b$	$\neg b$	$a \wedge \neg b$	$\neg(a \wedge \neg b)$	$a \Rightarrow b \Leftrightarrow \neg(a \wedge \neg b)$
w	w	w	f	f	w	w
w	f	f	w	w	f	w
f	w	w	f	f	w	w
f	f	w	w	f	w	w

b)

a	b	$a \Rightarrow b$	$\neg a$	$\neg a \vee b$	$a \Rightarrow b \Leftrightarrow \neg a \vee b$
w	w	w	f	w	w
w	f	f	f	f	w
f	w	w	w	w	w
f	f	w	w	w	w

c)

a	b	$a \Leftrightarrow b$	$a \wedge b$	$\neg a$	$\neg b$	$\neg a \wedge \neg b$	$(a \wedge b) \vee (\neg a \wedge \neg b)$	$(a \Leftrightarrow b) \Leftrightarrow (a \wedge b) \vee (\neg a \wedge \neg b)$
w	w	w	w	f	f	f	w	w
w	f	f	f	f	w	f	f	w
f	w	f	f	w	f	f	f	w
f	f	w	f	w	w	w	w	w

d)

a	b	$a \Leftrightarrow b$	$\neg a$	$\neg b$	$\neg a \vee b$	$a \vee \neg b$	$(\neg a \vee b) \wedge (a \vee \neg b)$	$(a \Leftrightarrow b) \Leftrightarrow (\neg a \vee b) \wedge (a \vee \neg b)$
w	w	w	f	f	w	w	w	w
w	f	f	f	w	f	w	f	w
f	w	f	w	f	w	f	f	w
f	f	w	w	w	w	w	w	w

10.4 ***1)***

a	b	$\neg a$	$\neg b$	$a \wedge b$	$\neg(a \wedge b)$	$\neg a \vee \neg b$	$\neg(a \wedge b) \Leftrightarrow \neg a \vee \neg b$
w	w	f	f	w	f	f	w
w	f	f	w	f	w	w	w
f	w	w	f	f	w	w	w
f	f	w	w	f	w	w	w

2)

a	b	$\neg a$	$\neg b$	$a \vee b$	$\neg(a \vee b)$	$\neg a \wedge \neg b$	$\neg(a \vee b) \Leftrightarrow \neg a \wedge \neg b$
w	w	f	f	w	f	f	w
w	f	f	w	w	f	f	w
f	w	w	f	w	f	f	w
f	f	w	w	f	w	w	w

10.5 $(p \Uparrow p) \Uparrow (q \Uparrow q)$

10.6 ***a) 1)*** $r \Uparrow (s \Uparrow p)$ ***2)*** $((r \Downarrow r) \Downarrow s) \Downarrow ((r \Downarrow r) \Downarrow p)$

b) 1) $((p \Uparrow p) \Uparrow r) \Uparrow q$ ***2)*** $((p \Downarrow p) \Downarrow (q \Downarrow q)) \Downarrow (r \Downarrow (q \Downarrow q))$

c) 1) $s \Uparrow ((p \Uparrow q) \Uparrow (p \Uparrow q))$

2) $((s \Downarrow s) \Downarrow (((p \Downarrow p) \Downarrow (q \Downarrow q)) \Downarrow ((p \Downarrow p) \Downarrow (q \Downarrow q))) \Downarrow ((s \Downarrow s) \Downarrow (((p \Downarrow p) \Downarrow (q \Downarrow q)) \Downarrow$
$\Downarrow ((p \Downarrow p) \Downarrow (q \Downarrow q)))$

d) 1) $(r \Uparrow (q \Uparrow q)) \Uparrow p$ ***2)*** $(r \Downarrow (p \Downarrow p)) \Downarrow ((q \Downarrow q) \Downarrow (p \Downarrow p))$

10.7 ***a) 1)*** $p \Uparrow ((s \Uparrow (r \Uparrow q)) \Uparrow (s \Uparrow (r \Uparrow q)))$

2) $((p \Downarrow p) \Downarrow (((s \Downarrow s) \Downarrow ((r \Downarrow r) \Downarrow (q \Downarrow q))) \Downarrow ((s \Downarrow s) \Downarrow ((r \Downarrow r) \Downarrow (q \Downarrow q))))) \Downarrow ((p \Downarrow p) \Downarrow$
$\Downarrow (((s \Downarrow s) \Downarrow ((r \Downarrow r) \Downarrow (q \Downarrow q))) \Downarrow ((s \Downarrow s) \Downarrow ((r \Downarrow r) \Downarrow (q \Downarrow q)))))$

b) 1) $(((p \Uparrow p) \Uparrow (s \Uparrow s)) \Uparrow (q \Uparrow r)) \Uparrow ((((p \Uparrow p) \Uparrow (s \Uparrow s)) \Uparrow ((p \Uparrow q) \Uparrow (s \Uparrow s))) \Uparrow ((q \Uparrow r) \Uparrow (q \Uparrow r)))$

2) $(((((p \Downarrow s) \Downarrow (p \Downarrow s)) \Downarrow q) \Downarrow (((p \Downarrow s) \Downarrow (p \Downarrow s)) \Downarrow r)) \Downarrow ((((p \Downarrow s) \Downarrow (p \Downarrow s)) \Downarrow q) \Downarrow (((p \Downarrow s) \Downarrow$
$\Downarrow (p \Downarrow s)) \Downarrow r))) \Downarrow ((p \Downarrow s) \Downarrow (((q \Downarrow q) \Downarrow (r \Downarrow r)) \Downarrow ((q \Downarrow q) \Downarrow (r \Downarrow r))))$

c) 1) $(s \Uparrow ((p \Uparrow p) \Uparrow (r \Uparrow r)) \Uparrow ((s \Uparrow s) \Uparrow (((p \Uparrow p) \Uparrow (r \Uparrow r)) \Uparrow ((p \Uparrow p) \Uparrow (r \Uparrow r))))$

2) $(s \Downarrow (p \Downarrow r)) \Downarrow ((s \Downarrow s) \Downarrow ((p \Downarrow r) \Downarrow (p \Downarrow r)))$

d) 1) $((q \Uparrow (r \Uparrow r)) \Uparrow (((s \Uparrow s) \Uparrow p) \Uparrow ((s \Uparrow s) \Uparrow p))) \Uparrow (((q \Uparrow (r \Uparrow r)) \Uparrow (q \Uparrow (r \Uparrow r))) \Uparrow ((s \Uparrow s) \Uparrow p))$

2) $(((q \Downarrow q) \Downarrow r) \Downarrow (s \Downarrow (p \Downarrow p))) \Downarrow ((((q \Downarrow q) \Downarrow r) \Downarrow ((q \Downarrow q) \Downarrow r)) \Downarrow ((s \Downarrow (p \Downarrow p)) \Downarrow$
$\Downarrow (s \Downarrow (p \Downarrow p))))$

10.9 ***a)***

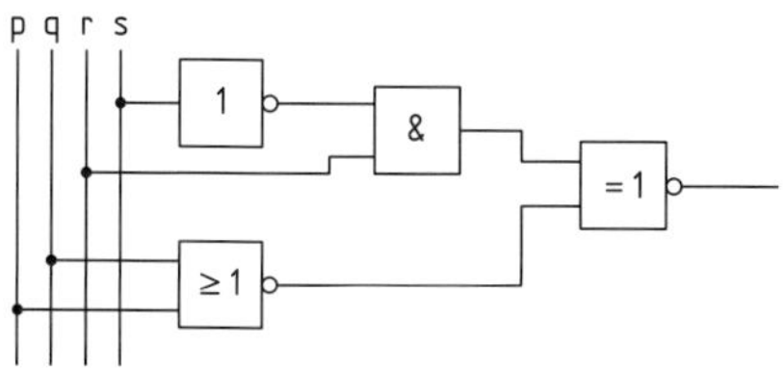

b)

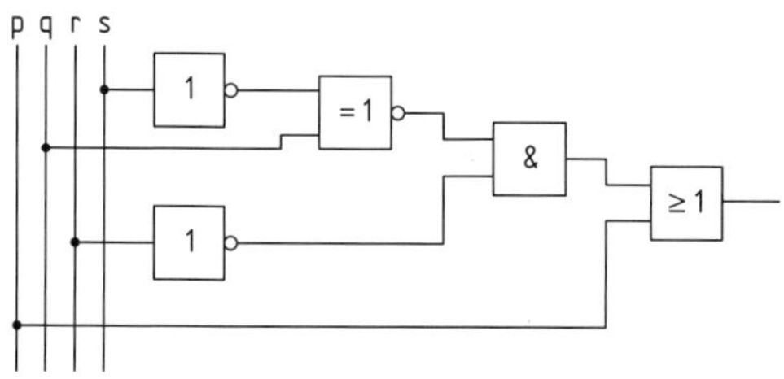

c)

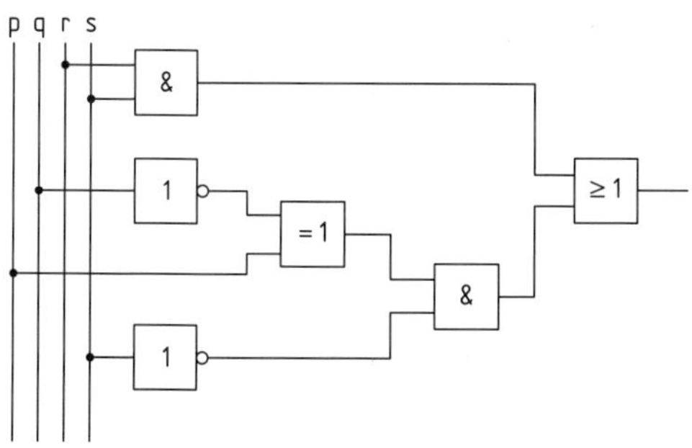

d)

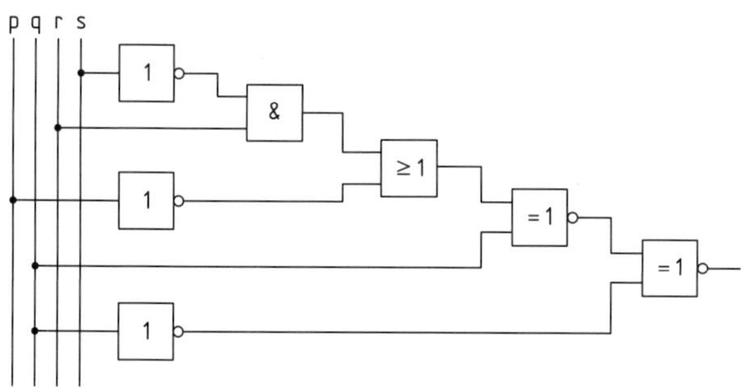

10.10 ***a)*** $\neg s \vee \neg q \Leftrightarrow \neg p \wedge r$ ***b)*** $p \wedge \neg (q \Leftrightarrow r) \vee r$

10.11 ***a)*** $(p \vee \neg p) \wedge r \wedge \neg (q \Leftrightarrow s) = r \wedge \neg (q \Leftrightarrow s)$

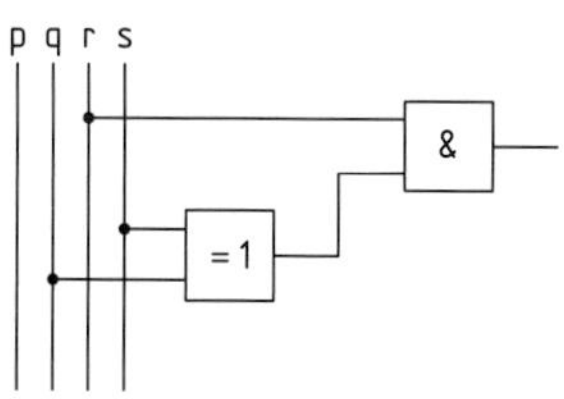

b) $(p \vee r) \wedge (s \wedge \neg s) \vee q \wedge s = p \vee r \vee q \wedge s$

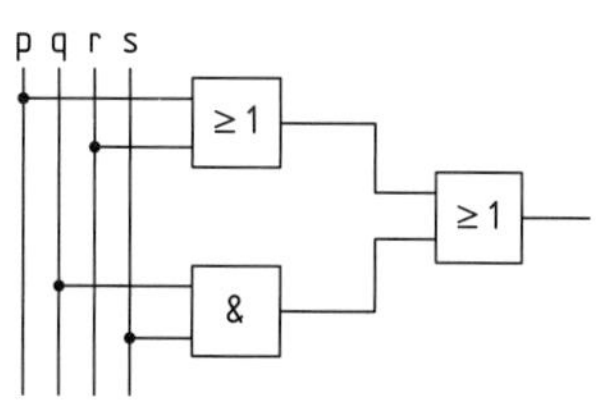

10.12 ***1)***

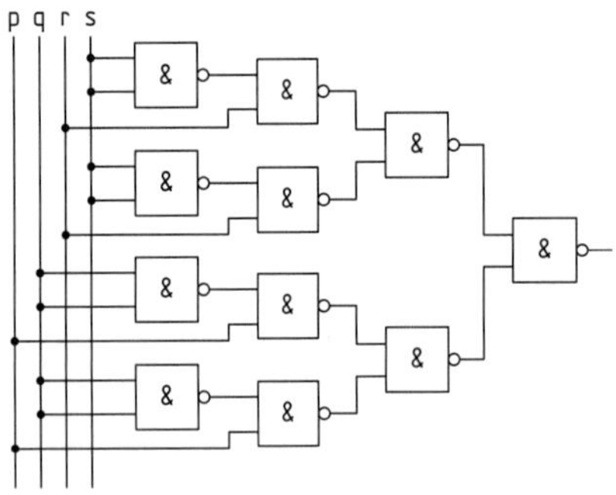

2)

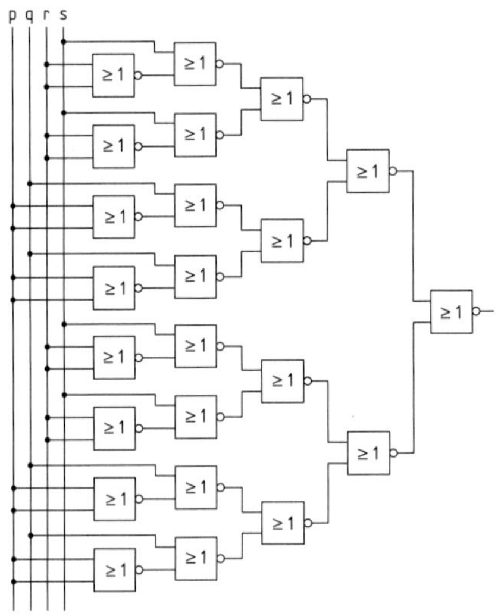

10.13 ***1)***

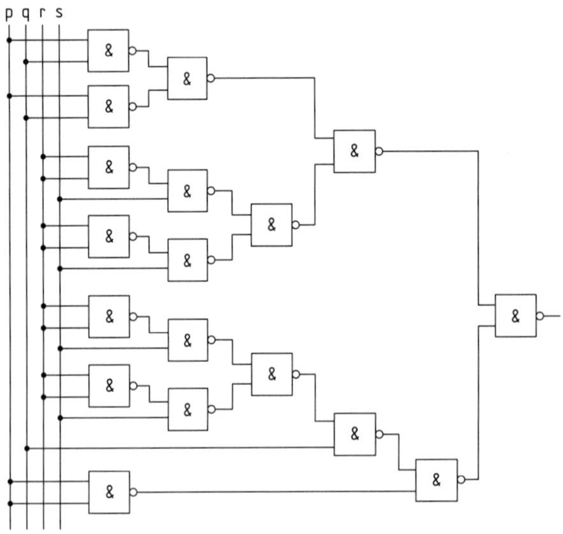

2)

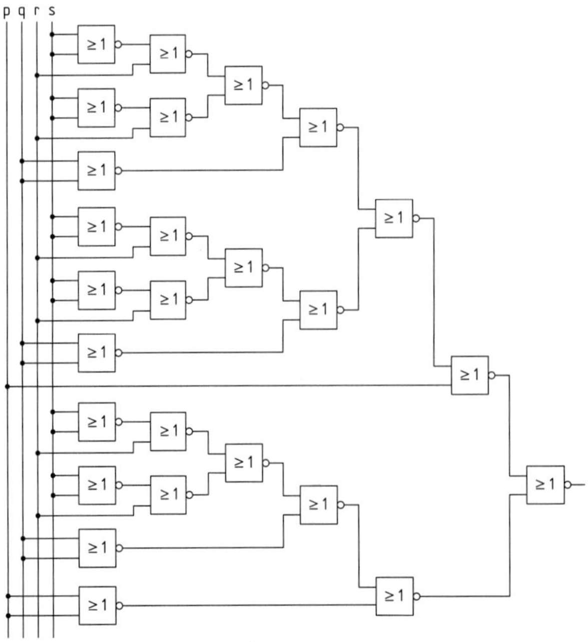

10.14 a) 1) $(p \wedge q \wedge \neg r) \vee (\neg p \wedge q \wedge r) \vee (\neg p \wedge q \wedge \neg r) \vee (\neg p \wedge \neg q \wedge \neg r)$

2) $(\neg p \vee \neg q \vee \neg r) \wedge (\neg p \vee q \vee \neg r) \wedge (\neg p \vee q \vee r) \wedge (p \vee q \vee \neg r)$

b) 1) $(p \wedge q \wedge r) \vee (p \wedge \neg q \wedge r) \vee (p \wedge \neg q \wedge \neg r) \vee (\neg p \wedge \neg q \wedge r) \vee (\neg p \wedge \neg q \wedge \neg r)$

2) $(\neg p \vee \neg q \vee r) \wedge (p \vee \neg q \vee \neg r) \wedge (p \vee \neg q \vee r)$

c) 1) $(p \wedge q \wedge r) \vee (p \wedge \neg q \wedge r) \vee (\neg p \wedge q \wedge \neg r) \vee (\neg p \wedge \neg q \wedge \neg r)$

2) $(\neg p \vee \neg q \vee r) \wedge (\neg p \vee q \vee r) \wedge (p \vee \neg q \vee \neg r) \wedge (p \vee q \vee \neg r)$

d) 1) $(p \wedge \neg q \wedge r) \vee (p \wedge \neg q \wedge \neg r) \vee (\neg p \wedge q \wedge \neg r) \vee (\neg p \wedge \neg q \wedge r)$

2) $(\neg p \vee \neg q \vee \neg r) \wedge (\neg p \vee \neg q \vee r) \wedge (p \vee \neg q \vee \neg r) \wedge (p \vee q \vee r)$

10.15 a) 1) $(p \wedge q \wedge r) \vee (p \wedge q \wedge \neg r) \vee (p \wedge \neg q \wedge r) \vee (p \wedge \neg q \wedge \neg r) \vee (\neg p \wedge q \wedge \neg r) \vee$
$\vee (\neg p \wedge \neg q \wedge r) \vee (\neg p \wedge \neg q \wedge \neg r)$

2) $p \vee \neg q \vee \neg r$

b) 1) $(p \wedge q \wedge r) \vee (p \wedge q \wedge \neg r) \vee (p \wedge \neg q \wedge \neg r) \vee (\neg p \wedge \neg q \wedge r)$

2) $(\neg p \vee q \vee \neg r) \wedge (p \vee \neg q \vee \neg r) \wedge (p \vee \neg q \vee r) \wedge (p \vee q \vee r)$

c) 1) $(p \wedge q \wedge r \wedge \neg s) \vee (p \wedge q \wedge \neg r \wedge \neg s) \vee (p \wedge \neg q \wedge \neg r \wedge \neg s) \vee (\neg p \wedge q \wedge r \wedge s) \vee$
$\vee (\neg p \wedge q \wedge \neg r \wedge \neg s) \vee (\neg p \wedge \neg q \wedge r \wedge s) \vee (\neg p \wedge \neg q \wedge r \wedge \neg s) \vee$
$\vee (\neg p \wedge \neg q \wedge \neg r \wedge \neg s)$

2) $(\neg p \vee \neg q \vee \neg r \vee \neg s) \wedge (\neg p \vee \neg q \vee r \vee \neg s) \wedge (\neg p \vee q \vee \neg r \vee \neg s) \wedge$
$\wedge (\neg p \vee q \vee \neg r \vee s) \wedge (\neg p \vee q \vee r \vee \neg s) \wedge (p \vee \neg q \vee \neg r \vee s) \wedge (p \vee \neg q \vee r \vee \neg s) \wedge$
$\wedge (p \vee q \vee r \vee \neg s)$

d) 1) $(p \wedge q \wedge r \wedge s) \vee (p \wedge q \wedge r \wedge \neg s) \vee (p \wedge q \wedge \neg r \wedge \neg s) \vee (p \wedge \neg q \wedge r \wedge s) \vee$
$\vee (p \wedge \neg q \wedge r \wedge \neg s) \vee (p \wedge \neg q \wedge \neg r \wedge \neg s) \vee (\neg p \wedge q \wedge r \wedge s) \vee (\neg p \wedge q \wedge r \wedge \neg s) \vee$
$\vee (\neg p \wedge q \wedge \neg r \wedge \neg s) \vee (\neg p \wedge \neg q \wedge r \wedge s)$

2) $(\neg p \vee \neg q \vee r \vee \neg s) \wedge (\neg p \vee q \vee r \vee \neg s) \wedge (p \vee \neg q \vee r \vee \neg s) \wedge (p \vee q \vee \neg r \vee s) \wedge$
$\wedge (p \vee q \vee r \vee \neg s) \wedge (p \vee q \vee r \vee s)$

10.16 1)

p	q	r	s	e
w	w	w	w	f
w	w	w	f	f
w	w	f	w	w
w	w	f	f	f
w	f	w	w	w
w	f	w	f	w
w	f	f	w	w
w	f	f	f	w
f	w	w	w	w
f	w	w	f	w
f	w	f	w	w
f	w	f	f	w
f	f	w	w	w
f	f	w	f	w
f	f	f	w	w
f	f	f	f	w

2) $(\neg p \vee \neg q \vee \neg r \vee \neg s) \wedge (\neg p \vee \neg q \vee \neg r \vee s) \wedge$
$\wedge (\neg p \vee \neg q \vee r \vee s)$

10.17

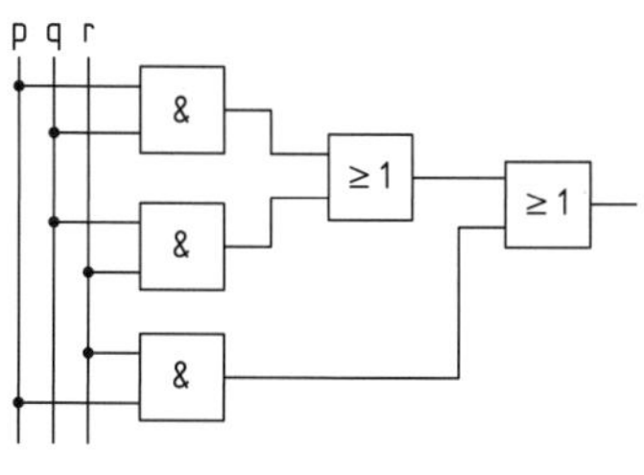

10.18 ***1)*** $(a_1 \wedge \neg b_1) \vee (a_1 \wedge a_0 \wedge \neg b_0) \vee (a_0 \wedge \neg b_1 \vee \neg b_0)$

2)

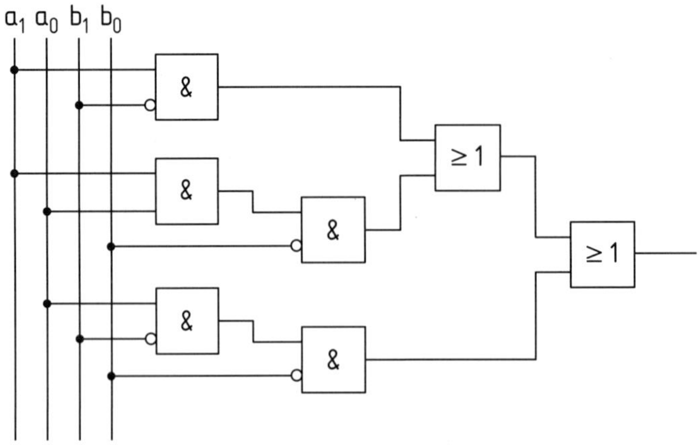

3)

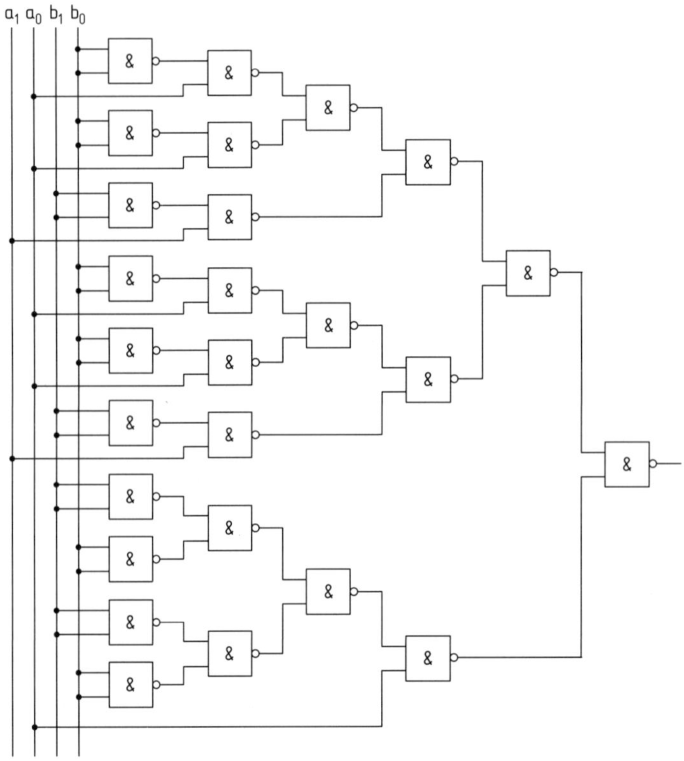

10.19 ***1)***

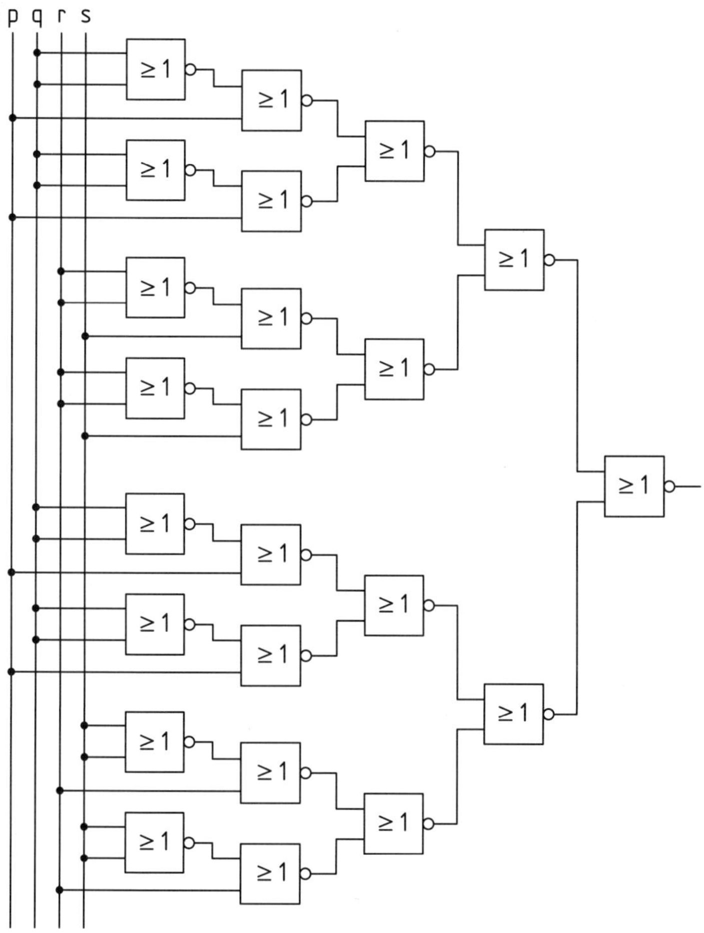

2)

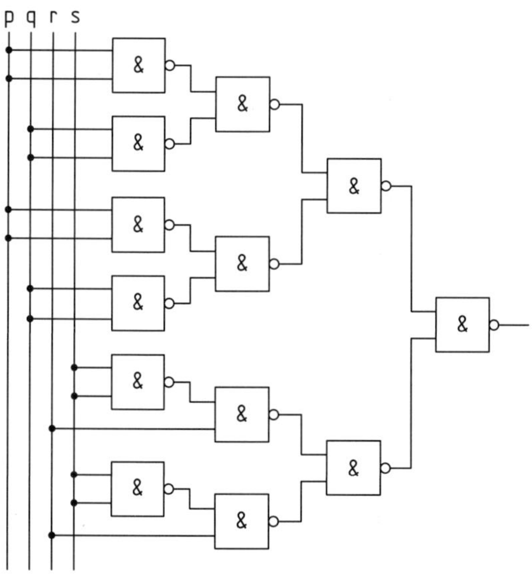

10.20 ***1)*** 12 Pralinen je Schachtel; 2 Pralinen bleiben übrig

2) zB 8 Pralinen, 62 Pralinen, 284 Pralinen

10.21 $576 = 2^6 \cdot 3^2$, $328 = 2^3 \cdot 41$; kgV(576, 328) = 23 616, ggT(576, 328) = 8

10.24 ***a)*** 9 ***b)*** 2 ***c)*** 1 ***d)*** 4

10.25 ***1)*** Falsch. $29 \equiv 5 \bmod 8$ oder $29 \equiv 6 \bmod 23$ oder zB $14 \equiv 6 \bmod 8$
2) Richtig.
3) Richtig.
4) Falsch. $68 \equiv 0 \bmod 4$ oder zB $68 \equiv 3 \bmod 65$ oder zB $7 \equiv 3 \bmod 4$

10.26 ***a)*** 1 mod 5 ***b)*** 2 mod 7 ***c)*** 7 mod 9 ***d)*** 1 mod 3

10.27 ***a)*** 6 ***b)*** 4 ***c)*** 3 ***d)*** 2

10.28 ***a)*** 119 ***b)*** 37 ***c)*** 71 ***d)*** 66 ***e)*** 87 ***f)*** 441 ***g)*** 94 ***h)*** 373

10.30 Für eine Caesarverschlüsselung sind Werte von 1 bis 25 sinnvoll. Bei einem Wert von 0, 26 bzw. Vielfachen von 26 blieben die Buchstaben trotz einer Verschiebung gleich, der verschlüsselte Text wäre im Klartext lesbar. Ein Wert m größer 26 entspricht wegen $m \equiv n \bmod 26$ einer Verschiebung um n mit $1 \leqslant n \leqslant 26$.
"ZXKLLVATQZ SUXMKT SOZZGM GT JKX GRZKT KOINK"

10.31 ACHTUNG FALLE (Verschiebung um 20)

10.32 ***a)*** 0029 ***b)*** 2601 ***c)*** 1354 ***d)*** 2110 ***e)*** 0358

10.33 209 bzw. 427

10.34 575 173 172 259, wenn jede Ziffer einzeln verschlüsselt wird, bzw. 915 820, wenn der PIN-Code als Zahl verschlüsselt wird.

10.35 1897 2110 0400 1943 0233 2044 1102 1090 2157

10.36 ***1)*** (1 361, 1 817)
2) Schiff

10.37 ***1)*** (155, 1 273)
2) Turm

10.38 ***1)*** (511, 1 157)
2) Schokolade

10.39 Die Vigenère-Verschlüsselung basiert auf der Caesarverschlüsselung. Dabei wird allerdings nicht der gesamte Klartext durch Verschiebung um einen festen Wert verschlüsselt, sondern jeder Buchstabe wird unterschiedlich verschoben. Den Wert der Verschiebung gibt ein Schlüsselwort vor, zB das Wort „TASCHENRECHNER". Immer ausgehend vom Buchstaben „A" gibt ein Buchstabe des Schlüsselworts den Wert der Verschiebung vor: Für den ersten Buchstaben wird das „A" auf das „T" verschoben, also um 19 Buchstaben. Ebenso wird der erste Buchstabe des Klartexts um 19 Buchstaben verschoben. Für den zweiten Buchstaben wird das „A" auf das „A" verschoben, also um 0 Buchstaben usw. Da der Klartext üblicherweise länger als das Schlüsselwort ist, wird dieses wiederholt angewendet.

10.40 ***a)*** ***1)*** $(q \Uparrow q) \Uparrow (r \Uparrow (p \Uparrow p))$
2) $(q \Downarrow ((r \Downarrow r) \Downarrow p)) \Downarrow (q \Downarrow ((r \Downarrow r) \Downarrow p))$
b) ***1)*** $((s \Uparrow (r \Uparrow r)) \Uparrow ((q \Uparrow q) \Uparrow (s \Uparrow s))) \Uparrow ((s \Uparrow (r \Uparrow r)) \Uparrow ((q \Uparrow q) \Uparrow (s \Uparrow s)))$
2) $((s \Downarrow s) \Downarrow r) \Downarrow (q \Downarrow s)$
c) ***1)*** $(((p \Uparrow p) \Uparrow (r \Uparrow r)) \Uparrow s) \Uparrow (((p \Uparrow p) \Uparrow (r \Uparrow r)) \Uparrow s)$
2) $(p \Downarrow r) \Downarrow (s \Downarrow s)$

d) 1) $(((r \Uparrow r) \Uparrow (s \Uparrow s)) \Uparrow (((p \Uparrow p) \Uparrow q) \Uparrow ((p \Uparrow p) \Uparrow q))) \Uparrow$
$\Uparrow ((((r \Uparrow r) \Uparrow (s \Uparrow s)) \Uparrow ((r \Uparrow r) \Uparrow (s \Uparrow s))) \Uparrow ((p \Uparrow p) \Uparrow q))$
2) $((r \Downarrow s) \Downarrow (p \Downarrow (q \Downarrow q))) \Downarrow (((r \Downarrow s)) \Downarrow (r \Downarrow s)) \Downarrow ((p \Downarrow (q \Downarrow q)) \Downarrow (p \Downarrow (q \Downarrow q)))$

10.41 ***a) 1)*** $(p \wedge q \wedge r) \vee (p \wedge q \wedge \neg r) \vee (p \wedge \neg q \wedge r) \vee (\neg p \wedge q \wedge \neg r) \vee (\neg p \wedge \neg q \wedge \neg r)$
2) $(\neg p \vee q \vee r) \wedge (p \vee \neg q \vee \neg r) \wedge (p \vee q \vee \neg r)$
b) 1) $(p \wedge q \wedge \neg r) \vee (\neg p \wedge q \wedge r) \vee (\neg p \wedge \neg q \wedge \neg r)$
2) $(\neg p \vee \neg q \vee \neg r) \wedge (\neg p \vee q \vee \neg r) \wedge (\neg p \vee q \vee r) \wedge (p \vee \neg q \vee r) \wedge (p \vee q \vee \neg r)$
c) 1) $(p \wedge \neg q \wedge r) \vee (p \wedge \neg q \wedge \neg r) \vee (\neg p \wedge q \wedge r) \vee (\neg p \wedge q \wedge \neg r) \vee (\neg p \wedge \neg q \wedge \neg r)$
2) $(\neg p \vee \neg q \vee \neg r) \wedge (\neg p \vee \neg q \vee r) \wedge (p \vee q \vee \neg r)$
d) 1) $(p \wedge q \wedge r) \vee (p \wedge q \wedge \neg r) \vee (\neg p \wedge q \wedge r) \vee (\neg p \wedge \neg q \wedge r)$
2) $(\neg p \vee q \vee \neg r) \wedge (\neg p \vee q \vee r) \wedge (p \vee \neg q \vee r) \wedge (p \vee q \vee r)$

10.42 ***a)***
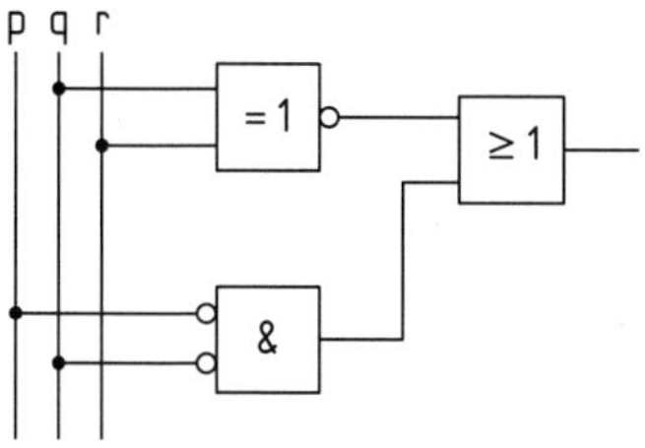

c)
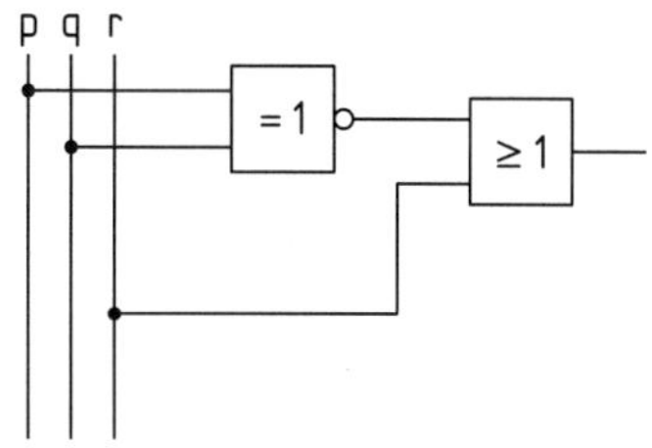

b)
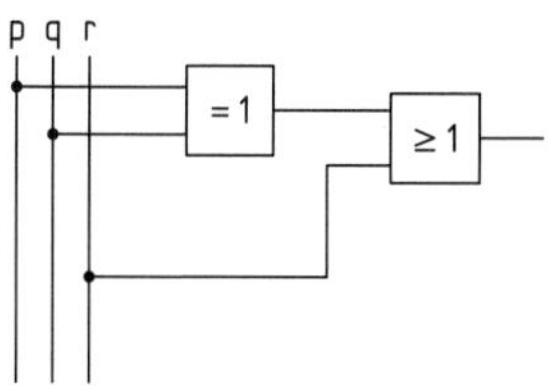

d)
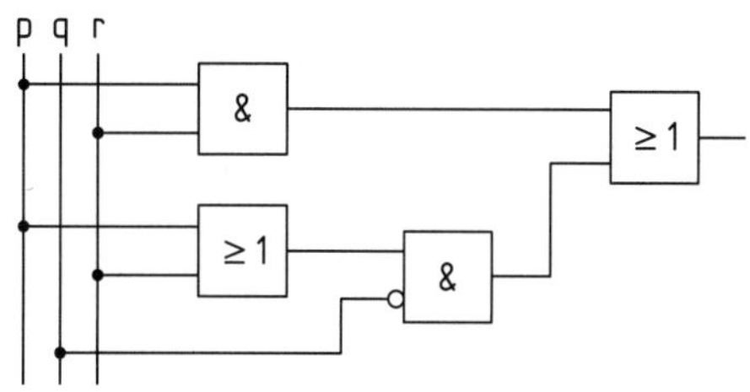

10.43 167 912 663

10.44 Mathematik; privater Schlüssel (1 219, 1 537)

10.45 4

10.46 2

10.47 30 23

Vorbereitung auf die sRDP – Teil A

1 –

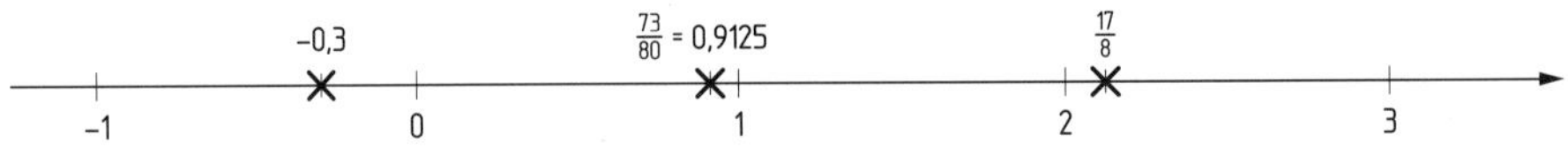

2 – 1,$\dot{2}$ ist rational; 1,$\dot{2}$ ist eine periodische Dezimalzahl

$\sqrt[3]{27}$ ist rational; wegen $3^3 = 27$ gilt $\sqrt[3]{27} = \frac{3}{1}$ und $\sqrt[3]{27}$ kann daher als Bruch angegeben werden

$(\sqrt{2})^4$ ist rational; wegen $(\sqrt{2})^4 = (2^{\frac{1}{2}})^4 = 2^2 = \frac{4}{1}$ kann $(\sqrt{2})^4$ als Bruch angegeben werden

–3 ist rational; $-3 = -\frac{3}{1}$ kann als Bruch angegeben werden

3 – $0{,}525 \cdot 10^n$ Wassermoleküle
– $5{,}25 \cdot 10^{n-1}$ Wassermoleküle

4 – 30,48 cm = 0,0003048 km

299 792,458 km .... 1 s
0,0003048 km x

$x = \frac{1\text{ s} \cdot 0{,}0003048\text{ km}}{299\,792{,}458\text{ km}} = 1{,}016... \cdot 10^{-9}\text{ s} \approx 1 \cdot 10^{-9}\text{ s} = 1\text{ ns}$

5 – ca. 2,5 GJ

6 –

Der Energieverbrauch durch den Verkehr betrug weniger als ein Drittel des Jahresverbrauchs.	☐
Der Energieverbrauch durch die Industrie betrug 29 Promille des Jahresverbrauchs.	☐
Der Energieverbrauch durch die Landwirtschaft betrug $\frac{1}{200}$ des Jahresverbrauchs.	☐
Für Dienstleistungen wurden rund 40,5 kWh Energie verbraucht.	☐
Jede 4. Kilowattstunde des Jahresverbrauchs wurde durch einen Privathaushalt verbraucht.	☒

7 – Lohn = $|a| + b$

8 –

$\frac{y-x}{y} + 1$	$\frac{xy+x}{xy}$	$\frac{xy+x^2}{xy}$	$\frac{2y-x}{xy} - 1$	$2 - \frac{y+x}{y}$
☐	☐	☒	☐	☐

9 – $a_2 = a_1 \cdot \sqrt[3]{\left(\frac{U_2}{U_1}\right)^2}$
– $a_2 = a_1 \cdot \left(\frac{U_2}{U_1}\right)^{\frac{2}{3}}$

10 – **a)** $\ln(1) - \ln(v) = \ln\left(\frac{1}{v}\right)$

b) $\ln(y) = -\ln(x)$
$\ln(y) = \ln(x^{-1})$
$\ln(y) = \ln\left(\frac{1}{x}\right)$
$y = \frac{1}{x}$

11 – $x = \frac{1}{3}x + \frac{2}{6}x + \frac{1}{8}x + 500{,}00$ €
– 2 400,00 €

12 – $x = \frac{5}{21} \cdot 5$ L

13 –

$s^2 = \frac{a^2}{2} + h_2^2$	$h_1^2 = \left(\frac{d}{2}\right)^2 + s^2$	$h_1^2 = \frac{a^2}{4} + s^2$	$h_1^2 = h_2^2 - \frac{a^2}{4}$	$d^2 = \frac{a^2}{2}$
☐	☐	☐	☒	☐

14 – $0{,}00157...\,\frac{\text{m}}{\text{s}}$
– Wird die Länge verkleinert, ergibt der kleinere Radius einen kleineren Umfang. Die Zeigerspitze legt in der gleichen Zeit einen kürzeren Weg zurück. Die Geschwindigkeit wird daher kleiner.

15 – Wird r halbiert, beträgt r^2 nur mehr ein Viertel des ursprünglichen Werts. Da r^2 im Nenner des Bruchs steht, vervierfacht sich daher der Quotient. Die Kraft wird viermal so groß.

$r = \sqrt{G \cdot \frac{m_1 \cdot m_2}{F}}$

16 – I: $x + y = 500$
II: $0{,}042x + 0{,}031y = 19{,}35$

x ... Malvenmenge in Gramm, y ... Melissenmenge in Gramm
– 14,70 €

17 – Umformen der Gleichungen ergibt
I: $y = -\frac{1}{2} \cdot x + 2$
II: $y = -\frac{1}{3m} \cdot x + \frac{n}{m}$.

Das Gleichungssystem hat keine Lösung, wenn $-\frac{1}{2} = -\frac{1}{3m}$ und $2 \neq \frac{n}{m}$ ist.

Umformen der ersten Gleichung ergibt $m = \frac{2}{3}$.

Einsetzen in die zweite Gleichung ergibt $n \neq \frac{4}{3}$.

– $m = \frac{2}{3}$ und $n = \frac{4}{3}$

18 – 378,823... g Kohlenhydrate, 47,179... g Fett und 54,117... g Eiweiß

19 – $(x + 3 \text{ Personen}) \cdot \left(\frac{180{,}00\,€}{x} - 2{,}00\,€\right) = 180{,}00\,€$
– 18 Personen

20 – Für die Nullstellen gilt $-0{,}1t^2 + 2t + c = 0$ bzw. $t^2 - 20t - 10c = 0$.

Daraus ergibt sich der Lösungsansatz $t_{1,2} = -\frac{-20}{2} \pm \sqrt{\left(\frac{-20}{2}\right)^2 - (-10c)}$.

Vereinfachen ergibt $t_{1,2} = 10 \pm \sqrt{100 + 10c}$.

Die beiden Nullstellen sind reell, wenn die Diskriminante größer null ist.
Dies ist für $100 + 10c > 0 \Rightarrow c > -10$ der Fall.

Damit beide Nullstellen positiv sind, muss außerdem die Ungleichung $10 > \sqrt{100 + 10c}$ erfüllt sein.

Lösen der Ungleichung ergibt $c < 0$. Die Funktion hat daher für $c \in]-10; 0[$ zwei positive reelle Nullstellen.

21 – $\ln\left(\frac{N(t)}{N_0}\right) = k \cdot t$ ist falsch. Richtig ist $\ln\left(\frac{N(t)}{N_0}\right) = k \cdot t \cdot \ln(a)$ mit dem Ergebnis $t = \frac{1}{k \cdot \ln(a)} \cdot \ln\left(\frac{N(t)}{N_0}\right)$.

22 – 5,068... Tage
– Wegen $y_{k\,=\,-0{,}05}(5{,}068...) = 901{,}323...$ Smartphones ≈ 901 Smartphones < 1000 Smartphones verkauft die Konkurrenz im gleichen Zeitraum weniger Smartphones.

23 –

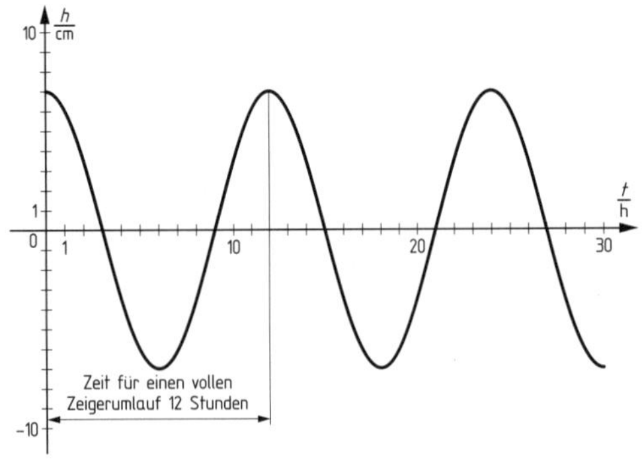

– 1,811... cm

24 – $w = v - (m - n) \cdot \tan(\alpha)$

25 –]12:00 Uhr; 14:00 Uhr[bzw.]16:00 Uhr; 18:00 Uhr[
– Jeder Uhrzeit im dargestellten Bereich ist genau eine Besucherzahl zugeordnet. Die angegebene Zuordnung ist eine Funktion.

26 –

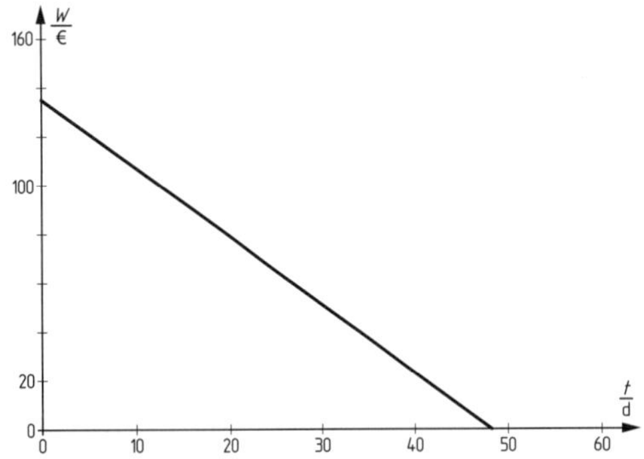

– Der Kurs des Wertpapiers fällt pro Tag um 2,80 €. Zum Zeitpunkt t = 0 Tage beträgt der Kurs des Wertpapiers 135,00 €.
– 48,214... Tage

27 – Der Schnittpunkt gibt die Zeit an, nach der die beiden Wanderer gleich weit vom Rastplatz Almwiese entfernt sind, und er gibt an, wie weit sie zu diesem Zeitpunkt vom Rastplatz Almwiese entfernt sind.
– $s_A(t) = -4\,\frac{\text{km}}{\text{h}} \cdot t + 6\text{ km}$
– Der Funktionsgraph wird um 0,5 h nach rechts verschoben.

–

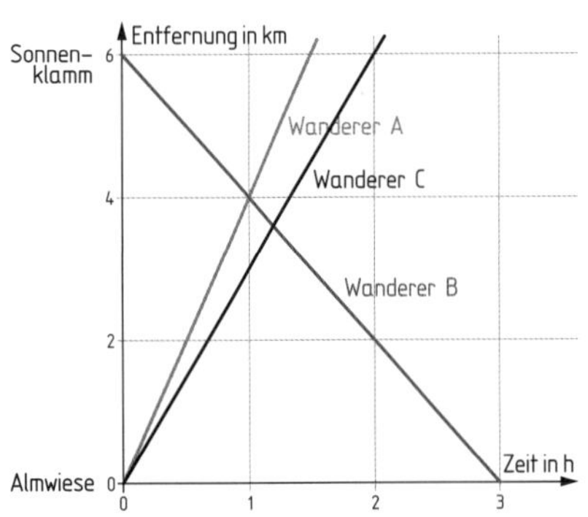

28 –

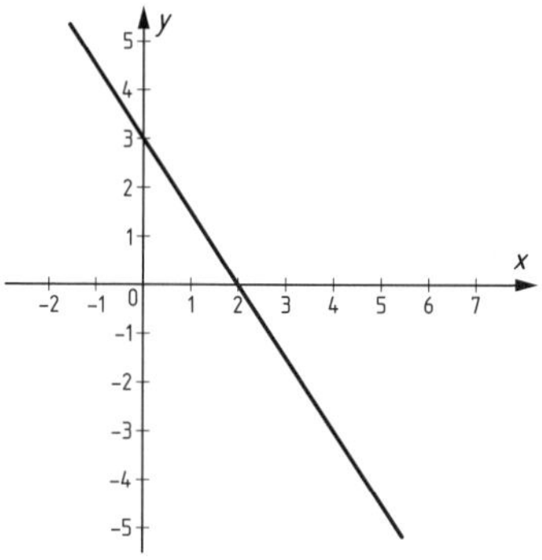

29 –

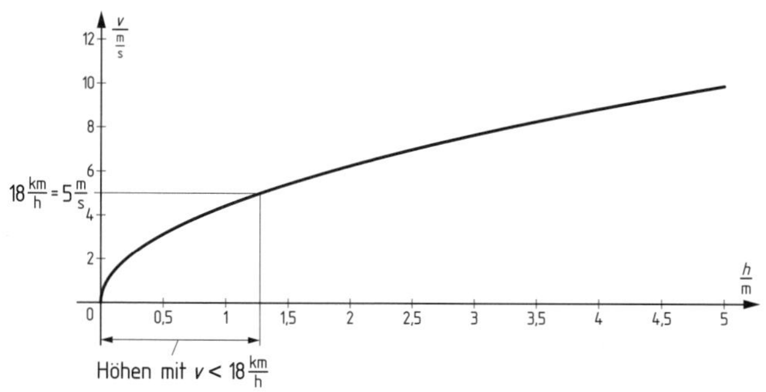

30 – $[-1; 1]$

31 – Die Potenzfunktion enthält den Punkt $P(-1|1)$, wenn die Gleichung $1 = (-1)^n$ erfüllt ist. Dies ist genau dann der Fall, wenn n eine gerade ganze Zahl ist.

32 – Der Graph ist symmetrisch zur y-Achse, wenn gilt $f(-x) = f(x)$.
Für den angegebenen Funktionsterm ergibt das die Gleichung $2 \cdot (-x)^{-n} = 2 \cdot x^{-n}$.
Umformen ergibt $(-x)^n = x^n$ bzw. $(-1)^n \cdot x^n = x^n$.
Division durch x^n für $x \neq 0$ ergibt die Gleichung $(-1)^n = 1$.
Ist n gerade, erhält man die wahre Aussage $1 = 1$, ist n ungerade, erhält man die falsche Aussage $-1 = 1$.

– Der Graph ist punktsymmetrisch bezüglich des Koordinatenursprungs, wenn gilt $f(-x) = -f(x)$.
Für den angegebenen Funktionsterm ergibt das die Gleichung $2 \cdot (-x)^{-n} = -2 \cdot x^{-n}$.
Umformen ergibt $(-x)^n = -x^n$ bzw. $(-1)^n \cdot x^n = -1 \cdot x^n$.
Division durch x^n für $x \neq 0$ ergibt die Gleichung $(-1)^n = -1$.
Ist n ungerade, erhält man die wahre Aussage $-1 = -1$, ist n gerade, erhält man die falsche Aussage $1 = -1$.

33 –

Der Graph von f ist eine Parabel.	☐
Der Graph von f hat genau eine Asymptote.	☐
Die Funktion f ist für alle $x \in \mathbb{R}$ definiert.	☐
Die Funktion f hat eine Polstelle.	☒
Die Funktion f hat nur positive Funktionswerte.	☐

34 – Für das Volumen gilt $V = s^3$ bzw. nach Verdoppeln der Seitenlänge $V = (2 \cdot s)^3 = 8 \cdot s^3$. Das Volumen ändert sich um den Faktor acht.
– Für die Oberfläche gilt $O = 6s^2$ bzw. nach Verdoppeln der Seitenlänge $O = 6 \cdot (2 \cdot s)^2 = 4 \cdot 6s^2$. Die Oberfläche ändert sich um den Faktor vier.
– Der Funktionswert wird 2^n-mal so groß.

35 **a)** – $h(d) = \frac{2\ \text{dm}^3}{\pi \cdot d^2}$

–

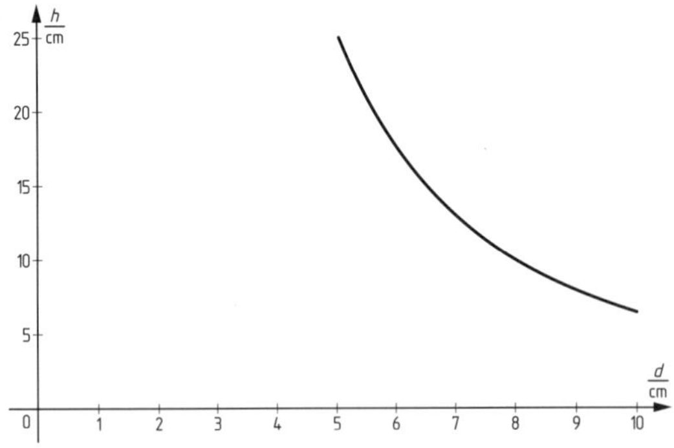

– Wird der Durchmesser immer größer, wird der Quotient $\frac{2}{\pi \cdot d^2}$ immer kleiner, bleibt aber positiv. Für $d \to \infty$ nähert sich h daher dem Wert null.

b) – $d(V) = \sqrt{\frac{V}{3 \cdot \pi}}$

– Für das Volumen der Dose gilt $V = \frac{d^2}{4} \cdot \pi \cdot 12$ cm bzw.

für das Volumen der Dose mit doppeltem Durchmesser $V = \frac{(2 \cdot d)^2}{4} \cdot \pi \cdot h_1$.

Man erhält die Gleichung $\frac{d^2}{4} \cdot \pi \cdot 12\ \text{cm} = \frac{(2 \cdot d)^2}{4} \cdot \pi \cdot h_1$.

Umformen ergibt $12\ \text{cm} = 4 \cdot h_1$ und schließlich $h_1 = 3$ cm.
Die Höhe ändert sich von 12 cm auf 3 cm.

36 –

Die Funktion f hat genau drei Nullstellen.	☐
Die Funktion f hat im gesamten Definitionsbereich das gleiche Monotonieverhalten.	☐
Die Funktion f hat genau zwei Wendestellen.	☐
Die Funktion f hat bis zu drei Extremstellen.	☐
Die Funktion f hat genau einen Wendepunkt.	☒

37 – 2,158...
– 9,006... Tage
– Bei der Berechnung der Verdoppelungszeit mit Hilfe der Gleichung $200 = 100 \cdot 1{,}08^t$ erfolgt der erste Umformungsschritt mit „dividiert durch 100" und man erhält die Gleichung $2 = 1{,}08^t$. Dieselbe Gleichung erhält man, wenn man von einer beliebigen Anfangspopulation A_0 ausgeht. Die Gleichung $2 \cdot A_0 = A_0 \cdot 1{,}08^t$ wird durch A_0 dividiert und man erhält wiederum $2 = 1{,}08^t$. Die ursprüngliche Größe der Insektenpopulation wirkt sich daher nicht auf die Verdoppelungszeit aus.

38 – N_0 gibt die Wirkstoffmenge im Körper zum Zeitpunkt $t = 0$ an.
Die Konstante λ gibt die momentane Änderung an. Befinden sich zu einem bestimmten Zeitpunkt t_1 $N(t_1)$ Mengeneinheiten des Wirkstoffs im Körper, dann ist $-\lambda$ die momentane Änderungsrate zum Zeitpunkt t_1.
– $-\ln(2) = -\lambda \cdot t$

39 – Der Temperaturanstieg beträgt konstant $3\,\frac{°C}{h}$. Die Abhängigkeit der Temperatur von der Uhrzeit lässt sich daher mit einer linearen Funktion der Form $T(t) = T_0 + 3\,\frac{°C}{h} \cdot t$ beschreiben.
– Die Größe der Pilzkultur verdoppelt sich stündlich und lässt sich daher mit einer Exponentialfunktion der Form $A(t) = A_0 \cdot 2^t$ beschreiben.

40 – y_1 und y_3 stellen einen exponentiellen Zusammenhang dar. Bei y_1 verändert sich der y-Wert um den Faktor 0,5, wenn sich der x-Wert um eins vergrößert, bei y_3 um den Faktor 2.
y_2 stellt einen linearen Zusammenhang dar. Die y-Werte verändern sich um die Konstante +2, wenn sich der x-Wert um eins vergrößert.

41 – $x_1 = -4{,}240...$, $x_2 = 1{,}259...$, $x_3 = 14{,}981...$
– [2; 14]

42 –

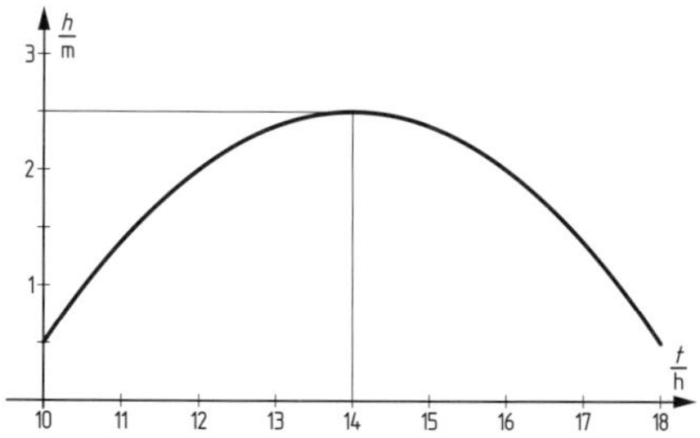

– 2,5 m
– Diese Gleichung ergibt jene Zeitpunkte t, zu denen die Wassertiefe 2,1 m beträgt.

43 – $P(t) = 175\,\frac{MW}{Jahr} \cdot t + 500\,MW$
t ... Anzahl der Jahre, die seit 2000 vergangen sind
$P(t)$ ... Leistung in MW,
– $P(t) = 500\,MW \cdot 2^{\frac{3}{20} \cdot t}$
t ... Anzahl der Jahre, die seit 2000 vergangen sind
$P(t)$ ... Leistung in MW

44 –

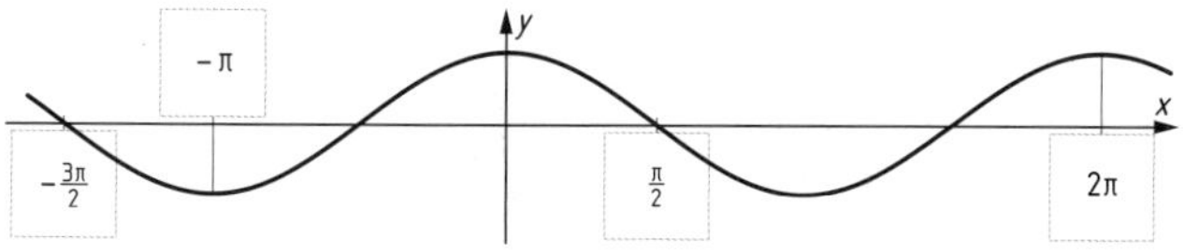

45 – Für alle Winkel gilt: $\sin(x) = \sin(\pi - x)$

46 –

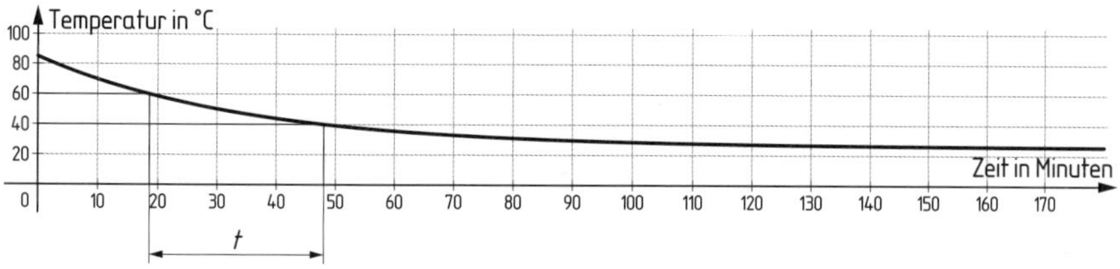

– Die Funktion nähert sich asymptotisch der Funktion $y = 25$. Daher wird der Tee nach langer Zeit eine Temperatur von 25 °C annehmen, das ist die Umgebungstemperatur.

47 – Die Kosten steigen nicht stetig, sondern bleiben jeweils eine Stunde lang konstant und steigen zu Beginn der jeweils folgenden Parkstunde sprunghaft um 3,00 €. Daher braucht man eine Treppenfunktion, um den Zusammenhang darzustellen.

48 –

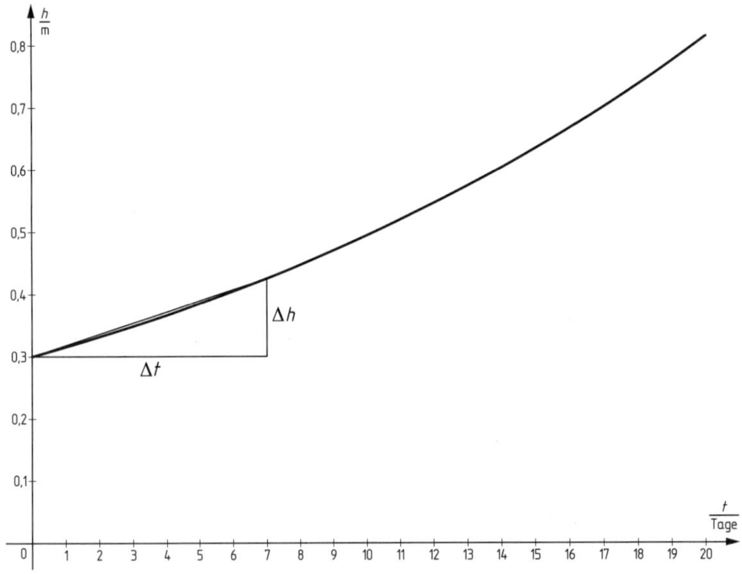

- Je größer der Strauch wird, desto schneller wächst er.
- Die mittlere Wachstumsgeschwindigkeit berechnet sich durch den Differenzenquotienten (Differenz der Höhe dividiert durch Differenz der Tage).
- 0,021... Meter pro Tag

49
- Weg-Zeit-Funktion: $s(t) = a \cdot t^3 + b \cdot t^2 + c \cdot t + d$
  Geschwindigkeit-Zeit-Funktion: $\dot{s}(t) = v(t) = 3a \cdot t^2 + 2b \cdot t + c$
  Beschleunigung-Zeit-Funktion: $\ddot{s}(t) = a(t) = 6a \cdot t + 2b$

  $\ddot{s}(0) = 3 \Rightarrow$ I: $2b = 3$
  $\ddot{s}(15) = 0 \Rightarrow$ II: $90a + 2b = 0$
  $\dot{s}(0) = 0 \Rightarrow$ III: $c = 0$
  $s(0) = 0 \Rightarrow$ IV: $d = 0$

- Die Beschleunigung sinkt von Sekunde 0 bis Sekunde 15 von 3 $\frac{\text{m}}{\text{s}^2}$ auf 0 $\frac{\text{m}}{\text{s}^2}$ und wird zu einer immer stärkeren Verzögerung von Sekunde 15 bis Sekunde 30 von 0 $\frac{\text{m}}{\text{s}^2}$ auf –3 $\frac{\text{m}}{\text{s}^2}$.
- An dieser Stelle hat der Gepard seine größte Geschwindigkeit erreicht.

50
- Beim zweiten Summanden fehlt die innere Ableitung von $(x^2 + 2)$.
  Richtig: $f(x) = 2 \cdot e^{3x} \cdot (x^2 + 2)^3 \Rightarrow f'(x) = 6 \cdot e^{3x} \cdot (x^2 + 2)^3 + 6 \cdot e^{3x} \cdot (x^2 + 2)^2 \cdot 2x$

51
- 9,462...°
- t: $y = -6x + 90$
- Die Funktion f ist eine Funktion 2. Grads, ihre Ableitung f' eine lineare Funktion, ihre zweite Ableitung f'' eine Konstante und ihre dritte Ableitung f''' ist gleich null. Extremwerte werden berechnet, indem man die erste Ableitung – in diesem Fall eine lineare Funktion – gleich null setzt. Eine lineare Funktion kann nur eine Lösung haben, daher gibt es nur einen Extremwert. Da die dritte Ableitung gleich null ist, gibt es keinen Wendepunkt.

52 –

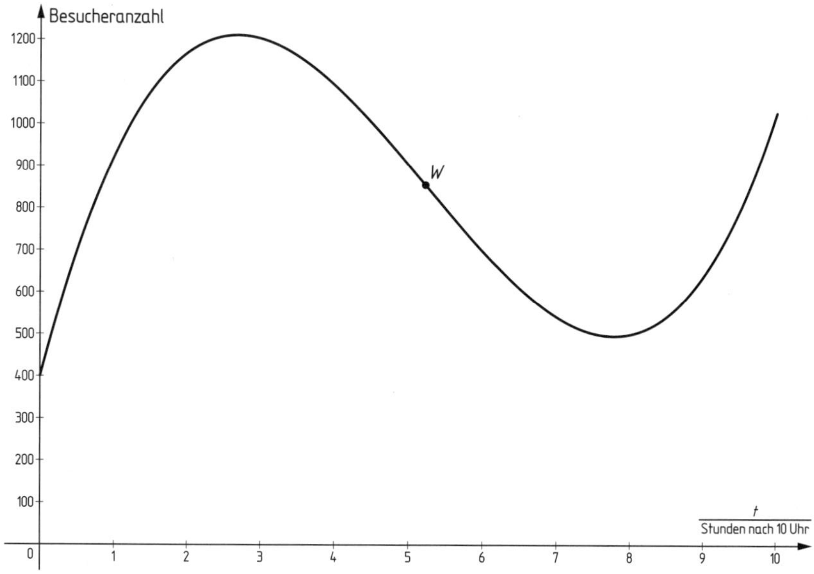

- 12:41 Uhr (2,688... Stunden nach 10:00 Uhr)
- Die erste Ableitung ist im Bereich $t \in]2{,}688...\text{ h}; 7{,}773...\text{ h}[$ nach 10:00 Uhr negativ, daher sinkt in diesem Zeitintervall die Anzahl der Besucher.
- W(5,230... h|851,656... Besucher)
- Im Wendepunkt fällt die Kurve am stärksten.
  Die x-Koordinate des Wendepunkts gibt daher jenen Zeitpunkt an, zu dem die Abnahme der Besucheranzahl am größten ist.
  Die y-Koordinate gibt an, wie viele Besucher zu diesem Zeitpunkt an der Veranstaltung teilnehmen.

53
- bei 8 mm Niederschlagshöhe
- positive Krümmung im Intervall $]0; 4{,}\dot{6}[$

54 –

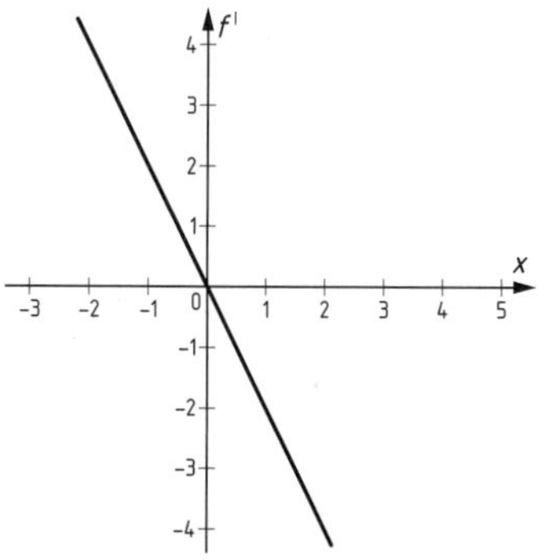

- Um f zu ermitteln wird das unbestimmte Integral von f' gebildet. Die bei der Berechnung des Integrals auftretende Konstante kann ohne weitere Angabe nicht berechnet werden.

55 –

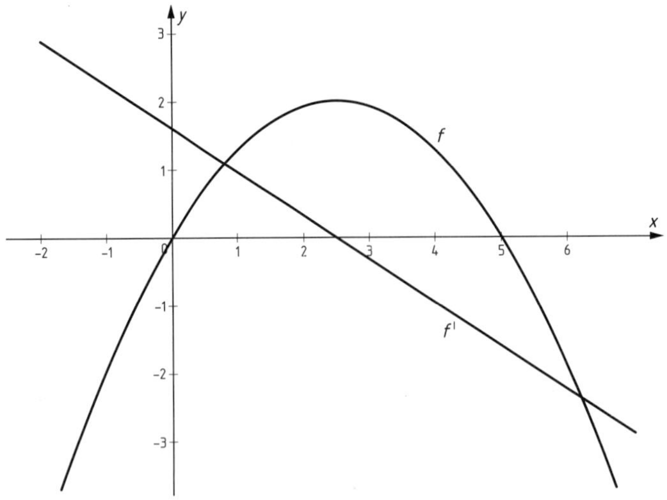

56 – f ist eine quadratische Funktion, daher ist die Stammfunktion F eine Polynomfunktion 3. Grads. Diese haben einen Wendepunkt.

– Die erste Ableitung der Stammfunktion F ist im Intervall $]-\infty; 3[$ negativ, hat an der Stelle $x = 3$ eine Nullstelle und ist im Intervall $]3; 8[$ positiv.
Der Anstieg der Tangente an den Graph der Stammfunktion ist daher zuerst negativ, an der Stelle $x = 3$ ist die Tangente waagrecht, danach wird der Anstieg der Tangente an den Graph der Stammfunktion positiv. F hat daher an der Stelle $x = 3$ ein lokales Minimum.

57 – D … vermehren sich die Karpfen. A … bleibt die Anzahl der Karpfen konstant.

58 – ***a)*** $F_1(x) = \frac{r^2 \cdot x^2}{2} + s \cdot \sqrt{k} \cdot x$ ***c)*** $F_1(x) = \frac{r^3 \cdot x}{3} + s \cdot \sqrt{k} \cdot r$

b) $F_1(x) = r^2 \cdot x \cdot s + \frac{s^2}{2} \cdot \sqrt{k}$ ***d)*** $F_1(x) = r^2 \cdot x \cdot k + \frac{2s}{3} \cdot \sqrt{k^3}$

59 – $F(t) = 5t^2 \Rightarrow F'(t) = 10t = v(t)$. Die Ableitung der Stammfunktion F stimmt mit der Funktion v überein. Daher ist F eine Stammfunktion von v.

– $F(t)$ gibt die Länge des Staus t Stunden nach dem Unfall an.

– 2,8125 km

60 – Die Fläche unterhalb der Kurve für $t \in [0, 3]$ stellt die ausgeströmte Wassermenge in den ersten 3 Stunden dar. Diese kann mithilfe von rechteckigen Flächenelementen zB der Breite 1 und der Höhe (gemessen jeweils in der Mitte des Intervalls) angenähert werden.
Berechnung der Fläche der einzelnen Rechtecke mithilfe der Flächenformel für Rechtecke (Fläche = Breite mal Höhe) und Bilden der Summe der so berechneten rechteckigen Flächen ergibt eine Näherung der ausgeströmten Wassermenge. Mit dieser Näherung kommt man auf ca. 200 L in der ersten Stunde, 125 L in der zweiten und 75 L in der dritten. Das ergibt in Summe ca. 400 L.
Anstelle der rechteckigen Flächenelemente können auch flächengleiche Trapeze verwendet werden, wobei jeweils eine Trapezseite eine Tangente an die dargestellte Kurve ist. Wegen der positiven Krümmung der Kurve ist das Flächenelement unter der Kurve jeweils größer als die zugehörige Trapezfläche. Die ausgeströmte Wassermenge muss daher größer als die sich aus der Näherung ergebenden 400 L sein.

61 – ***a)*** Entfernung des Läufers in Meter von seinem ursprünglichen Standort nach t_1 Sekunden.
b) Datenmenge des Downloads in Kilobits im Intervall $[0, t_1]$
c) Zunahme des Volumens in cm^3 während der Dauer t_1 in Sekunden.

62 **a)** –

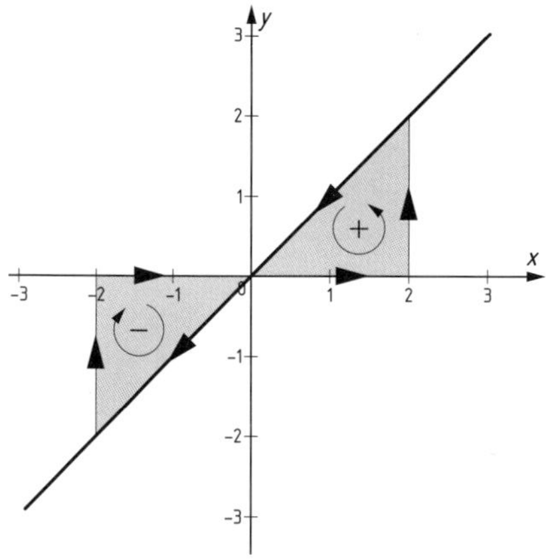

– Fläche der rechtwinkligen Dreiecke jeweils:

$A = \frac{2 \cdot 2}{2} = 2 \Rightarrow \int_{-2}^{2} x\,dx = -2 + 2 = 0$

b) –

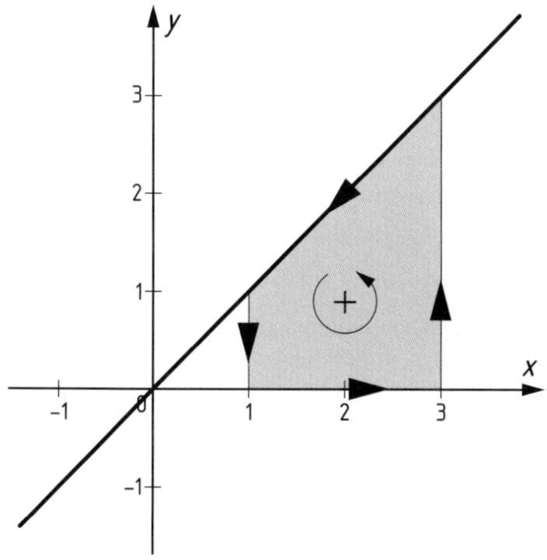

– Fläche eines Trapezes:

$A = \frac{(3 + 1) \cdot 2}{2} = 4 \Rightarrow \int_{1}^{3} x\,dx = 4$

c) –

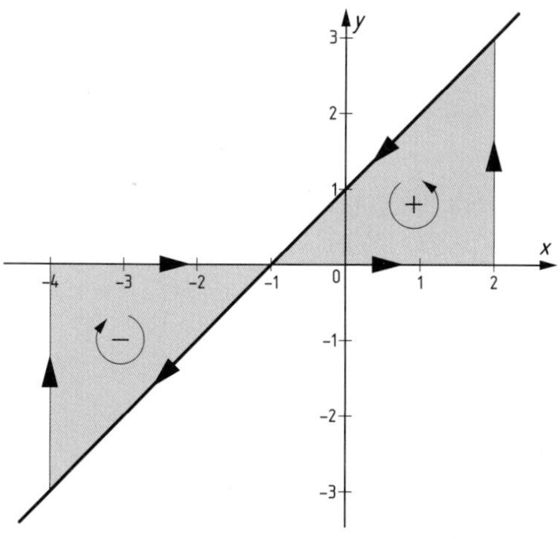

– Fläche der rechtwinkligen Dreiecke jeweils:

$A = \frac{3 \cdot 3}{2} = \frac{9}{2} \Rightarrow \int_{-4}^{2} (x + 1)\,dx = -\frac{9}{2} + \frac{9}{2} = 0$

d) –

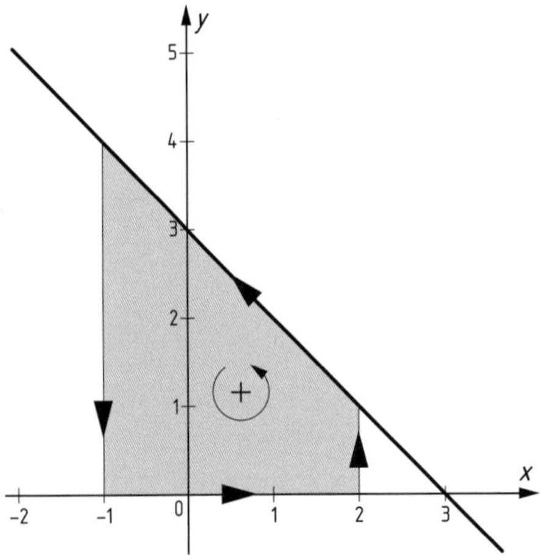

– Fläche eines Trapezes:

$$A = \frac{(4+1)\cdot 3}{2} = \frac{15}{2} \Rightarrow \int_{-1}^{2}(3-x)\,dx = \frac{15}{2}$$

63 –

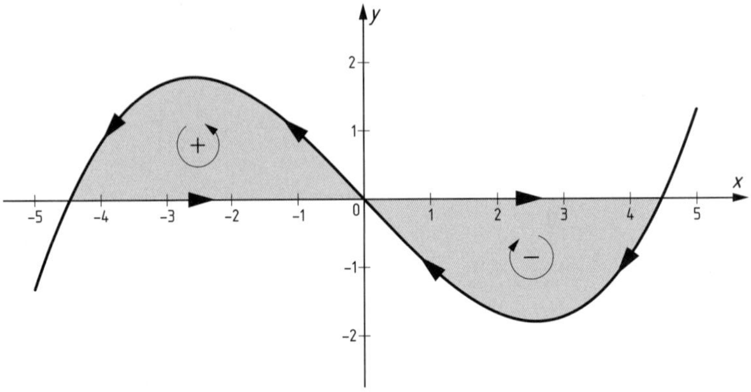

–

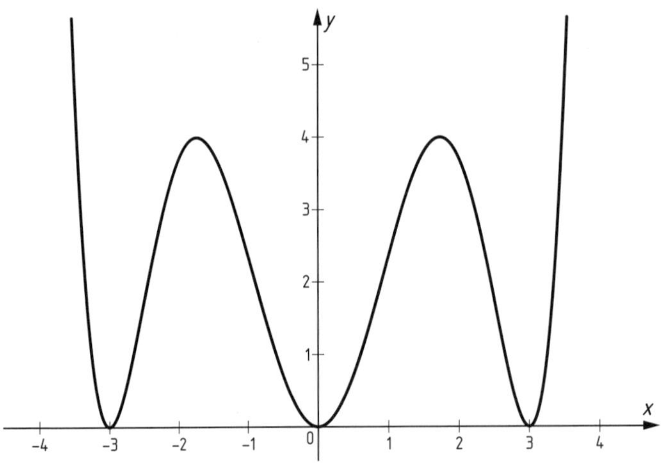

64 –

$\int_{2,5}^{5} g(x)\,dx - \int_{4}^{5} f(x)\,dx$	B	$\int_{1}^{2,5} g(x)\,dx - \int_{1}^{4} f(x)\,dx$	C

65 –

Besuche pro Jahr	absolute Häufigkeit	relative Häufigkeit	Häufigkeitssummen
1	60	2,815... %	2,815... %
2	542	25,434... %	28,249... %
10	574	26,935... %	55,185... %
20	631	29,610... %	84,795... %
50	324	15,204... %	100 %
	2 131	100 %	

– 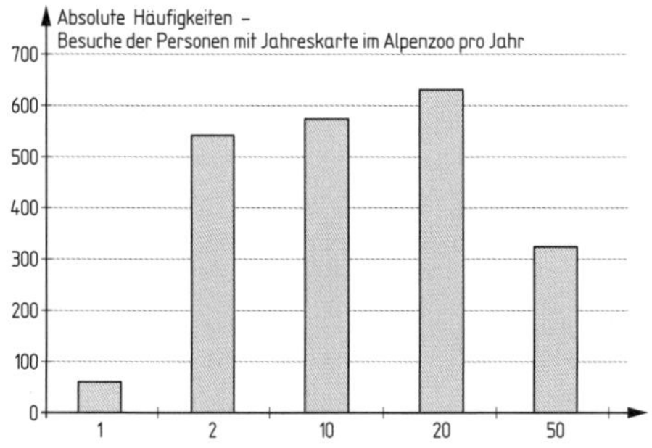

– 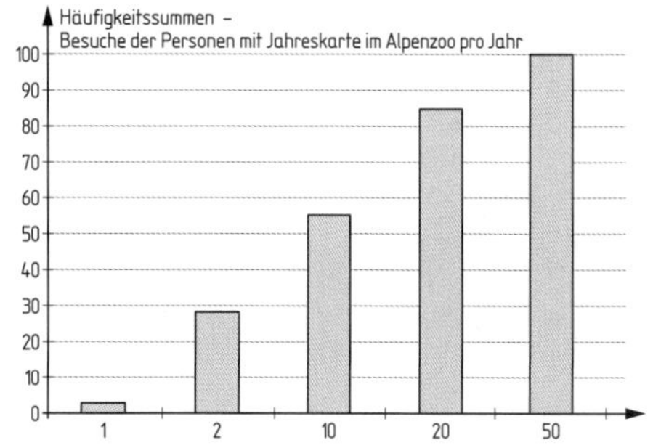

– 71,750... %

66 – Spannweite: 65, Median: 58,5, Interquartilsabstand: 16
– Es gibt einen Ausreißer nach unten: Am zweiten Tag wurden nur sechs Käsekreiner verkauft. Der Median beschreibt die Daten daher besser. Allgemein gilt jedoch: Ein einzelnes Lagemaß beschreibt niemals eine Datenmenge genau.

67 –

Die Spannweite der Lebensmittelausgaben beträgt 250 €.	☐
50 % der Familien geben mehr als 650 € aus.	☐
25 % der Familien geben weniger als 450 € aus.	☒
Aus dem Boxplot kann das arithmetische Mittel abgelesen werden.	☐
75 % der Familien geben mehr als 700 € aus.	☐

– Im Boxplot sind nur die Lagemaße Median und Quartil verzeichnet. Daraus können die Spannweite und der Interquartilabstand ermittelt werden. Die Größe der Urliste ist nicht im Boxplot eingetragen und sie kann aus den Lagemaßen allein auch nicht mehr ermittelt werden.

68 – $33,\dot{3}$ %

69 – 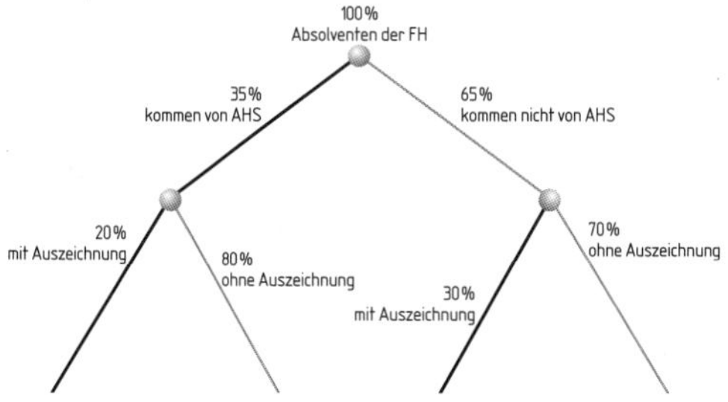

– Der Ausdruck beschreibt die Wahrscheinlichkeit, dass ein Absolvent der FH vor dem Studium keine AHS besucht hat und das Studium nicht mit Auszeichnung beendet.

70 – 24,466... %
– Der Ausdruck berechnet die Wahrscheinlichkeit, dass 17 von 20 befragten Triebfahrzeugführerinnen und Triebfahrzeugführern für Streikmaßnahmen sind.
– Dieser Ausdruck berechnet die Wahrscheinlichkeit, dass von x ausgewählten Triebfahrzeugführerinnen und Triebfahrzeugführern mindestens eine(r) gegen Streikmaßnahmen ist.

71 – Es handelt sich um eine Stichprobenentnahme ohne zurücklegen. Hierfür muss die hypergeometrische Verteilung verwendet werden.
– 99,378... %

72 – 4,779... %
– 0,0429... %
– Die beiden Werte liegen symmetrisch um den Mittelwert. Da die Normalverteilung symmetrisch zum Mittelwert ist, wird beiden Werten derselbe Wahrscheinlichkeitswert zugeordnet.
– Der Flächeninhalt ändert sich nicht, er hat die Größe 1. Die Form der Fläche wird schmäler, da σ der Abstand zu den beiden Wendestellen ausgehend vom Mittelwert μ ist.
–

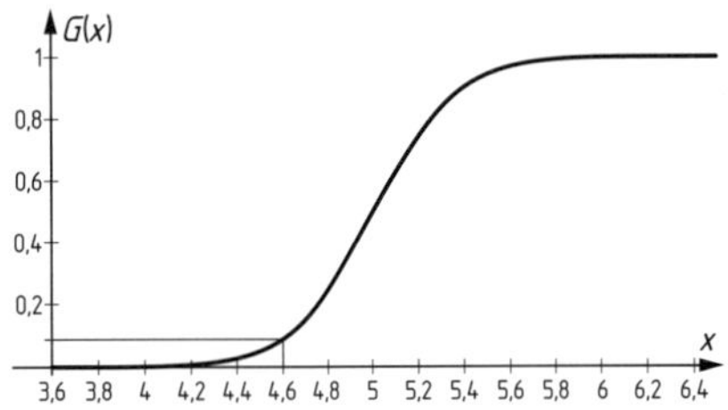

73 Tropfsteinhöhle

a) $3{,}805... \cdot 10^{-12}\ \frac{m}{s}$

b) Die Höhe des Stalagmits verändert sich linear, daher ist die Wachstumsgeschwindigkeit konstant und entspricht dem Anstieg der Geraden.
Für die Berechnung des Anstiegs mithilfe des Differenzenquotienten gilt $v = \frac{h_2 - h_1}{t_2 - t_1}$.

c)

Ein Jahr nach Beginn der Beobachtung ist die Alge um 1 % länger geworden.	☐
5 Jahre nach Beginn der Beobachtung ist die Alge um 50 % länger geworden.	☐
Ein Jahr nach Beginn der Beobachtung ist die Alge um 10 % länger geworden.	☒
2 Jahre nach Beginn der Beobachtung hat sich die Länge der Alge verdoppelt.	☐
Ein Jahr nach Beginn der Beobachtung ist die Alge 10-mal so lang geworden .	☐

d) $e - x + 3$

74 Schneekoppe

a) –

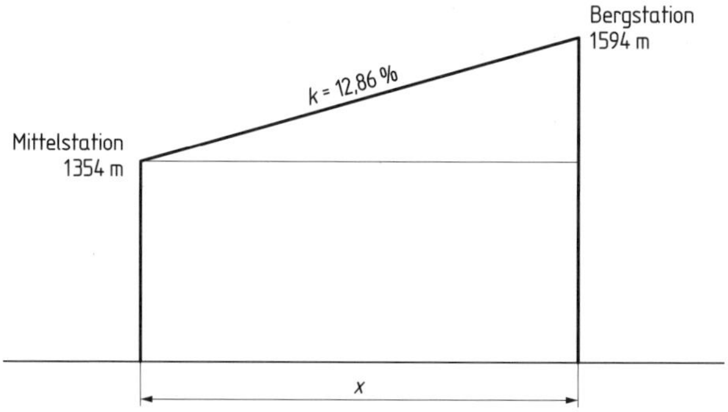

– 1 866,251... m

b) – allgemeine Parabelgleichung mit Scheitelpunkt auf der y-Achse: $y = a \cdot x^2 + c$

$P_1(0|m) \Rightarrow$ I: $c = m$

$P_2(s|r) \Rightarrow$ II: $a \cdot s^2 + c = r$

c) – 231,647... m

– 14,064... $\frac{\text{km}}{\text{h}}$

d) – Wenn sich der Radius verdoppelt, dann verdoppelt sich auch der Durchmesser $\Rightarrow$

$$F_{min} = \frac{f \cdot R_m \cdot k \cdot (2 \cdot d)^2 \cdot \pi}{4} = \frac{f \cdot R_m \cdot k \cdot 4 \cdot d^2 \cdot \pi}{4} = 4 \cdot \frac{f \cdot R_m \cdot k \cdot d^2 \cdot \pi}{4}$$

Wird der Radius verdoppelt, vervierfacht sich die Mindestbruchkraft.

75 Thermalbad

a) – A_1 gibt an, wie viele Personen zwischen 12 Uhr und 14 Uhr die Therme verlassen.
A_2 gibt an, wie viele Personen zwischen 14 Uhr und 19 Uhr die Therme betreten.
A_3 gibt an, wie viele Personen zwischen 19 Uhr und 21 Uhr die Therme verlassen.

b) –

Um 15:00 Uhr sind mehr Gäste in der Therme als um 12:00 Uhr.	☐
Um 16:30 Uhr sind die meisten Gäste in der Therme.	☐
Zwischen 12:00 Uhr und 19:00 Uhr betreten weniger Gäste die Therme als Gäste die Therme verlassen.	☐
Zwischen 12:00 Uhr und 14:00 Uhr nimmt die Anzahl der Gäste zu.	☐
Um 19:00 Uhr sind mehr Gäste in der Therme als um 14:00 Uhr.	☒

c) – Die Ableitung von $B(t)$ lautet $B'(t) = -0{,}32 \cdot t^2 + 2{,}88 \cdot t - 4{,}48$.
Die Funktionsgleichung für $b(t)$ hat die Form $b(t) = a \cdot (t - b)^2 + c$.
Einsetzen der Koordinaten des Scheitels $S(4{,}5|2)$ ergibt $b(t) = a \cdot (t - 4{,}5)^2 + 2$.
Einsetzen der Koordinaten der ersten Nullstelle ergibt $0 = a \cdot (2 - 4{,}5)^2 + 2$ bzw. $a = -0{,}32$.
Die Funktionsgleichung für $b(t)$ lautet daher $b(t) = -0{,}32 \cdot (t - 4{,}5)^2 + 2 =$
$= -0{,}32 \cdot t^2 + 2{,}88 \cdot t - 4{,}48$.
$B'(t)$ und $b(t)$ stimmen überein und $B(t)$ ist daher eine Stammfunktion von $b(t)$.

– $C = \frac{529}{75}$

– 732 Thermengäste

76 Röntgendiagnostik

a) – Ein Film der Schwärzung $S = 1$ ergibt $1 = \lg\left(\frac{I_0}{I_1}\right)$ bzw. $10^1 = \frac{I_0}{I_1}$.

Umformen ergibt $I_1 = \frac{I_0}{10}$. Ein Film der Schwärzung $S = 2$ ergibt $2 = \lg\left(\frac{I_0}{I_2}\right)$ bzw. $10^2 = \frac{I_0}{I_2}$.

Umformen ergibt $I_2 = \frac{I_0}{10^2} = \frac{1}{10} \cdot \frac{I_0}{10} = \frac{1}{10} \cdot I_1$.

Ein Film der Schwärzung $S = 2$ lässt 10-mal weniger der einfachen Strahlungsintensität durch wie ein Film der Schwärzung $S = 1$.

– $I = \frac{I_0}{10^S}$

b) – mehr als 11,232... mm

c) – nach 26 Monaten

d) – Mit diesem Ausdruck wird die Wahrscheinlichkeit berechnet, dass bei einem zufällig ausgewählten Röntgenbild mindestens ein Fehler auftritt.

77 Aktien

a) –

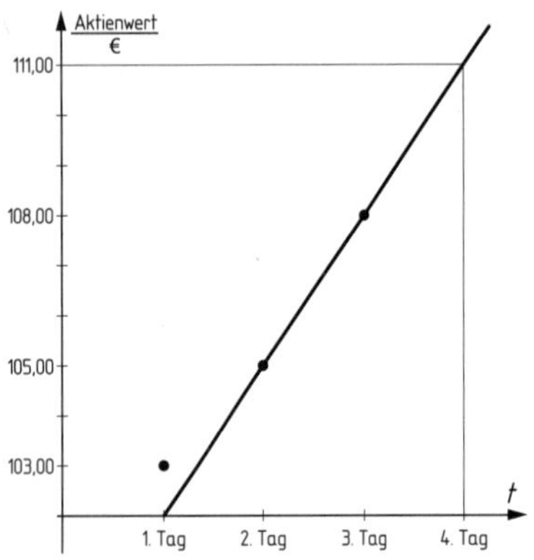

– 111,00 €

b) – $W(t) = 101{,}038... \cdot 1{,}019...^{\frac{1}{d} \cdot t}$

– 0,889... %

c) – $2x + 3y + z = 2\,400{,}00$ €

$4x + z = 1\,900{,}00$ €

$3x + 2y = 2\,100{,}00$ €

x ... Kaufpreis je Aktie A, y ... Kaufpreis je Aktie B, z ... Kaufpreis je Aktie C

– Aktie A 407,69 $\frac{€}{\text{Aktie}}$, Aktie B 438,46 $\frac{€}{\text{Aktie}}$, Aktie C 269,23 $\frac{€}{\text{Aktie}}$

d) –

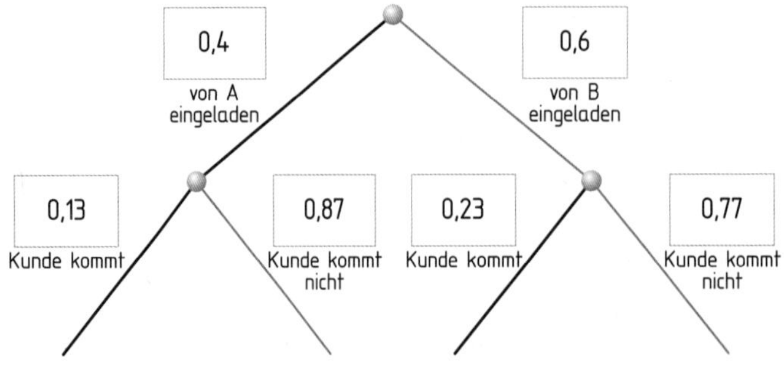

- Die Wahrscheinlichkeit P_1, dass ein Kunde von Berater A eingeladen wird und zum Gespräch kommt, berechnet sich mit $0{,}4 \cdot 0{,}13 = 0{,}052$ (Multiplikationssatz für voneinander unabhängige Ereignisse).
  Die Wahrscheinlichkeit P_2, dass ein Kunde von Berater B eingeladen wird und zum Gespräch kommt, berechnet sich mit $0{,}6 \cdot 0{,}23 = 0{,}138$ (Multiplikationssatz für voneinander unabhängige Ereignisse).
  Daraus ergibt sich die Wahrscheinlichkeit P, dass ein eingeladener Kunde zum Gespräch kommt, mit $P = P_1 + P_2 = 0{,}052 + 0{,}128 = 0{,}19 = 19\,\%$ (Additionssatz für einander ausschließende Ereignisse).

78 „La Géode"

a) – 14,184... m
– 632,061... m²

b) – $P = 4\,630{,}3\text{ m}^2 \cdot p\,\frac{€}{\text{m}^2} \cdot 0{,}97 \cdot 1{,}2$

c) – Der Ausdruck berechnet die Wahrscheinlichkeit, dass von den 40 ausgewählten Besuchern genau drei aus Deutschland sind und 37 nicht aus Deutschland.
Die angegebenen Zahlenwerte wurden in die Formel für die Binomialverteilung
$P(X = x) = \binom{n}{x} \cdot p^x \cdot (1 - p)^{n-x}$ wie folgt eingesetzt:
$n = 40$ ist die Anzahl der Versuche, das sind die 40 ausgewählten Besucher.
$x = 3$ ist die Anzahl der Erfolge, das ist die Eigenschaft Besucher aus Deutschland zu sein.
$p = 0{,}17$ ist die Erfolgswahrscheinlichkeit des Versuchs, das ist die Wahrscheinlichkeit Besucher aus Deutschland zu sein.

d) – 0,55 Millionen Besucher
– 2012 – 1995 = 17 Jahre wurden untersucht.
In einem Viertel der untersuchten Jahre, das sind mindestens vier Jahre, lag die Besucherzahl über 3,3 Millionen.
Höchstens in den restlichen 17 – 4 = 13 Jahren lag die Besucherzahl unter 3,3 Millionen.
Wegen 3,1 Millionen $<$ 3,3 Millionen ist die Aussage daher falsch.

79 Olympische Spiele

a) – Die Gleichung ermittelt jene x-Werte, für die der y-Wert 2 ist. Das sind jene Stellen der Sprungbahn, an denen die Sprunghöhe y des Slopestylers 2 m beträgt.
– Umformen der Gleichung $-\frac{1}{2} \cdot x^2 + p \cdot x + 1 = 2$ ergibt die Gleichung $x^2 - 2p \cdot x + 2 = 0$.
Einsetzen in die Lösungsformel für quadratische Gleichungen ergibt für die Diskriminante $D = p^2 - 2$.
Die Lösungen der Gleichung ergeben jene Stellen, an denen die Sprunghöhe 2 m beträgt.
Wird p so gewählt, dass $D = 0$ ist, hat die Gleichung nur eine Lösung, dh die Sprunghöhe beträgt dann im höchsten Punkt der Sprungbahn 2 m.
Nullsetzen der Diskriminante ergibt die Gleichung $0 = p^2 - 2$ mit den Lösungen $p_1 = -\sqrt{2}$ und $p_2 = \sqrt{2}$.
Der Parameter p_1 ergibt die Lösung $x = -\sqrt{2}\text{ m} = -1{,}414...\text{ m}$ und ist nicht geeignet, da der Absprung an der Stelle $x = 0$ erfolgt.
Die Figur wird daher für den Wert $p = \sqrt{2}$ nur einmal berührt.

b) – Die Schneekanonen produzierten $6{,}5 \cdot 10^6$ L = $6{,}5 \cdot 10^3$ m³ Schnee. Die 1 cm = 0,01 m dicke Schneeschicht auf den 1 000 Fußballfeldern hat ein Volumen von ungefähr 70 m · 100 m · 0,01 m · 1 000 = $7 \cdot 10^4$ m³. Die Behauptung ist daher falsch.

c) – $3{,}6\ \frac{\text{m}^3}{\text{h}}$

– 45 kWh

80 Windmühlen

a) – 0 s, 2,617... s, 5,235... s, 7,853... s

– Eine Nullstelle gibt jenen Zeitpunkt an, zu dem die Flügelspitze auf der Höhe des Drehpunkts ist.

b) – 289,462... kg

– Bei normalverteilten Größen liegen rund zwei Drittel aller Werte im Bereich $\mu \pm \sigma$. Wird σ verdoppelt, liegen zwei Drittel aller Werte in einem doppelt so breiten Bereich. Analog gilt für die Angabe, dass 80 % der Werte nach Verdopplung von σ im Bereich $\mu \pm 2d$ liegen müssen. Wird die Standardabweichung verdoppelt, verdoppelt sich daher auch der Wert von d.

c) –

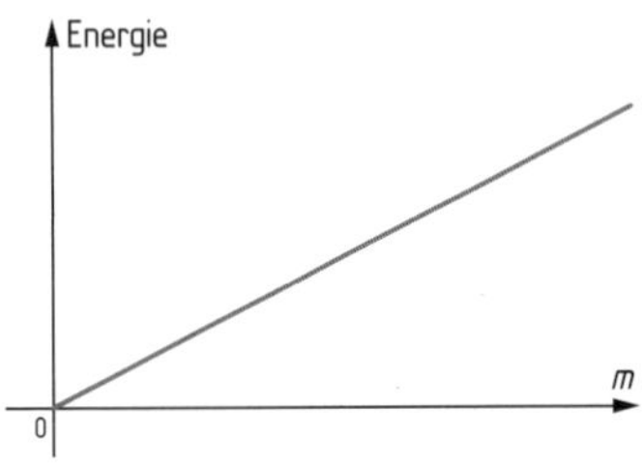

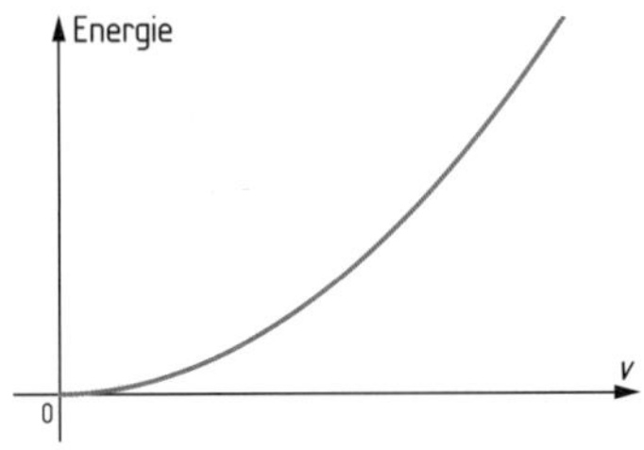

– $E_{kin}(m) = \frac{v^2}{2} \cdot m$ ist eine lineare Funktion mit Steigung $\frac{v^2}{2}$.

$E_{kin}(v) = \frac{m}{2} \cdot v^2$ ist eine quadratische Funktion mit der Variable v und dem Faktor $\frac{m}{2}$.

81 Modellauto

a) – $v(t) = -\frac{1}{1\,800} \cdot t^2 + \frac{1}{15} \cdot t$, $0\text{ s} \leq t \leq 60\text{ s}$

b) – Die Steigung der Sekante f entspricht der mittleren Beschleunigung im Intervall [0 s; 60 s].

– $-0{,}0\dot{3}\ \frac{\text{m}}{\text{s}^2}$

c) – 420 m

d) –

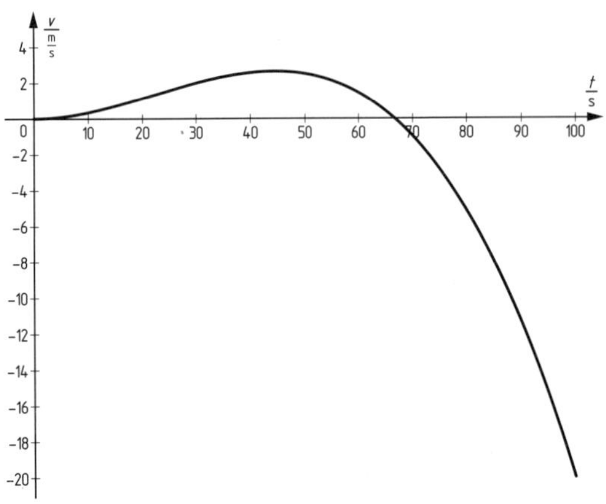

– Das Vorzeichen der Geschwindigkeit ändert sich bei t = $66{,}\dot{6}$ s. Das entspricht einer Richtungsänderung.

– $s = \int_0^{60} (-6 \cdot 10^{-5} \cdot t^3 + 0{,}004 \cdot t^2)\,dt$

82 Lärmschutzwall

a) – Berechnen der Ableitung $y'(x) = 0{,}0016x^3 - 0{,}16x$.
Lösen der Gleichung $x \cdot (0{,}0016x^2 - 0{,}16) = 0$ ergibt $x_1 = 0$, $x_2 = -\sqrt{\frac{0{,}16}{0{,}0016}} = -10$ und $x_3 = \sqrt{\frac{0{,}16}{0{,}0016}} = 10$.
Einsetzen in die Funktionsgleichung ergibt den Hochpunkt $H(x_1|f(x_1)) = H(0|3)$ und den Tiefpunkt $T(x_3|f(x_3)) = T(10|-1)$.
Die maximale Höhendifferenz h ist die Differenz der beiden Funktionswerte:
$h = f(x_1) - f(x_3) = 3\text{ m} - (-1\text{ m}) = 4\text{ m}$.

– 5,176... m

b) – $]-\infty; -10[$ streng monoton fallend, $]-10; 0[$ streng monoton steigend, $]0; 10[$ streng monoton fallend, $]10; \infty[$ streng monoton steigend

– $x = 5{,}773...$ m

c) – 24,957...°

d) – $\int_{-2}^{2} y(x)\,dx$ berechnet einen 4 m breiten, zur y-Achse symmetrisch liegenden Streifen der Querschnittsfläche des Walls im Bereich der Wallkrone.
$4 \cdot y(2)$ ergibt die Fläche eines 4 m breiten Rechtecks, das gleich hoch ist, wie der Damm an der Stelle $x = 2$ m.
Die Differenz $\int_{-2}^{2} y(x)\,dx - 4 \cdot y(2)$ ergibt daher die Querschnittsfläche jenes Teils des Damms, der im Bereich der Dammkrone abzutragen ist, um einen 4 Meter breiten Radweg zu erhalten.
Das Produkt dieser Querschnittsfläche und der Dammlänge (1 500 m) ergibt das Volumen des abzutragenden Materials.

83 Wasserverbrauch

a) – $8 \cdot 10^{-5}\text{ dm}^3$

– $2{,}893... \frac{\text{Tropfen}}{\text{s}}$

b) – Median: 127,5 L, arithmetisches Mittel: 152,5 L

– Der Median teilt die geordneten Werte in zwei gleich große Teile. Die Hälfte der Werte sind kleiner als der Median und die zweite Hälfte der Werte sind größer als der Median. Der verglichen mit den anderen Werten wesentlich größere Wert 470 beeinflusst den Median nicht. Das arithmetische Mittel berücksichtigt auch die Größe der einzelnen Werte. Wegen des wesentlich größeren Werts 470 liegt das arithmetische Mittel zwischen dem größten und dem zweitgrößten Wert.

c) – Zu einem beliebigen Zeitpunkt (nach 2012) beträgt der Wasserverbrauch
$W(t) = 22 \cdot 10^6 \cdot 1{,}02^t$.
Zwei Jahre später beträgt der Wasserverbrauch
$W(t+2) = 22 \cdot 10^6 \cdot 1{,}02^{t+2} = 22 \cdot 10^6 \cdot 1{,}02^t \cdot 1{,}02^2 = 22 \cdot 10^6 \cdot 1{,}02^t \cdot 1{,}0404$.
Der Wasserverbrauch ändert sich innerhalb von zwei Jahren um den Faktor 1,0404.
Das entspricht einer Zunahme um 4,04 %.

– Anstelle der angegebenen Exponentialfunktion könnte zB die lineare Funktion

$$W_{\text{linear}}(t) = \frac{22 \cdot 10^6 \cdot 1{,}02^{20} - 22 \cdot 10^6 \cdot 1{,}02^0}{20} \cdot x + 22 \cdot 10^6 \cdot 1{,}02^0 = 11 \cdot 10^5 \cdot (1{,}02^{20} - 1) \cdot x + 22 \cdot 10^6$$

verwendet werden.

$W_{\text{linear}}(t)$ liefert zum Zeitpunkt $t = 0$ bzw. $t = 20$ Jahre den exakten jährlichen Wasserverbrauch.

Die angegebene Exponentialfunktion hat an der Stelle $t = 10{,}329...$ Jahre dieselbe Steigung wie $W_{\text{linear}}(t)$. Zu diesem Zeitpunkt ist die Differenz zwischen dem mit $W_{\text{linear}}(t)$ modellierten Wasserverbrauch und dem tatsächlichen Wasserverbrauch am größten. Der Unterschied beträgt zu diesem Zeitpunkt 1,956... % ≈ 2 % des jährlichen Wasserverbrauchs.

Durch Verwendung einer Geraden mit einer etwas kleineren Steigung kann die maximale Abweichung noch verkleinert werden.

d) – $90\text{ L} \cdot x + \frac{150}{3}\text{ L} \cdot x = 4\,200\text{ L}$